“十三五”国家重点图书出版规划项目
中国河口海湾水生生物资源与环境出版工程
庄　平　主编

福建滨海湿地小型底栖动物与海洋线虫

郭玉清　刘爱原　康　斌 等　著

中国农业出版社
北　京

图书在版编目（CIP）数据

福建滨海湿地小型底栖动物与海洋线虫 / 郭玉清等著．—北京：中国农业出版社，2018.12
中国河口海湾水生生物资源与环境出版工程 / 庄平主编
ISBN 978-7-109-25022-2

Ⅰ.①福… Ⅱ.①郭… Ⅲ.①海滨—沼泽化地—底栖动物—福建②海滨—沼泽化地—海洋生物—线虫动物—福建 Ⅳ.①Q958.884.2②Q959.17

中国版本图书馆 CIP 数据核字（2018）第 277454 号

中国农业出版社出版
（北京市朝阳区麦子店街 18 号楼）
（邮政编码 100125）
策划编辑 郑 珂 黄向阳
责任编辑 林珠英 黄向阳

北京通州皇家印刷厂印刷 新华书店北京发行所发行
2018 年 12 月第 1 版 2018 年 12 月北京第 1 次印刷

开本：787mm×1092mm 1/16 印张：15.25
字数：315 千字
定价：110.00 元

内容简介

本书简要介绍了国内外小型底栖动物和海洋线虫的研究概况，重点以福建省主要红树林湿地、岛屿沙滩和厦门湾不同生境的小型底栖动物和自由生活海洋线虫为主题，详细介绍了小型底栖动物的类群组成、丰度、季节变化和分布，海洋线虫群落结构及其特征、多样性特点以及分类，力求反映亚热带滨海湿地小型底栖动物和海洋线虫生物多样性的特点。本书收录了福建省海域已有报道的自由生活海洋线虫 11 科、18 属、28 种，提供了手绘图、显微摄影形态图、测量数据和鉴定特征，有些属还提供了检索表，可为我国海域近岸小型底栖动物生态学研究的开展和近岸海域沉积环境的生物监测与评价提供理论依据和技术支撑，也可供湿地海洋线虫的种类鉴定使用。

丛书编委会

本书编写人员

郭玉清　刘爱原　康　斌　陈玉珍
曹英昆　常　喻　李永翔　刘梦迪

丛书序

中国大陆海岸线长度居世界前列，约 18 000 km，其间分布着众多具全球代表性的河口和海湾。河口和海湾蕴藏丰富的资源，地理位置优越，自然环境独特，是联系陆地和海洋的纽带，是地球生态系统的重要组成部分，在维系全球生态平衡和调节气候变化中有不可替代的作用。河口海湾也是人们认识海洋、利用海洋、保护海洋和管理海洋的前沿，是当今关注和研究的热点。

以河口海湾为核心构成的海岸带是我国重要的生态屏障，广袤的滩涂湿地生态系统既承担了“地球之肾”的角色，分解和转化了由陆地转移来的巨量污染物质，也起到了“缓冲器”的作用，抵御和消减了台风等自然灾害对内陆的影响。河口海湾还是我们建设海洋强国的前哨和起点，古代海上丝绸之路的重要节点均位于河口海湾，这里同样也是当今建设“21 世纪海上丝绸之路”的战略要地。加强对河口海湾区域的研究是落实党中央提出的生态文明建设、海洋强国战略和实现中华民族伟大复兴的重要行动。

最近 20 多年是我国社会经济空前高速发展的时期，河口海湾的生物资源和生态环境发生了巨大的变化，亟待深入研究河口海湾生物资源与生态环境的现状，摸清家底，制定可持续发展对策。庄平研究员任主编的“中国河口海湾水生生物资源与环境出版工程”经过多年酝酿和专家论证，被遴选列入国家新闻出版广电总局“十三五”国家重点图书出版规划，并且获得国家出版基金资助，是我国河口海湾生物资源和生态环境研究进展的最新展示。

该出版工程组织了全国20余家大专院校和科研机构的一批长期从事河口海湾生物资源和生态环境研究的专家学者，编撰专著28部，系统总结了我国最近20多年来在河口海湾生物资源和生态环境领域的最新研究成果。北起辽河口，南至珠江口，选取了代表性强、生态价值高、对社会经济发展意义重大的10余个典型河口和海湾，论述了这些水域水生生物资源和生态环境的现状和面临的问题，总结了资源养护和环境修复的技术进展，提出了今后的发展方向。这些著作填补了河口海湾研究基础数据资料的一些空白，丰富了科学知识，促进了文化传承，将为科技工作者提供参考资料，为政府部门提供决策依据，为广大读者提供科普知识，具有学术和实用双重价值。

中国工程院院士 唐启升

2018年12月

前　言

海洋底栖生物同人类的关系十分密切，在海洋食物链中是相当重要的一环。海洋底栖生物学是一门基础性学科，海洋底栖生物方面的人才非常匮乏，已经成为目前我国海洋底栖生物生态学研究的一个瓶颈，特别是小型底栖动物的研究。

本书以福建省红树林湿地、主要岛屿沙滩和厦门湾不同生境的小型底栖动物和自由生活海洋线虫为主题，分5章进行论况。第一章为小型底栖动物研究概况，介绍了小型底栖动物的定义、生态作用、研究历史与现状以及福建省滨海湿地概况（主要完成人：郭玉清）；第二章论述了福建省5片主要红树林湿地的小型底栖动物与海洋线虫（主要完成人：郭玉清、常喻、刘梦迪）；第三章论述了福建省主要沙滩岛屿的小型底栖动物与海洋线虫（主要完成人：郭玉清、陈玉珍）；第四章论述了厦门湾不同生境的小型底栖动物和海洋线虫（主要完成人：郭玉清、曹英昆、李永翔）；第五章简要介绍了国内外海洋线虫分类研究的现状，给出了福建省潮间带所发现的海洋线虫物种（含新种和新记录种）的形态描述、主要特征参数和主要特征形态图（主要完成人：郭玉清、陈玉珍、李永翔、常喻、刘梦迪）。

本书内容是笔者自2000年博士毕业后，在福建省滨海湿地所进行的相关研究工作成果的集成。集美大学图书馆刘爱原副研究馆员作为课题组主要成员，多年来在文献查阅、资料传递和文献分析等方面承担了大量工作。康斌作为闽江学者特聘教授在集美大学水产学院工作期间，对课题组的科学研究提供了很好的思路。全书由郭玉清、刘爱原统稿。感谢国家自然科学基金“中国红树林湿地海洋线虫的分类研究”（No. 31772416）和“东海自由生活线虫分类学与多样性研究”（No. 41176107）、福建省自然科学基金“河口红树林湿地海洋线虫分类与多样性研究”（No. 2017J01450）及厦门市海洋与渔业局“厦门红树林湿地重建与恢复效益评估”等项目和课题的资助。由于能力和学术水平有限，本书错漏和不足之处在所难免，恳请广大专家、读者批评指正。

邓水清

2018年10月

目　录

第一章 小型底栖动物研究概况

第一节　小型底栖动物的定义及其生态功能

底栖动物是指生活史的全部或大部分时间生活在水体底部的水生生物群。按生活方式分为底上生活型、底内生活型和底游生活型；按通过孔径筛网的大小，可分为大型底栖动物、小型底栖动物和微型底栖动物。

小型底栖动物一般指能通过孔径为 500 μm（或 1 000 μm）的网筛，但被 44 μm（或 63 μm）网筛截留的全部动物。对于深海的研究，为了能够定量保留尽可能多的小型底栖动物（主要是线虫），深海底栖动物学研究使用 31 μm 的网筛进行分选（Giere，1993；Giere，2009；Higgins & Thiel，1988）。尽管小型底栖动物最初仅限于小型的后生动物，但从生态功能表明，大型的原生动物例如纤毛虫、有孔虫也应该包括在小型底栖生物的范围（Higgins & Thiel，1988）。本书中的小型底栖动物，是指分选时通过、但被一定孔径的网筛所截留住的后生动物。

作为底栖环境中最为优势的生物类群，小型底栖动物具有高度的物种多样性和功能多样性，包含了暂时性和永久性小型底栖动物共 20 多个门类的后生动物及纤毛虫和有孔虫等原生动物（Giere，1993）。其中，主要的类群有：线虫动物门（Nematoda）、刺胞动物门（Cnidaria）、扁形动物门（Platyhelminthes）、纽形动物门（Nemertea）、轮虫动物门（Rotifera）、鳃曳动物门（Priapulida）、环节动物门（Annelida，主要为多毛类 Polychaeta）、节肢动物门（Arthropoda，包含桡足类 Copepoda、螨类 Halacaroidea、介形类 Ostracoda 等）、软体动物门（Mollusca）以及缓步动物门（Tardigrada）、腹毛动物门（Gastrotricha）、颚咽动物门（Gnathostomulida）和动吻动物门（Kinorhyncha）。

小型底栖动物是海洋底栖微食物网的重要部分，是微型底栖生物和大型底栖动物的中间桥梁，在整个底栖生态系统中的物质循环和能量流动过程中起着重要作用（图 1-1）。小型底栖动物主要摄食沉积环境中的有机碎屑、细菌、硅藻、纤毛虫等微型生物以及其他小型底栖动物。在刺激和加速微生物的生产、代谢和对异养微生物的摄食、胁迫和调控过程方面具有全球效应（Montagna et al.，1995）。小型底栖动物自身是大型底栖动物的重要食物，是许多经济鱼类、虾类和贝类等幼体的重要饵料，其变化会直接影响到这些重要经济类群的种类和数量。此外，小型底栖动物的生活周期较短，繁殖力强，对于环境的变化敏感，在环境污染监测中具有潜在的价值，被认为是评价沉积环境群落健康程度和环境变化的敏感指示类群。尽管其生物量一般不到大型底栖动物的 20%，但在近岸、河口、海湾和深海中，其与大型动物的生物量大体相

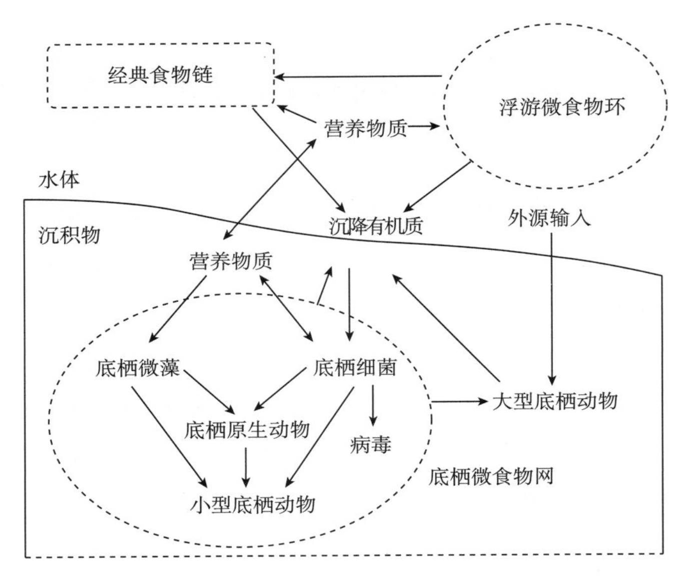

图 1-1　海洋底栖生物微食物网示意图

（徐奎栋，2011）

当。小型底栖动物在全球生物地球化学循环中占有重要位置（Giere，2009；Pinckney et al.，2003；张志南和周红，2004）。

第二节　小型底栖动物研究历史

小型底栖动物的系统研究始于20世纪初，关于小型底栖动物的研究历史已有较多的回顾，大体可划分为以下几个阶段。

1. 1900—1950 年属于小型底栖动物的早期研究阶段

在此阶段，主要是小型和微型底栖生物的发现和分类鉴定。此时的工作主要在沙质潮间带进行，值得一提的是 Kovalevsky 对地中海中部砂间后鳃类的描述，Cobb（1920）对北美沿岸线虫的研究。随着潮下带半定量和定量设备挖泥斗和底拖网的出现以及采样技术的发展，小型底栖动物的研究规模空前扩大。德国学者 Remane 第一次使用小网目的浮游生物网过滤进行小型底栖动物的研究，首次确认了“砂间”这一特殊生境的普遍存在，并论证了生活其间的种类和类群繁多的砂间生物的适应与形态和功能的联系。砂间生物 1935 年被法国学者 Nicholls 更名为间隙生物（interstitial fauna）。Remane 和他的学生们对波罗的海基尔湾和德国北海沿岸小型底栖动物的研究，生境叙述详尽，门类多样，鉴定描述准确，被誉为小型底栖动物研究的经典，雄厚的动物学基础为后来该海域生态系统动力学的研究奠定了扎实的基础。Remane 和他的继承者被称为小型底栖动物研究的德国学派，而他本人被誉为“小型底栖动物研究之父”。与 Remane 同期开展工作的还有英国的 Moore 和 Rees，丹麦的 Krogh 及瑞典的 Swedmark。1942 年，英国学者 Mare 在研究英吉利海峡普利茅斯海域软泥底的微型和小型生物时首先使用了小型底栖动物（meiofauna）一词，后来被国际学术界广泛接受并一直沿用至今。

2. 20 世纪 50 年代初—60 年代中期，系统分类加速发展和群落定性描述阶段

这一阶段小型底栖动物的系统分类工作仍然很盛行，世界各地大量新物种不断被发现，人们逐渐地认识到特定的分类类群来自特定的生境并有一定的时空分布规律。世界上大多数浅海海底小型底栖动物的丰度大约在 10^6 个/m^2 这一数量级。随着取样及分选技术的进步，以 Tietjen（1969）为代表的学者在美国大西洋沿岸和墨西哥湾海岸开展的小型底栖动物这一研究，极大地推动了美国在这一领域的研究。世界众多的学者被吸引到小型底栖动物这一研究领域，推动了世界范围内小型底栖动物生态学研究的兴起。1969 年，国际小型底栖生物学家协会在突尼斯宣告成立，同时，发布了国际小型底栖生物通讯（Psammonalia），出版了第一届会议论文集和小型底栖动物研究指南，该协会的成立是该领域研究的一个重要里程碑。

3. 20 世纪 60 年代末至 80 年代，生态生理实验和生态系统动力学研究兴起阶段

这一时期开始了对小型底栖动物及其呼吸、代谢、温度、盐度和无氧（或缺氧）等各种环境因子，以及生态生理参数等的研究，其研究结果为生态系统功能的研究提供了必要的参考。此时 McIntyre（1964）首次提出了暂时性和永久性小型底栖动物的划分，前者包括了几乎所有具有底栖幼龄阶段的门类，后者指某些类群中大多数成体阶段的大小级属于小型底栖动物的范畴。McIntyre（1969）还出版了小型底栖生物生态学方面的第一篇综述性论文。氧化还原不连续（RPD）层以下无氧条件下某些后生动物类群的存在，即嗜硫生物（Thiobios）的发现引起了后生动物起源的大辩论，而且小型底栖动物的进化被认为是理解无脊椎动物进化的关键，有人推断某些厌氧的小型底栖动物类群是最原始的后生动物，理由是地球在寒武纪之前的大气中是缺氧的，并提供了生化论据支持这一论点。

4. 20 世纪 80—90 年代，利用实验生物学技术手段研究生态系统功能的阶段

这个时期实验生态学盛行，实验室操作和现场受控实验进行的各类假说验证检验成为研究的重要途径。包括小型底栖动物种群动态学的研究、大型底栖动物和小型底栖动物的相互作用研究、捕食者与被捕食者，大型底栖动物对小型底栖动物生物分布的影响、小型底栖动物与微生物的相互作用以及对沉积物海水界面生物地球化学能量的影响等。大量经典之作发表或出版，例如，《不来梅水生线虫种名录》（Gerlach & Riemann，1973，1974）、《自由生活线虫的发育系统》（Lorenzen，1994）、《小型底栖动物导论》（Higgins & Thiel，1988）和《小型底栖动物学》（Giere，1993）等，标志着小型底栖动物学作为独立的一门前沿学科已经成熟。

5. 20 世纪 90 年代末到 21 世纪初期，全球变化、生物多样性保护和深海、极地研究新阶段

气候变化和人类活动对地球生态系统的影响目前成为全球关注的热点，有关小型底栖动物的研究几乎遍及全球海域，涵盖热带（Barnes et al.，2011；Gomes & Rosa Filho，2009）、亚热带（Platt & Denman，1977），以及小型底栖动物调查研究报道最多的温带（Pavlyuk & Trebukhova，2011；Platt，1985；Trebukhova et al.，2013）和寒带等气候带（Delgado et al.，2009；Lambshead et al.，2000），小型底栖生物生态研究已扩大到全球尺度，以年际和十年际的时间尺度为重点，研究小型底栖生物对人类活动和气候异常的功能响应（张志南和周红，2004）。分子生物学技术在系统发育分析和遗传多样性研究中得到广泛应用，对小型底栖生物各类群的系统发育地位和关系进行了重新审视，获得了新的认识（Blaxter et al.，1998）。互联网共享数据库 NeMys（Guilini et al.，2018）和 WoRMS（Horton et al.，2018）的广泛使用，搭建了国际合作平台，加速了人才的培养，研究队伍不断扩大。同时，随着深海探测技术的成熟和应用，越来越多的研究涉及深海、极地和极端生境小型底栖动物生态的研究，包括揭示新物种、新的生命现象，以及探讨其生物地理学特点，评估区域和全球海域的生物多样性等（Lambshead et al.，2002）。

第三节　不同生境中海洋线虫的生态学研究

自由生活海洋线虫终生营底栖生活，在海洋的任何底质中几乎都能发现其踪迹，但在不同的生境中，其丰度、生物量、多样性和种类组成不同，而且这些参数随着季节、经纬度、沉积物粒度大小、有机质含量、水深等物理化学生物因子的不同而发生变化。

一、河口红树林湿地和咸淡水

河口线虫群落的物种多样性和盐度有密切的关系。与海洋或淡水生境相比，咸淡水中底栖动物的种类比较少。但是，真正咸淡水型的底栖动物种类还是存在的（Fenchel，1978；Heip et al.，1985）。在盐沼和盐池中，由于盐度变化的无规则性，自由生活海洋线虫的种类数量与河口相比要少得多。例如，欧洲北海自由生活海洋线虫的种类数为 735 种，在河口，接近 200 种（Bouwman et al.，1984），内陆盐池中只有 50 种（Gerlach，1953）。

一般情况下，河口线虫密度较高，变化范围每 10 cm^2 为 200～5 000 个（Heip et al.，1982；Teal & Wieser，1966）。数量多少与沉积物的结构密切相关。在隐蔽的有机质含量高的黏土质沉积物中，小型底栖动物具极高的丰度，而且线虫总是占绝对优势（Teal &

Wieser，1966；Van Damme et al.，1980；Warwick & Price，1979）。在温带，一般晚秋和早冬数量较低，从2月以后开始增加，在5月达到一个高峰，然后下降到越冬的水平（Warwick & Price，1979）。Warwick & Buchanan（1970）利用盐度、粒度组成和水滞留时间成功地将英国Exe河口划分为6种不同的生境。生境不同，种类的形态特征不同，摄食行为也不同。泥土质沉积物中的种类，虫体趋向于细小，刚毛短，以沉积食性者居多；沙质沉积物中的种类一般虫体长、刚毛长，表皮装饰明显，以捕食者或底上刮食者居多。Tietjen（1969）在新英格兰两个河口研究线虫种类组成的季节变化时发现，刮食食性者在春季和夏季数量达到最大值，与底栖藻类和底栖微生物生产的增长相吻合，而沉积食性者和杂食食性者的数量在秋季和冬季达到最大值，与有机碎屑浓度的增长相吻合。

河口红树林湿地小型底栖动物近年来研究报道很多。肯尼亚Gazi Bay红树林湿地每10 cm^2小型底栖动物的丰度为1 976～6 707个，其中线虫占到95%（Vanhove et al.，1992）。热带潮间沉积物通常含有相对高盐度的孔隙水，特别是在长时间没有海水淹没和高度蒸发的地区。非洲Zanzibar西海岸Muwanda红树林湿地小型底栖动物的丰度较少，每10 cm^2为271～656个，其中海洋线虫占58%～87%（Ólafsson et al.，2000）。东非红树林每10 cm^2小型底栖动物的密度变化范围在205～5 263个，平均为1 493个（Ólafsson，1995）。巴西圣卡塔琳娜（Santa Catarina）红树林湿地研究发现，每10 cm^2小型底栖动物的密度为77～1 589个（Netto & Gallucci，2003）。越南Can Gio红树林湿地每10 cm^2小型底栖动物密度在1 156～2 082个（Xuan et al.，2007）。印度孟加拉湾红树林湿地每10 cm^2小型底栖动物的密度为35～280个，其中，线虫占到小型底栖动物密度的50%～67%（Ali et al.，1983）。约克角半岛附近热带红树林湿地发现，小型底栖动物的密度较少，为102～105个/m^2（Alongi，1990）。Armenteros等（2006）对古巴秋茄林中的小型底栖动物的研究发现，每10 cm^2小型底栖动物的密度平均为101个。澳大利亚热带红树林湿地的研究发现，小型底栖动物的密度在秋季和冬季（沉积物的温度为23～27 ℃）最高，在春季和夏季（沉积物的温度为28～40 ℃）较低，线虫的数量仅占整个小型底栖动物27%～31%，属第二优势类群，第一优势类群是涡虫（Alongi，1987）。

在全球红树林湿地范围内，澳大利亚、越南、印度、巴西、法国和非洲，红树林常见的海洋线虫优势属，包括*Terschellingia*、*Sphaerolaimus*、*Sabatieria*、*Ptycholaimellus*、*Parodontophora*、*Metachromadora*、*Microlaimus*、*Metalinhomoeus*、*Anoplostoma*、*Daptonema*、*Dichromadora*、*Halalaimus*、*Viscosia*、*Theristus*、*Desmodora*、*Atrochromadora*、*Haliplectus*。而*Diplolaimella*与*Diplolaimelloides*在马来西亚、中国香港是常见的优势属。

二、沙质潮间带

潮间带是介于高潮线与低潮线之间的地带，即大潮期的最高潮位和大潮期的最低潮位间的海岸，也就是海水涨至最高时所淹没的地方开始至潮水退到最低时露出水面的范围，通常也称为滩涂。由于受到海洋与陆地两大生态系统的影响，因而水温、光照、波浪、潮汐、盐度等生态因子和人为干扰都直接影响着潮间带的生物群落，使潮间带的生态类型极具多样性。

在隐蔽的极细沙或细沙海岸潮间带，线虫在小型底栖动物的数量中占优势，通常每10 cm^2 1 000～5 000 个；在非常暴露的粗沙质沙滩，底栖猛水蚤占小型底栖动物数量的60%，线虫的数量降到每 10 cm^2 100 个左右（Gray & Rieger，1971）。受潮汐和昼夜节律的影响，线虫的垂直迁移十分明显。在氧气充足的沙滩上，线虫能穿透到达 105 cm 的深度（Munro et al.，1978），从而表现出明显的三维分布。具有强大尾腺和强壮表皮的种类通常出现在上层；有些种类似乎适应于低氧或无氧的胁迫而生活在下层的氧化还原不连续层和还原层。Ott 和 Schiemer 认为有还原层线虫群落的存在，但是，Reise & Ax（1979）不承认真正的喜硫生物，他们将小型底栖动物类群在沉积物深处的出现与生物活动所产生的洞穴相联系，认为在沉积物洞穴里可能有小型底栖动物生活所需要的氧。另外，潮间带沉积物的干燥程度也是决定线虫分布规律的一个重要因子（McLachlan et al.，1977）。潮间带小型底栖动物的生物量通常占到底栖动物总生物量的 1/5～1/2，这取决于底质结构和沙滩的稳定性。Hulings & Gray（1976）研究了地中海沿岸潮间带沙滩的小型底栖动物后发现，其丰度受到海浪、潮水和海流的影响。大多数无潮沙滩，生物的相互作用例如竞争和捕食，是控制小型底栖动物丰度的主要因素。也有研究表明，生物的丰度是受沉积物种类组成和可利用食物的种类和数量来决定的（Platt & Warwick，1980）。在粒度细小的沉积物中，线虫的密度较高；在粒度粗大的沉积物中，其多样性较高。真正的间隙动物适宜于生活在粒径大小在 125～250 μm 的沉积物中（McIntyre & Murison，1973；Wieser，1959）。另外，沉积物的分选状况也是决定可利用间隙空间大小的另一重要因子，进而也影响着生物多样性的高低。Ott 在对美国北部卡罗来纳潮间带沙滩线虫群落的多样性研究后得出结论：①隐蔽沙滩中线虫的多样性高于暴露沙滩中；②两种沙滩上，从高潮带到低潮带，多样性增加；③即使在氧含量低的沉积物中，随着采样深度的增加，多样性增加。

一般情况下，潮间带沙滩的海洋线虫以 Chromadoridae、Cyatholaimidae、Desmodoridae 和 Oncholaimidae 等科中的种、属为优势（Maria et al.，2013）。*Sabatieria* 属的线虫能生存在许多其他线虫不能生存的氧含量低，硫化物含量高的环境，即使受到高强度的人为扰动也能生存、繁殖（Semprucci et al.，2010）；*Chromadora* 属和 *Viscosia* 属的线虫在氧含量较高的环境中丰度更大（Beyrem et al.，2011；Boufahja et al.，2011）；Xyalidae 科的线虫适应能力很强（Bongers et al.，1991）；*Chromaspirinia* 属和 *Oncholaimus* 属适合生存在条件良好的沉积环境中（Bongers et al.，1991；Mahmoudi et al.，2005）。因此，不同沉积环境中线虫优势类群存在差异，可以利用线虫的类群组合初步指示沉积物的环境条件。

三、浅海潮下带

在浅海潮下带，由于水体的扰动、有机物质的输入、沉积物粒径大小的差异及生物自身繁殖和扩散等的影响，小型底栖动物数量和种类组成上的差异在水平距离上比垂直方向更大（Fenchel，1978）。细沙、泥沙和沙质泥生境中，线虫数量丰富，粗沙和砾石生境中则较低，每 10 cm^2 平均数量的变化从几个到 30 000 个，生物量值从 100～1 500 μg（干重），占到样品中全部小型底栖动物数量的 90%～99%，生物量的 50%～90%。德国湾泥质生境中，线虫数量的最高值每 10 cm^2 达到 42 900 个（Juario，1975；Lorenzen，1974；McIntyre，1969；Soyer，1971）。

造成线虫数量变动的因素很多。在地中海附近的一个沿岸陆源泥质生境中，每 10 cm^2 线虫的平均密度为 4 300 个，最大值在夏季为 7 600 个，最低值出现在冬季。在南非一个中等粒径、分选良好的沙质沉积物中，线虫的数量与沉积物中氮含量有关，实际上表示了与沉积物中能够被利用的食物数量有关（McLachlan et al.，1977）。

线虫种类的多样性与沉积物的粒径密切相关。能提供更多生态位的生境，物种数量也更多（Hopper & Meyers，1967；Wieser，1960）。当粉沙质黏土含量降低粒径增加时，异质性增加，由于间隙动物的存在，线虫的多样性高于泥质底沉积物中的，同时也存在着更多的相近种（Heip & Decraemer，1974）。

线虫对于沉积物粒径的细微变化比许多大型动物和猛水蚤更加敏感（Heip et al.，Vranken，1985；Warwick & Buchanan，1970）。因而，可以利用线虫群落划分不同的小生境。在海洋线虫中，第一个涉及群落概念的是 Wieser，他在美国 Buzzards 湾的底栖动物中区分了两个群落，分别是沙质生境中的 Odontophora－leptonemella 群落和粉沙质生境中的 *Terschellingia longicaudata*－*Trachydemus mainensis* 群落。在粉沙质生境中，只有一个物种占优势，但在沙质生境中，由于有更多异质性小生境的存在，出现了 3 个或 4 个同等优势的属。因而，粉沙质生境以高的种类优势度、低的种类多样性和低特有种为特征；沙质生境，以低的种类优势度、高的种类多样性和高的种类特有种为特征（Tietjen，1977）。

在粉沙质沉积生境，一般以具有相同的优势属但不同种或相同种为特征，占优势的种多属于 Comesomatidae、Linhomoeidae 和 Spiriniidae 科，其中，*Sabatieria*、*Dorylaimopsis*、*Terschellingia* 和 *Spirinia* 等属更为重要。伴随这些属经常出现的亚优势属为 *Paramesacanthion*、*Axonolaimus*、*Parironus*、*Longicyatholaimus*、*Daptonema*、*Sphaerolaimus* 和 *Desmolaimus*（Ward，1975）。随着粒径的增加，Chromadoridae、Desmodoridea、Xyalidae、Axonolaimidae 和 Enoplidae 这些科种类的数量增多，种水平上的平行群落不明显的。沿着英国最北部诺森伯海岸的细沙和极细沙生境中，*Odontophora longisetosa*、*Mesanthion* sp. 和 *Sabatieria hilarula* 特别优势（Warwick & Buchanan，1970）。在利物普湾沙质沉积物中，群落以 *Desmodora*、*Neochomadora*、*Microlaimus* 和 *Richtersia* 属为优势（Ward，1975）。Lorenzen 发现，在从泥质到沙质沉积物的转换中，Chromadorid 科的数目增多了（Lorenzen，1974）。Heip 等（1982）给出了不同沉积物粒度中，线虫类群的优势科：①泥质，Comesomatidae 和 Linhomoeidae；②极细沙，Comesomatidae、Monhysteridae、Desmodoridae 和 Linhomoeidae；③ 细 沙，Monhysteridae、Comesomatidae、Desmodoridae 和 Axonolaimidae；④ 中 沙 到 粗 沙，Monhysteridae、Desmodoridae 和 Chromadoridae；⑤清洁的粗沙，Epsilonematidae 和 Draconematoidae。

四、深海和极地

在 1960 年以前，关于深海环境中小型底栖动物丰度的资料几乎是空白，目前，是研究的热点。深海线虫的数量一般占到整个小型底栖动物的 85. 95%（Foraminifera 例外），每 10 cm^2 密度变化范围为几个到 1 500 个，生物量为 60～80 μg（干重）。Thiel（1975）研究表明，随着海水的深度增加，线虫密度减少，但是这种减少程度低于大型底栖动物的减少程度，因而推断小型底栖动物在底栖环境中的重要性随着深度增加而加强。Tietjen（1984）认为，水深和地理位置是影响小型底栖动物在深海中数量分布的重要因素。Dinet（1979）研究发现，小型底栖动物的丰度主要与深海中食物的可利用性相关。深海中低含量的有机物质不仅限制了小型底栖动物的食物来源，而且影响了线虫群落中营养类型的分配。地中海群落的研究表明，线虫群落中杂食性线虫的数量占 6%～16%，沉积食性者的数量占到 35%～65%，其中，具有小口腔的选择性沉积食性者占到 16%～35%，这与浅海潮下带粉沙质生境群落不同（Soetaert et al.，1991）。无口腔或无肠道深海线虫的出现，也暗示着某些种类对溶解性有机物质的直接吸收。

深海线虫特有种的存在，使得深海线虫具有较高的多样性。Dinet（1979）在所记录的 317 种线虫中，只有 3 种能鉴定到已知种。与在其他生境一样，线虫的多样性在沉积物粒度变小时降低，但是，深海线虫的多样性明显高于同样沉积环境中浅海中的多样性。另外，深海线虫的多样性与水深有明显的关系，随着深度的增加，其多样性增高（Dinet，1979；Vivier，1978）。这可以归结为深海环境极大的稳定性，同时，从另一个方面也说明了线虫群落对人类扰动影响的敏感性。

深海环境中线虫的种类组成与水深、水温及沉积物类型等有关。Tietjen（1977）在 50～2 500 m 的断面上依据水深划分了 4 种生境；50～100 m、250～500 m 为前 2 种生境，分别包括线虫 35 种和 17 种，主要是 Enoplidae、Ceramonematidae、Chromadoridae 和 Desmodoridae 科的种类；500～800 m 的沙质粉沙质过渡带，没有特有种的分布；800～2 500 m 最深处，存在有最大数量的窄幅种，主要是 Leptosomatidae、Oxystomonidae、

Axonolaimidae、Leptolaimidae、Linhomoeidae、Siphonolaidae、Sphaerolaimidae 和 Comesomatidae 科的种类。同时他发现，线虫种类组成的变化与底层水温及沉积物类型的变化有关。

进入21世纪以来，西南太平洋（Leduc & Gwyther，2008）、北极（Fonseca & Soltwedel，2009）、北大西洋（Lambshead et al.，2000）等深海区域海洋线虫分类的研究日趋活跃，全球474个采样站位（深度范围400～8 380 m），共记录深海海洋线虫有效种638种，隶属于175属、44科（Vanreusel et al.，2010）。

第四节 我国近岸海域小型底栖动物的研究

我国小型底栖动物的系统研究，始于中国海洋大学张志南教授领衔的科研团队。在20世纪80年代开展的中美联合项目“长江口及邻近水域海洋沉积作用”和“黄河口海域沉积动力学”（张志南 等，1989；张志南和钱国珍，1990；张志南，1991），主要涉及小型底栖动物的类群组成、空间分布、生物量、生产量以及海洋线虫的群落生态学研究。

渤海海域研究区域包括潮间带、黄河口水下三角洲、莱州湾、渤海中部和渤海海峡。1997—1999年间不同季度在渤海湾、莱州湾、渤海中部和渤海海峡大面积海区所做的研究，共鉴定出小型底栖动物14个类群，对主要类群的丰度和生物量进行的研究发现：夏季，渤海区域小型底栖动物的丰度和生物量最高，其次为秋季。在水平分布上，渤海湾中东部和渤海海峡的小型底栖动物丰度值较高（郭玉清 等，2002a）。以1998年9—10月和1999年4—5月两个航次进行的海洋线虫群落结构研究表明，黄河输入的大量泥沙对渤海海洋线虫多样性的变化有一定作用，距离黄河口越近的站位，群落具有的物种多样性和均匀性越低，优势度越高；距离黄河口越远的站位，群落具有的物种多样性和均匀性越高，优势度越低。但总体上来看，在渤海的不同海区之间，线虫群落多样性的变化是微弱的，但差异是存在的（郭玉清 等，2002a；慕芳红 等，2001；张志南 等，2001a）。张青田等（2009）在渤海湾天津近海15个站位，代表不同季节4个航次进行的研究，共鉴定出线虫、桡足类、多毛类、介形类、寡毛类、双壳类和动吻类7个类群，其中，线虫占总丰度的90%以上。春、夏、秋、冬4个季度每10 cm^2 小型底栖动物的丰度，依次为（405.4±154.8）个、（417.6±38.6）个、（161.6±64.5）个和（204.7±69.7）个。春季和夏季平均丰度值较高，秋季和冬季丰度值偏低。春季和秋季的小型底栖动物丰度值，与沉积物叶绿素a的含量显著相关。

黄海的研究，是迄今为止中国所有海域中小型底栖动物生态学研究成果最多的区域。研究始于1990年对青岛湾泥质-粉沙质潮间带有机质污染区所做的研究。结果表明，6月每 10 cm^2 小型底栖动物数量的最高值为 21 427 个，最低值出现在高潮带站位为 25 个（钱国珍 等，1992）。之后，对青岛沙质、泥沙质和泥质潮间带沉积物陆续开展了大量研究（付姗姗 等，2010；华尔和张志南，2009；李佳 等，2012；张志南 等，1993）。在青岛太平湾沙滩进行的人为踩踏扰动现场实验显示，小型底栖动物响应模式为向深处迁移（并非平行向周围迁移），12 h 内垂直分布发生了显著的变化；同时表明，旅游旺季小型底栖动物丰度及其优势类群海洋线虫丰度明显低于淡季，并在中潮带表现突出（华尔 等，2010；华尔 等，2012）。在该区域逐月采样的研究表明，每 10 cm^2 小型底栖动物的年平均丰度为（1 025.40±268.84）个，平均生物量为（1 195.87±476.53）μg（干重），丰度和生物量高值主要出现在 4 月、5 月、6 月，低值出现在 8 月和 9 月（范士亮 等，2006）。泥沙质和沙质潮间带小型底栖动物的数量和分布的研究表明，泥沙质中每 10 cm^2 的年平均丰度高达（4 853±1 292）个，沙质中为（1 528±569）个，生物量则分别为（3 186.9±1 993.4）μg（干重）和（1 601.5±786.2）μg（干重）。小型底栖生物丰度在沙质底呈现 6 月和12 月的双高峰和 3 月和 9 月双低值模式；泥沙质中最高值出现在 6 月，最低值出现在11 月。两种底质中小型底栖动物的数量差异极大，但聚类分析表明，泥沙质和沙质沉积环境间的相似度为 87%，生物丰度组成间的相似度为 71%；BIOENV 分析表明，温度、盐度、粒度及黏土粉沙含量的组合最能解释月份和站位间的差异（r=0.614）（杜永芬 等，2011）。

黄海潮下带小型底栖生物研究始于张志南等对胶州湾的调查（张志南 等，2001b），之后，在黄海海区展开了一系列的研究，以这个海域小型底栖动物为研究对象的博士硕士学位论文达 10 多篇，期刊论文近百篇（陈海燕 等，2009；黄勇 等，2007；刘晓收，2005；王家栋 等，2009；王家栋 等，2011；王睿照和张志南，2003；吴绍渊和慕芳红，2009；吴秀芹，2011；杨世超 等，2009；张艳，2009；张志南 等，2004）。

2006—2007 年在北黄海陆架浅海水域 4 个航次不同季节的研究结果表明，春季、夏季、秋季和冬季每 10 cm^2 小型底栖动物平均丰度分别为（1 601±837）、（1 099±634）、（524±378）和（664±495）个；平均生物量（干重）分别为（1 580.53±1 041.23）、（1 446.34±764.66）、（793.50±475.83）和（428.63±294.84）μg。海洋线虫是数量最优势类群，4 个航次的优势度分别为 72%、90%、85%和 74%。97%的小型底栖动物的数量分布在0～5 cm 的表层沉积物内，线虫和桡足类的数量分布在 0～2 cm 沉积物的比例分别为 86%和 87%。两因素方差分析（two - way ANOVA）表明，小型底栖动物丰度和生物量各季节之间存在显著差异（春季和夏季高于秋季和冬季），4 个航次 5 个相同取样站位之间也有显著差异。小型底栖生物的丰度和生物量与水深和底盐呈负相关性。北黄海冷水团对小型底栖动物丰度和生物量时空分布有一定的影响（陈海燕 等，2009）。

2003 年 1 月对南黄海鳀越冬场 22 个站位进行的研究表明，海洋线虫是最优势类群，占整个小型底栖动物总丰度的 87%。不同站位线虫的丰度范围每 10 cm^2 从 505～1 272

个，平均为（831±247）个，其中，80%的线虫分布在表层（0～2 cm）沉积物中。共鉴定出线虫223种或分类实体，隶属于145属、32科、4目，主要优势种是 *Dorylaimopsis rabalaisi*、*Terschellingia longicaudata*、*Sphaerolaimus balticus*、*Quadricoma scanica*、*Paramonohystera riemanni*、*Vasostoma spiratum* 和 *Promonhystera faber* 等。营养结构中沉积食性者（1A+1B）占优势；线虫群落中幼龄个体占到线虫群落个体总数的60%以上；雌雄比例平均为1：0.79。相关分析表明，线虫丰度与水温和盐度显著相关；种类组成和多样性与叶绿素a和脱镁叶绿素a显著相关；线虫的种类数与有机质含量、含沙量显著相关，与叶绿素a极显著相关（黄勇 等，2007）。

东海研究的主要区域为长江口及其邻近海域和福建近海海域（包括台湾海峡）。于婷婷和徐奎栋（2013，2014）对长江口及邻近海域小型底栖动物丰度分布的研究表明，夏季丰度较高，秋冬季整体上分布为北高南低，近岸高外海底，并且小型底栖动物丰度受到叶绿素a、水深、底温和底盐的影响。华尔等（2005）在对长江口外陆架浅海水域进行的研究表明，小型底栖动物的丰度与沉积物中叶绿素和脱镁叶绿酸的含量高度相关；对线虫群落结构的分析显示，由近岸往外，线虫多样性逐渐增加。他们利用生态风险指数法与海洋线虫与桡足类丰度之比法对重金属Cu和As污染评价的结果相似，表明小型底栖动物丰度及分布对Cu和As积累具有明显的生态响应。在福建近海海域的研究，主要集中在小型底栖动物以及海洋线虫丰度和群落的研究。张玉红（2009）对台湾海峡及邻近海域25个站位的小型底栖动物进行的研究表明，夏季的丰度最高，每10 cm^2 达到了（331.97±234.85）个，其次为秋季、春季和冬季；垂直分布测定结果表明0～2 cm沉积物表层中的小型底栖动物数量占总数量的60.22%。郭玉清和蔡立哲（2008）对厦门东、西海域的自由生活海洋线虫群落结构的分析表明，2个站位的群落多样性指数值基本一致，只是优势种的优势度有一定差异，线虫以非选择性沉积食性者（1B）和底上食性者（2A）为优势摄食类群。张婷（2011）对厦门鼓浪屿大德记和黄厝沙滩潮间带4个季度的小型底栖研究表明，夏季的小型底栖动物丰度最高，小型底栖动物丰度的季节变化受到溶氧、温度、叶绿素和粉沙黏土含量的影响。

另外，对浙江省南麂列岛国家海洋自然保护区潮间带小型底栖动物采样调查，大沙岙沙滩小型底栖动物的丰度较低，中潮带每10 cm^2 为291.9个，低潮带为516.8个。线虫是最优势类群，线虫与桡足类数量之比值分别为3.27和1.06，表明沙滩环境质量良好，未受到有机质污染（林岿璇 等，2003）。

南海的研究区域主要集中在包括了深圳福田红树林、北部湾以及大亚湾及邻近海域，研究相对薄弱。由于南海是中国海域平均水深最深的海域，对线虫在水深的垂直分布的研究有其特别意义。刘晓收等（2014）对南海北部浅海和深海站位的研究表明，小型底栖丰度及生物量的变化受到底层水pH、沉积物粉沙黏土含量和有机质含量的影响，且小型底栖动物数量随着采样水深逐渐增加，呈现由低到高的趋势。而Cai等（2012）在北部湾的研究结果表明，小型底栖动物的丰度、沉积物黏土含量、水深和盐度具有明显的地理趋势变化（Cai et al.，2012）。唐玲等（2012）的研究表明，每 10 cm^2 小型底栖动物的平均丰度为（593±265）个，呈湾内向湾外递增趋势。另外，对海洋线虫群落的研究表明，底上食性者（2A）是最优势的摄食类型（傅素晶，2009）。

王家栋等（2009）对黄海、东海、南海 3 个海域共 10 个站位的小型底栖动物组成、丰度和生物量，以及环境因子进行了调查。3 个海域每 10 cm^2 小型底栖动物的平均丰度，以黄海最高，为（2 132±946）个；东海次之，每 10 cm^2 为（1 954±2 047）个；南海仅每 10 cm^2（156±56）个。每 10 cm^2 平均生物量（干重）依次为（2 193±1 148）μg、（1 865±1 555）μg 和（212±22）μg。3 个海区分选出 14 个小型底栖动物类群，丰度上均以自由生活海洋线虫占绝对优势，分别占总量的 85%、89%和 85%。在生物量上，黄海以海洋线虫贡献最多（33%），多毛类居次；东海二者比例相近（约为 37%），而南海则以多毛类占绝对优势（56%）。在小型底栖动物的垂直分布上，3 个海区差异较大：分布于沉积物表层 0～2 cm 的小型底栖动物在黄海高达 90%，东海为 46%，南海为 63%。统计分析表明，小型底栖动物丰度与沉积物中的叶绿素及脱镁叶绿酸含量和底温呈显著正相关，与水深呈显著负相关。

需要注意的是，我国目前小型底栖动物研究团队不同，分选所用网筛网目不尽相同，不利于研究结果的比较和相互引用分析。王家栋等（2009）在北黄海获得的小型底栖动物平均丰度是陈海燕等对同海域调查结果的 3 倍多，或许是因为前者所用的网筛为 31 μm，而后者使用的是 61 μm，可能会造成个体较小的线虫不被截留而大量丢失，从而低估了该区域的小型底栖动物丰度。

第五节　福建省滨海湿地概况

福建省背山面海，东与我国台湾岛隔海相望，东北与浙江省毗邻，西南与广东省接壤。福建省东西宽 480 km，南北长约 530 km，陆地总面积约为 12.1 万 km^2。境内群峰耸峙，岭谷相间，山地丘陵占 80%以上，素有“东南山国”和“八山一水一分田”之说。全省可作业海域面积 13.6 万 km^2，沿海地区纬度为 23°46′—27°20′N，大陆海岸线长3 324 km，长度居全国第二位。海岸线曲折复杂，沿海岛屿众多，有 1 433 个，港湾 125 个，其中较大的有 14 个（周冬良，2004）。

陆健健（1996）参照《关于特别是作为水禽栖息地的国际重要湿地公约》及美国和加拿大等国的湿地定义，提出了滨海湿地的概念：陆缘为含 60%以上湿生植物的植被区、水缘为海平面以下 6 m 的近海区域。这一定义基本上涵盖了潮间带的主要地带以及直接与之有密切关系的相邻区域，是滨海地区中具有特定自然条件和复杂生态系统的地域。据初步统计，福建省滨海湿地总面积约 2 598.86 km²。其中，天然湿地 2 118.63 km²，占滨海湿地总面积的 81.5%；人工滨海湿地 480.23 km²，占滨海湿地总面积的 18.5%（李荣冠 等，2014）。福建省滨海湿地主要包括浅海水域、河口水域、潮间带、红树林、珊瑚礁等类型，分布在宁德、福州、莆田、泉州、厦门、漳州 6 个市 22 个区县的港湾、河口地带。重要的海湾有三沙湾、福清湾、兴化湾、湄洲湾、泉州湾、厦门湾和东山湾，为福建省重点湿地分布地区。福建沿海有大小几十条河流注入海湾，流域面积大于 100 km² 的河流有 33 条，流域面积在 5 000 km² 以上并汇入近海的一级河流有闽江、九龙江、晋江和赛江。特殊的地理位置及复杂多样的生态环境，使福建成为我国湿地资源较丰富的省份。截至 2009 年 9 月，福建省已有晋江河口和泉州湾湿地、九龙江河口湿地、东山湾湿地、深沪湾湿地、福清湾湿地及三都湾湿地 6 处近海和海岸类型的湿地被正式列入《中国重要湿地名录》。此外，宁德沙埕内港、福鼎台山列岛、福鼎晴川湾、霞浦福宁湾、罗源鉴江湾、晋江围头湾、厦门大嶝岛、漳浦红示埭、漳浦霞美、东山西部湾、诏安四都等均为典型的河口湿地分布地区。

第二章

福建省主要红树林湿地小型底栖动物与海洋线虫群落

我国的红树林主要分布在福建、广东、广西、海南、台湾、香港、澳门等7个省（自治区、特别行政区）沿海。国内学者对红树林湿地小型底栖动物的研究，主要集中在福建（曹婧，2012；常瑜和郭玉清，2014；郭玉清 等，2004；卓异，2014）、广东（蔡立哲 等，2000b；吴辰，2013）、海南（刘均玲 等，2013）3个省和香港特别行政区（Zhou & Zhang，2003）。研究内容主要包括小型底栖动物的类群组成、丰度、分布、生物量及其季节变化，以及海洋线虫群落结构和新物种的报道。

福建省属南亚热带海洋性季风气候，是我国天然红树林分布最靠北的省份，红树林面积615.1 hm²，以秋茄、桐花树和白骨壤为主，主要分布在沿海滩涂及河流入海口。本研究选取的红树林湿地是：①漳江口红树林湿地（117°20′60″E、23°57′36″N），位于漳江口红树林国家级自然保护区（中国纬度最靠北的国家级红树林保护区），即云霄县漳江入海口。年均温度21.2 ℃，年降水量1 714 mm，平均潮差2.32 m，最大潮差4.67 m。淤泥质土壤，含盐量一般在10以上，平均海水盐度19。②九龙江口红树林湿地（117°49′12″E、24°27′00″N），位于龙海九龙江口红树林省级自然保护区，年均温度21.0 ℃，年降水量1 365 mm，平均潮差2.98 m。③集美凤林红树林湿地（118°05′60″E、24°34′48″N），位于厦门市同安湾西岸，总面积为2.6 hm²，年均气温20.9 ℃，年降水量1 144 mm。最大潮差4.95 m，平均潮差3.99 m。④洛阳江口红树林湿地（118°40′12″E、24°56′24″N），位于泉州湾河口湿地省级自然保护区，年均温度20.4 ℃，年降水量1 095 mm，平均潮差4.27 m，最大潮差6.68 m。淤泥质土壤，含盐量3.5～28.9，海水盐度3.9～34.1。⑤湾坞红树林湿地（119°51′36″E、26°51′00″N），位于福安市湾坞镇县级红树林自然保护区，总面积4.7 hm²，群落类型主要是秋茄。

本章以2012—2013年4个季度在福建省主要红树林湿地沉积物获得的生物样品为材料，研究了红树林湿地小型底栖动物的类群组成及丰度、线虫优势属及摄食类型、线虫群落结构及其红树林湿地海洋线虫个体生物量等。

第一节 福建省主要红树林湿地小型底栖动物的类群组成、丰度、生物量及季节变化

一、漳江口红树林湿地小型底栖动物

（一）类群组成

漳江口红树林湿地出现小型底栖动物类群11个，自由生活海洋线虫是最优势的类群，

其丰度占小型底栖动物总丰度的91.99%；寡毛类排第二位，其丰度占总丰度的2.81%；桡足类和多毛类排第三位，它们的丰度分别占总丰度的2.40%；其他类群包括等足目、海螨、涡虫类、缓步类、双壳类、链虫、枝角类等，它们的丰度之和占总丰度的0.40%。

（二）丰度、生物量及其季节变化

漳江口红树林湿地每10 cm^2 小型底栖动物的年平均丰度为748.75个，年平均生物量每10 cm^2 为1 159.51 μg（干重）（表2-1）。4个季节，线虫丰度和生物量均占据绝对优势。每10 cm^2 线虫丰度和生物量的最高值均出现在春季，分别为（1 150.17±515.06）个和（950.04±425.44）μg（干重）；夏季最低，分别为（176.20±17.33）个和（145.54±14.31）μg（干重）。桡足类丰度和生物量的最高值在春季。多毛类和寡毛类在各个季节均有分布，每10 cm^2 年平均丰度分别为（18.23±8.00）个、（20.79±9.62）个。ANOSIM分别对丰度和生物量进行分析，其结果均为 $P<0.01$（差异极显著）。说明该区域小型底栖动物的丰度和生物量存在极显著的季节差异，但两两比较的结果又表明，春季与冬季的差异不显著（$P>0.05$）。

表2-1 漳江口红树林湿地不同季节每10 cm^2 小型底栖动物的丰度（个）和生物量（μg）（干重）

类群		线虫	桡足类	多毛类	寡毛类	其他	总数
春季	丰度	1 150.17±515.06	36.61±32.62	7.06±10.80	14.12±19.47	4.67±2.64	1 212.63±563.44
	生物量	950.04±425.44	68.10±60.67	98.84±151.20	197.68±272.58	16.35±9.24	1 331.00±919.13
夏季	丰度	176.20±17.33	2.07±0.32	13.00±2.17	12.81±1.62	1.32±0.34	205.41±18.83
	生物量	145.54±14.31	3.85±0.60	182.00±30.38	179.34±22.68	4.62±1.19	515.35±69.16
秋季	丰度	359.51±114.72	13.19±19.19	24.29±14.43	8.17±9.23	1.88±0.63	407.04±138.62
	生物量	296.96±94.76	24.53±36.69	340.06±202.02	114.38±129.22	6.58±2.21	782.51±463.90
冬季	丰度	1 067.54±162.40	21.67±4.54	28.58±4.62	48.05±8.17	4.08±0.67	1 169.92±176.22
	生物量	881.79±134.14	40.30±8.44	400.12±64.68	672.7±114.38	14.28±2.35	2 009.19±323.99
平均值	丰度	688.36±202.38	18.39±14.17	18.23±8.00	20.79±9.62	2.99±1.07	748.75±224.28
	生物量	568.58±167.16	34.20±26.35	255.26±134.71	291.03±134.72	10.46±3.75	1 159.51±444.05

二、九龙江口红树林湿地小型底栖动物

（一）类群组成

九龙江口红树林湿地出现小型底栖动物类群7个，自由生活海洋线虫是最优势的类群，占小型底栖动物总丰度的95.53%；桡足类为第二优势类群，其丰度占总丰度的3.23%；多毛类和寡毛类的丰度排列第三，分别占总丰度的0.49%；其他类群包括端足类、涡虫、星虫等，它们的丰度占总丰度的0.51%。

（二）丰度、生物量及其季节变化

九龙江口红树林湿地每 10 cm² 小型底栖动物年平均丰度为 402.35 个，年平均生物量为 400.04μg（干重）（表 2-2）。在不同季节，每 10 cm² 线虫的丰度和生物量均占据绝对优势。线虫的丰度和生物量在冬季最高，分别为（665.00±347.07）个和（549.29±286.68）μg（干重）；在秋季最低，分别为（257.83±90.79）个和（212.97±74.99）μg（干重）。桡足类为第二优势类群，丰度和生物量在冬季最高。多毛类和寡毛类在各个季节均有分布，每 10 cm² 年平均丰度分别为（1.77±0.77）个和（2.35±0.79）个。ANOSIM分别对丰度和生物量进行分析，结果均为 $P<0.01$（差异极显著）。说明九龙江口红树林湿地小型底栖动物的丰度和生物量均存在极显著的季节差异，两两比较结果表明，冬季的小型底栖动物的丰度和生物量显著高于春季、夏季和秋季。

表 2-2　九龙江口红树林湿地不同季节每 10 cm² 小型底栖动物的丰度（个）和生物量（μg）（干重）

类　群		线虫	桡足类	多毛类	寡毛类	其他	总数
春季	丰度	301.51±104.58	11.31±3.91	2.07±1.58	0.75±0.53	0.14±0.07	316.21±112.75
	生物量	249.05±86.38	21.03±7.27	28.98±22.12	10.50±7.42	0.49±0.25	310.05±123.44
夏季	丰度	314.28±125.03	4.40±2.72	0.63±0.31	1.05±0.71	—	320.36±133.49
	生物量	259.60±103.27	8.18±5.06	8.82±4.34	14.70±9.94	—	291.30±122.61
秋季	丰度	257.83±90.79	17.47±10.11	2.91±0.76	0.69±0.32	0.43±0.13	280.61±94.05
	生物量	212.97±74.99	32.49±18.80	40.76±10.64	9.66±4.48	1.51±0.46	297.37±109.37
冬季	丰度	665.00±347.07	18.64±7.95	1.47±0.42	6.91±1.60	0.05±0.03	692.22±349.69
	生物量	549.3±286.68	34.67±14.79	20.59±5.88	96.74±22.4	0.18±0.11	733.56±370.58
平均值	丰度	384.66±166.87	12.96±6.17	1.77±0.77	2.35±0.79	0.21±0.08	402.35±172.50
	生物量	317.73±137.83	24.10±11.48	24.78±10.75	32.90±11.06	0.54±0.20	400.04±171.32

注：表中的“—”表示未出现该类群。

三、集美凤林红树林湿地小型底栖动物

（一）类群组成

集美凤林红树林湿地共鉴定出小型底栖动物类群 12 个，自由生活海洋线虫是最优势的类群，其丰度占小型底栖动物总丰度的 93.62%；桡足类为第二优势类群，其丰度占总丰度的 5.19%；寡毛类和多毛类的丰度分别占总丰度的 0.65%和 0.32%；其他类群包括涡虫和双壳类等，丰度占总丰度的 0.22%。

（二）丰度、生物量及其季节变化

集美凤林红树林湿地每 10 cm² 小型底栖动物年平均丰度为 923.11 个，年平均生物量

为 887.57 μg（干重）（表 2-3）。在不同季节，线虫的丰度和生物量均占据绝对优势。每 10 cm² 线虫的丰度和生物量在冬季最高，分别为（1 448.15±260.41）个和（1 196.17±215.10）μg（干重）；在春季最低，分别为（651.08±152.66）个和（537.79±126.10）μg（干重）。桡足类为第二优势类群，在冬季丰度和生物量最高。多毛类在各个季节均有分布，每 10 cm² 年平均丰度为（2.86±1.24）个。用 ANOSIM 统计分析对丰度和生物量进行分析，其结果均为 $P<0.05$（差异显著），说明凤林红树林区小型底栖动物的丰度和生物量存在显著的季节变化。

表 2-3　集美凤林红树林湿地不同季节每 10 cm² 小型底栖动物的丰度（个）和生物量（μg）（干重）

类　群		线虫	桡足类	多毛类	寡毛类	其他	总数
春季	丰度	651.08±152.66	36.12±14.09	6.91±2.09	0.31±0.26	2.51±1.03	696.93±155.67
	生物量	537.79±126.10	67.18±26.21	96.74±29.26	4.34±3.64	8.79±3.61	714.84±188.81
夏季	丰度	707.92±119.59	13.82±6.42	1.26±0.73	—	1.25±0.72	724.25±126.48
	生物量	584.74±98.78	25.71±5.30	17.64±10.22	—	4.38±2.52	632.46±116.82
秋季	丰度	656.54±143.12	27.89±12.00	0.38±0.28	—	1.88±0.89	686.69±150.87
	生物量	542.30±118.22	23.04±9.91	5.32±3.92	—	6.58±3.12	577.24±135.16
冬季	丰度	1 448.15±260.41	113.07±17.29	2.87±1.84	11.85±4.14	3.77±1.26	1 584.55±266.22
	生物量	1 196.17±215.10	210.31±32.16	40.18±25.76	165.90±57.96	13.20±4.41	1625.76±335.39
平均值	丰度	856.92±168.95	47.73±12.45	2.86±1.24	6.08±2.20	2.35±0.98	923.11±174.81
	生物量	715.25±139.55	81.56±18.40	39.97±17.29	42.56±15.40	8.23±3.41	887.57±194.05

注："—"表示未出现该类群。

四、洛阳江口红树林湿地小型底栖动物

（一）类群组成

洛阳江口红树林湿地共鉴定出小型底栖动物类群 8 个，自由生活海洋线虫是最优势的类群，其丰度占小型底栖动物总丰度的 93.02%；桡足类为第二优势类群，其丰度占总丰度的 5.56%；其次为寡毛类、多毛类，其丰度分别占总丰度的 0.71%、0.57%；其他类群丰度占总丰度的 0.14%，包括海螨、涡虫类、双壳类、端足类和未鉴定种等。

（二）丰度、生物量及其季节变化

洛阳江口红树林湿地每 10 cm² 小型底栖动物年平均丰度为 703.32 个，年平均生物量为 749.39μg（干重）（表 2-4）。在不同季节，线虫的丰度和生物量均占据绝对优势，每 10 cm² 线虫的丰度和生物量在春季最高，分别为（905.72±151.23）个和（748.12±124.92）μg（干重）；在秋季最低，分别为（209.79±43.86）个和（173.29±36.23）μg

（干重）。桡足类为第二优势类群，其丰度和生物量在冬季最高。多毛类和寡毛类在各个季节均有分布，每 10 cm^2 年平均丰度分别为（4.21±2.50）个和（5.43±1.94）个。ANOSIM 统计分析结果为 $P<0.01$（差异极显著），说明洛阳江口红树林湿地小型底栖动物的丰度存在极显著的季节差异，两两比较均有显著差异。

表 2－4　洛阳江口红树林湿地不同季节每 10 cm^2 小型底栖动物的丰度（个）和生物量（μg）（干重）

类　群		线虫	桡足类	多毛类	寡毛类	其他	总数
春季	丰度	905.72±151.23	30.75±6.60	5.67±3.49	2.75±0.00	1.28±1.22	946.17±155.11
	生物量	748.12±124.92	57.20±12.28	79.38±48.86	38.50±0.00	4.48±4.27	927.68±190.32
秋季	丰度	209.79±43.86	13.55±6.07	5.30±2.85	6.31±3.10	0.30±0.03	235.20±63.94
	生物量	173.29±36.23	25.20±11.29	74.20±39.90	88.34±43.40	1.05±0.11	362.08±130.92
冬季	丰度	844.96±51.64	71.66±4.27	1.65±1.16	7.23±2.72	0.82±0.35	928.60±53.97
	生物量	697.94±42.65	133.29±7.94	23.10±16.24	101.22±38.08	2.87±1.23	958.41±106.14
平均值	丰度	653.49±82.24	38.65±5.65	4.21±2.50	5.43±1.94	0.80±0.53	703.32±91.01
	生物量	539.78±67.93	71.90±10.50	58.89±35.00	76.02±27.16	2.80±1.87	749.39±142.46

注：缺夏季数据。

五、湾坞红树林湿地小型底栖动物

（一）类群组成

湾坞红树林湿地共鉴定出小型底栖动物类群 6 个，自由生活海洋线虫是最优势的类群，其丰度占小型底栖动物总丰度的 90.89%；桡足类为第二优势类群，其丰度占总丰度的 6.84%；其次为寡毛类和多毛类，其丰度分别占总丰度的 1.52%和 0.51%；其他类群包括等足类、涡虫等占总丰度的 0.24%。

（二）丰度、生物量及其季节变化

湾坞红树林湿地每 10 cm^2 小型底栖动物年平均丰度为（397.46±87.81）个，年平均生物量为 442.94 μg（干重）。在不同季节，线虫的丰度和生物量均占据绝对优势。每 10 cm^2 线虫的丰度和生物量在冬季最高，分别为（725.98±160.55）个和（599.66±132.61）μg（干重）；夏季最低，分别为（121.31±27.67）个和（100.20±22.86）μg（干重）。桡足类为第二优势类群，其丰度和生物量在冬季最高。多毛类在各个季节均有分布，每 10 cm^2 年平均丰度为（2.42±1.37）个（表 2－5）。ANOSIM 统计分析丰度和生物量，其结果均为 $P<0.01$（差异极显著），说明湾坞红树林湿地小型底栖动物的丰度和生物量存在极显著的季节变化。两两比较的结果表明，冬季小型底栖动物的丰度和生物量显著高于夏季和秋季，且夏季和秋季的小型底栖动物丰度和生物量均不存在显著性的差异。

表 2-5 湾坞红树林湿地不同季节每 10 cm² 小型底栖动物的丰度（个）和生物量（μg）（干重）

类群		线虫	桡足类	多毛类	寡毛类	其他	总数
春季	丰度	121.31±27.67	17.43±10.73	2.59±1.25	8.72±6.33	0.24±0.22	150.28±36.55
	生物量	100.20±22.86	32.42±18.96	36.26±17.50	122.08±88.62	0.84±0.77	291.80±149.70
秋季	丰度	231.16±42.96	12.56±5.14	2.30±1.29	—	2.72±1.34	248.75±48.31
	生物量	190.94±35.48	23.36±9.56	32.20±18.06	—	9.52±4.69	256.02±67.80
冬季	丰度	725.98±160.55	51.35±19.59	2.36±1.57	3.77±1.54	—	793.35±178.58
	生物量	599.66±132.61	95.51±36.44	33.04±21.98	52.78±21.56	—	780.99±212.59
平均值	丰度	359.48±77.06	27.11±11.82	2.42±1.37	6.25±3.94	1.48±0.78	397.46±87.81
	生物量	296.93±63.65	50.43±21.99	33.83±19.18	58.29±36.73	3.45±1.82	442.94±143.36

注：缺春季数据；“—”表示未出现该类群。

六、主要红树林湿地小型底栖动物的类群组成、丰度和生物量比较

表 2-6（表中的漳江口即漳江口红树林湿地；九龙江口即九龙江口红树林湿地；凤林即凤林红树林湿地；洛阳江口即洛阳江口红树林湿地；湾坞即湾坞红树林湿地）为福建省主要红树林湿地小型底栖动物的丰度和生物量。从表 2-6 中可以看到，福建省主要红树林湿地小型底栖动物类群中，线虫占绝对的优势，其丰度约占小型底栖动物总丰度的 93.01%。线虫的丰度和生物量在九龙江口红树林湿地所占比例最高，分别为 95.60% 和 79.17%。5 片红树林湿地每 10 cm² 小型底栖动物的年均丰度为 395～925 个，生物量在 401.69～1 158.27 μg（干重）。在漳江口和洛阳江口红树林湿地小型底栖动物的丰度均是春季的最高，冬季次之，秋季及夏季的丰度较低。在集美凤林冬季最高，春季最低；在湾坞冬季最高，夏季最低；九龙江口，冬季最高，秋季最低。这些研究似乎可以说明，

表 2-6 福建省主要红树林湿地每 10 cm² 小型底栖动物的年均丰度（个）、年均生物量（μg）（干重）及其百分比

类群		线虫	桡足类	多毛类	寡毛类	其他	总数
漳江口	丰度（%）	688（91.93）	18（2.46）	18（2.44）	21（2.78）	3（0.40）	748（100）
	生物量（%）	568.29（49.06）	33.48（2.89）	252（21.76）	294（25.38）	10.5（0.91）	1158.27（100）
九龙江口	丰度（%）	385（95.60）	139（3.34）	2（0.47）	2（0.56）	1（0.51）	403（100）
	生物量（%）	318.01（79.17）	24.18（6.02）	28（6.97）	28（6.97）	3.5（0.87）	401.69（100）
凤林	丰度（%）	866（93.81）	48（5.17）	3（0.31）	6（0.66）	2（0.25）	925（100）
	生物量（%）	715.32（76.29）	89.28（9.52）	42（4.48）	84（8.96）	7（0.75）	937.60（100）
洛阳江口	丰度（%）	653（92.91）	39（5.50）	4（0.60）	5（0.77）	1（0.11）	702（100）
	生物量（%）	539.38（72.75）	72.54（9.78）	56（7.55）	70（9.44）	3.5（0.47）	741.42（100）
湾坞	丰度（%）	359（90.45）	27（6.80）	2（0.60）	6（1.57）	1（0.37）	395（100）
	生物量（%）	296.53（64.15）	50.22（10.86）	28（6.06）	84（18.17）	3.5（0.76）	462.25（100）

在亚热带区域，红树林湿地小型底栖动物的丰度，在冬季和春季会出现高峰或亚高峰值，夏季和秋季小型底栖动物的丰度相对较低。温度是制约生物生命活动的关键环境因素，红树林多分布在平均温度高于 20 ℃的地区，但红树林区小型底栖动物的季节分布并没有一定规律性（刘均玲和黄勃，2012）。

卓异（2014）在泉州湾潮间带不同生境小型底栖动物群落的研究，发现 12 个小型底栖动物类群（包括有孔虫类 Foraminifera），还有少许未定类群归为其他类，平均丰度的最高值出现在冬季桐花树生境，每 10 cm^2 为（2 104.9±944）个；最低值出现在秋季秋茄生境，每 10 cm^2 为（273±109）个。各季节小型底栖动物的生物量变化中，春季最高，秋季最低。各类群所占的生物量比例中，有孔虫所占比例最高为 79.8%，海洋线虫 8.44%，桡足类 4.21%。单变量双因素方差分析表明，不同季节、不同生境以及季节×生境的小型底栖动物栖息密度和生物量均有显著差异。曹婧（2012）研究福建漳江口红树林秋茄、桐花树和白骨壤 4 个季度每 10 cm^2 小型底栖动物的平均丰度分别为（1 500.3±735.2）个、（1 717.5±621.7）个和（2 607.1±802.6）个，丰度随季节变化的顺序为：冬季＞春季＞夏季＞秋季。陈昕韡等（2017）在厦门同安湾下潭尾人工红树林湿地的研究，共获取了 9 个小型底栖动物类群，自由生活海洋线虫是优势类群，占总丰度的 91.75%。下潭尾人工红树林湿地每 10 cm^2 小型底栖动物平均丰度为（441.3±61.0）个。凤林红树林种植区每 10 cm^2 小型底栖动物的平均密度为（1 548±512）个，平均生物量为 1 699.66 μg（干重）；山后亭红树林种植区每 10 cm^2 小型底栖动物的平均密度为（892±19）个（周细平，2007）。山后亭小型底栖动物的平均密度和生物量均低于凤林，这与凤林红树林区受集美污水处理厂排放废水以及种植红树植物时间较长有关。

吴辰（2013）研究广东湛江高桥无瓣海桑、桐花树和木榄 4 个季度每 10 cm^2 小型底栖动物的平均丰度分别为（1 188.2±390.5.2）、（1 071.8±613.6）和（739.0±237.8）个，丰度随季节变化的顺序是，秋季＞春季＞夏季＞冬季。蔡立哲等（2000）对深圳河口福田红树林泥滩海洋线虫的研究表明，春季最高，冬季次之，秋季最低。

河口红树林潮间带（特别是中高潮区）沉积环境中，动物既要耐受变化无常的自然环境因子的作用，又要经受大型底栖动物活动的影响，同时，也受到近岸人类活动的干扰（伍淑婕和梁士楚，2008）。独特的生境特征往往使小型底栖动物成为这里最丰富的动物类群，自由生活海洋线虫由于其有数量多、分布广和生活周期短等特点，又构成海洋小型底栖动物中的最主要类群。郭玉清（2008）对厦门凤林红树林湿地冬季4 个断面 13 个站位的研究，共鉴定出自由生活海洋线虫、桡足类、多毛类、寡毛类以及其他类 5 类，线虫的丰度占小型底栖动物总丰度的 76.11%～96.13%。刘均玲等（2013）在 2012 年冬季对海南东寨港国家级红树林保护区小型底栖动物进行的研究发现 6 个类群，分别为自由生活海洋线虫、桡足类、涡虫、多毛类、寡毛类、海螨类及其他类，线虫占到 90.53%～97.02%。此外，海洋线虫在印度（Krishnamurthy et al.，1984）、澳大利亚（Nicholas et al.，1991)、肯尼亚（Vanhove et al.，1992)、古巴（Armenteros et al.，2006)、南非（Dye，1983）等红树林湿地，也均是丰度最高的小型底栖动物类群。

福建省主要红树林湿地出现的小型底栖动物类群较多，其中，除了海洋线虫、桡足类、多毛类、寡毛类外，其他类群所占较少。可能的原因是由于本研究在一年的不同季节采样，增加了稀有类群出现的频率；另一方面是其他研究可能将偶然出现的标本归入了其他类中。数量极少的稀有种出现对群落多样性的影响较小，而优势种的改变对多样性影响却很大，福建省红树林湿地中出现的类群种类较多，也并不一定代表这里的生物多样性就一定更高，还需要做进一步的研究。

Chinnadurai 和 Fernando（2007）在印度东南岸 Pichavaram 和 Parangipettai 红树林（11°27′N、79°47′E）冬季采样得出，在冬季的不同采样站位，白骨壤区域的线虫密度最大，每 10 cm^2 为 791 个，而且该站位的含沙量最高，占 15.3%。Mokievsky 等（2011）在越南庆和省（12°12′1.98″N、109°10′53.94″E）芽庄（Nha Trang）红树林春季采样得出每 10 cm^2 小型底栖动物群丰度为（735±244）个，这些热带红树林小型底栖动物丰度低于我国目前报道的红树林小型底栖动物丰度的数值，似乎在一定程度上说明了自然地理位置的差异决定着红树林小型底栖动物丰度的差异。

第二节　福建省主要红树林湿地海洋线虫的群落结构

一、福建省主要红树林湿地海洋线虫群落的优势属

（一）漳江口红树林湿地海洋线虫群落的优势属

鉴定出漳江口红树林湿地 4 个季节的线虫 47 属、17 科，其中，属的个体数量占线虫群落总数量的百分比大于 5%的线虫优势属，依次为 *Sabatieria*、*Ptycholaimellus*、*Parasphaeroalaimus*、*Anoplostoma*，优势度分别为 27.87%、7.99%、7.82%、5.46%；科的个体数量占线虫群落总数量的百分比大于 5%的线虫优势科依次为 Comesomatidae、Chromadoridae、Linhomoeidae、Sphaerolaimidae、Desmodoridae、Anoplostomatidae，优势度为 27.95%、15.57%、14.67%、11.82%、7.01%、5.46%。

鉴定出春季线虫 22 属，其中，优势属 9 个，共占总鉴定量的 83.67%，最优势的线虫属为 *Molgolaimus*（17.33%）。夏季线虫 37 属，其中优势属共 6 个，共占总鉴定量的 65.53%，最优势的线虫属为 *Sabatieria*（34.25%）。秋季线虫 19 属，其中，优势属共 3 个，最优势的线虫属为 *Sabatieria*（42.21%）。冬季线虫 19 属，共占总鉴定量的

73.47%，其中优势属共5个，共占总鉴定量的66.80%，最优势的线虫属为 *Sabatieria*（36.33%）。

综上所述，在优势属中，没有出现4个季节共有的属。春季的最优属为 *Molgolaimus*（17.33%），夏季、秋季、冬季的最优属均为 *Sabatieria*，*Sabatieria* 在春季没有出现。经ANOSIM分析，各季节间差异不显著（$P>0.05$，$r=0.21$）。

（二）九龙江口红树林湿地海洋线虫群落的优势属

鉴定出九龙江口红树林湿地不同季节线虫39属、18科，其中优势属为 *Sabatieria*、*Parasphaeroalimus*、*Dichromadora*、*Terschellingia*、*Viscosia*，优势度分别为28.37%、11.29%、10.65%、6.70%、5.23%；线虫优势科为Comesomatidae、Chromadoridae、Sphaerolaimidae、Linhomoeidae、Oxystominidae、Oncholaimidae，优势度分别为28.56%、18.64%、16.35%、9.73%、6.61%、5.69%。

春季线虫28属，其中优势属共5个，共占总鉴定量的68.30%，最优属为 *Sabatieria*（29.97%）；夏季26属，其中优势属共4个，共占总鉴定量的58.42%，最优属为 *Sabatieria*（31.90%）；秋季线虫20属，其中优势属共5个，共占总鉴定量的78.34%，最优属为 *Sabatieria*（39.63%）；冬季线虫18属，其中优势属共7个，共占总鉴定量的77.64%，最优属为 *Dichromadora*（20.73%）。

不同季节共有的优势属有2个，*Sabatieria* 和 *Parasphaerolaimus*。春季、夏季、秋季的最优势属均为 *Sabatieria*，比例29.97%～39.63%不等，冬季的最优势属为 *Dichromadora*（20.73%）。经统计分析，表明不同季节九龙江口红树林湿地的线虫群落存在极显著的差异（$P<0.01$，$r=0.358$）。

（三）集美凤林红树林湿地海洋线虫群落的优势属

鉴定出集美凤林红树林湿地线虫42属、18科，其中优势属为 *Terschellingia*、*Sabatieria*、*Anoplostoma*、*Viscosia*、*Daptonema*、*Ptycholaimellus*，优势度分别为18.10%、12.28%、11.11%、9.41%、6.09%、5.11%；优势科为Linhomoeidae、Comesomatidae、Anoplostomatidae、Chromadoridae、Oncholaimidae、Sphaerolaimidae、Xyalidae、Cyatholaimidae，优势度分别为24.64%、15.50%、11.11%、10.04%、9.59%、7.80%、6.36%、5.29%。

春季线虫20属，其中优势属共5个，共占总鉴定量的77.78%，最优属为 *Anoplostoma*（23.66%）；夏季线虫25属，其中优势属共6个，共占总鉴定量的57.76%，最优属为 *Sabatieria*（15.88%）；秋季线虫24属，其中优势属共6个，共占总鉴定量的73.31%，最优属为 *Terschellingia*（37.22%）；冬季线虫23属，其中优势属共7个，共占总鉴定量的76.53%，最优属为 *Terschellingia*（21.43%）。

不同季节共有的优势属有 2 个，*Sabatieria* 和 *Anoplostoma*。春季，线虫的第一优势属为 *Anoplostoma*（23.66%），夏季的第一优势属为 *Sabatieria*（15.88%），秋季、冬季的第一优势属则为 *Terschellingia*（37.22%、21.43%）。经统计分析，$P>0.05$，$r=0.182$。表明凤林红树林湿地中线虫群落的季节差异不显著。

（四）洛阳江口红树林湿地海洋线虫群落的优势属

鉴定出洛阳江口红树林湿地不同季节线虫 52 属、18 科，其中优势属为 *Sabatieria*、*Parasphaerolaimus*、*Viscosia*、*Ptycholaimellus*、*Trissonchulus*、*Hopperia*、*Daptonema*、*Terschellingia*，优势度分别为 23.40%、9.96%、7.49%、7.03%、6.64%、5.87%、5.48%、5.25%；优势科为 Comesomatidae、Sphaerolaimidae、Chromadoridae、Linhomoeidae、Oncholaimidae、Xyalidae、Ironidae，优势度分别为 29.58%、12.82%、10.89%、9.88%、9.34%、6.87%、6.64%。

春季线虫 31 属，其中优势属共 8 个，最优属为 *Sabatieria*（18.40%）；夏季线虫 29 属，其中优势属共 5 个，最优属为 *Sabatieria*（24.15%）；秋季线虫 26 属，其中优势属共 6 个，最优属为 *Sabatieria*（22.14%）；冬季线虫 25 属，其中优势属共 6 个，最优属为 *Sabatieria*（29.14%）。

不同季节共有的优势属有 2 个，*Sabatieria* 和 *Parasphaerolaimus*。在各季节中，线虫的第一优势属均为 *Sabatieria*，比例 18.40%～29.14%不等，比例最高值在冬季，比例最低值位于夏季。经统计分析，$P<0.05$，$r=0.373$，表明洛阳江口红树林湿地中线虫群落的季节差异极显著。

（五）湾坞红树林湿地海洋线虫群落的优势属

鉴定出湾坞红树林湿地线虫 51 属、19 科，其中优势属为 *Daptonema*、*Ptycholaimellus*、*Spilophorella*、*Dichromadora*、*Viscosia*、*Sphaerolaimus*，优势度分别为 22.86%、15.81%、11.43%、9.94%、6.36%、5.57%；优势科为 Chromadoridae、Xyalidae、Sphaerolaimidae、Oncholaimidae、Comesomatidae，优势度分别为 37.48%、24.16%、8.65%、6.46%、5.47%。

夏季线虫 42 属，其中优势属共 9 个，最优属为 *Spilophorella*（19.75%）；秋季线虫 25 属，其中优势属共 5 个，最优属为 *Daptonema*（28.11%）；冬季线虫 20 属，其中优势属共 4 个，最优属为 *Daptonema*（34.46%）。

综上所述，在属的个体数量占线虫群落总数量的百分比大于 5%的线虫中，不同季节共有的属有 2 个，*Daptonema* 和 *Sphaerolaimus*。在秋季和冬季，线虫的第一优势属均为 *Daptonema*，比例 28.11%～34.46%不等；在夏季，线虫第一优势属为 *Spilophorella*（19.75%）。经统计分析，$P<0.01$，$r=0.49$。表明湾坞红树林湿地中线虫群落的季节差异极显著。

（六）主要红树林湿地海洋线虫群落的优势属

漳江口红树林湿地线虫 47 属、17 科；九龙江口红树林湿地线虫 39 属、18 科；集美凤林红树林湿地线虫 42 属、18 科；洛阳江口红树林湿地线虫 52 属、18 科；湾坞红树林湿地线虫 51 属、19 科。

在福建省主要红树林湿地，发现优势属 12 个，分别是 *Anoplostoma*、*Daptonema*、*Dichromadora*、*Hopperia*、*Parasphaeroalaimus*、*Ptycholaimellus*、*Sabatieria*、*Sphaeroalaimus*、*Spilophorella*、*Terschellingia*、*Trissonchulus*、*Viscosia*。漳江口红树林湿地有 4 个，分别是 *Sabatieria*、*Ptycholaimellus*、*Parasphaeroalaimus* 和 *Anoplostoma*，它们的个体数量占线虫总数量的 49.14%；九龙江口红树林湿地共 5 个，分别是 *Sabatieria*、*Parasphaeroalaimus*、*Dichromadora*、*Terschellingia* 和 *Viscosia*，它们的个体数量占线虫总数量的 62.26%；凤林红树林湿地共 6 个，它们分别是 *Terschellingia*、*Sabatieria*、*Anoplostoma*、*Viscosia*、*Daptonema* 和 *Ptycholaimellus*，它们的个体数量占线虫总数量的 62.10%；洛阳江口红树林湿地共 8 个，分别是 *Sabatieria*、*Parasphaeroalaimus*、*Viscosia*、*Ptycholaimellus*、*Trissonchulus*、*Hopperia*、*Daptonema* 和 *Terschellingia*，它们的数量占线虫总数量的 71.12%；湾坞红树林湿地共 6 个，分别是 *Daptonema*、*Ptycholaimellus*、*Spilophorella*、*Dichromadora*、*Viscosia* 和 *Sphaerolaimus*，它们的个体数量占线虫总数量的 71.97%。全球其他区域红树林湿地常见的线虫优势属见表 2-7。

表 2-7 世界各地红树林湿地出现的线虫优势属

作者	地区	树 种	总属/种数	常见属/优势属
Alongi，1990	澳大利亚	*Avicennia marina Rhizophora stylosa Ceriops tagal*	—	*Terschellingia*、*Anoplostoma*、*Oncholaimus*
Nicholas et al.，1991	澳大利亚新南威尔士州	*Avicennia marina*	—	*Ptycholaimellus*、*Desmodora*、*Microlaimus*、*Sphaerolaimus*、*Terschellingia*、*Parodontophora*、*Onyx*、*Daptonema*、*Sabatieria*
Gwyther，2003	澳大利亚维多利亚州	*Avicennia*	21	*Tripyloides*、*Metachromadora*、*Daptonema*
Netto & Gallucci，2003	巴西	*Avicennia schaueriana*	86	*Haliplectus*、*Anoplostoma*、*Terschellingia*
Rzeznik - Orignac et al.，2003	法国	—	—	*Metachromadoroides*、*Terschellingia*、*Ptycholaimellus*、*Chromadora*、*Sabatieria*、*Daptonema*、*Sabatieria*、*Axonolaimus*、*Metalinhomoeus*、*Desmolaimus*、*Sphaerolaimus*
Xuan，2007	越南	—	80	*Paracomesoma*、*Hopperia*、*Halalaimus*、*Theristus*、*Neochromadora*、*Daptonema*、*Metachromadora*、*Parodontophora*

（续）

作者	地区	树　种	总属/种数	常见属/优势属
Thilagavathi et al., 2011	印度	—	20	*Daptonema*、*Theristus*、*Viscosia*、*Oxystomina*、*Halalaimus*
Chinnadurai & Fernando，2007	印度	*Avicennia marina Rhizophora apiculata*	36	*Dorylaimopsis*、*Hopperia*、*Ptycholaimellus*、*Terschellingia*、*Daptonema*、*Theristus*、*Viscosia*、*Halichoanolaimus*、*Sphaerolaimus*
Somerfield et al., 1998	马来西亚	*Rhizophora*；*Brugiera*	77	*Diplolaimella*、*Diplolaimelloides*、*Atrochromadora*、*Theristus*
Gee & Somerfield, 1997	马来西亚	*Rhizophora*；*Brugiera*	—	*Atrochromadora*、*Daptonema*、*Dichromadora*、*Diplolaimelloides*、*Haliplectus*、*Halalaimus*、*Perspiria*、*Terschellingia*、*Theristus*
Zhou，2001	中国香港	*Kandelia*	—	*Diplolaimella*、*Diplolaimelloides*、*Theristus*、*Haliplectus*、*Megasdesmolaimus*、*Anoplostoma*、*Desmodora*、*Dichromadora*、*Chromaspirina*、*Paracanthonchus*
Ólafsson，2000	非洲	*Avicennia marina*	28	*Microlaimus*、*Metalinhomoeus*、*Daptonema*、*Chromadorina*
Ólafsson，1995	东非	*Avicennia marina Sonneratia alba Ceriops tagal Bruguiera gymnorrhiza Rhizophora mucronata*	94	*Microlaimus*、*Spirina*、*Desmodora*、*Metachromadora*

二、福建省主要红树林湿地海洋线虫群落的摄食类型

线虫的摄食类型以 Wieser（1953，1960）的理论为基础进行划分。根据线虫的口腔结构，Wieser 将线虫的摄食类型分为 4 类（图 2－1）。1A 型：选择性沉积食性者。无口腔或口腔非常小，口腔中无其他附属结构，以沉积环境中细菌大小的小颗粒有机质为营养来源（Moens & Vincx，1997）；1B 型：非选择性沉积食性者。具有成型的较大口腔，但口腔中无齿或颌骨等其他附属结构，以沉积环境中颗粒较大的营养物质为食物来源；2A 型：底上食性者。具有带小齿的口腔，以硅藻为食；2B 型：捕食者或杂食者。具有发达的口腔，口腔中具有大齿或齿板或颌骨。

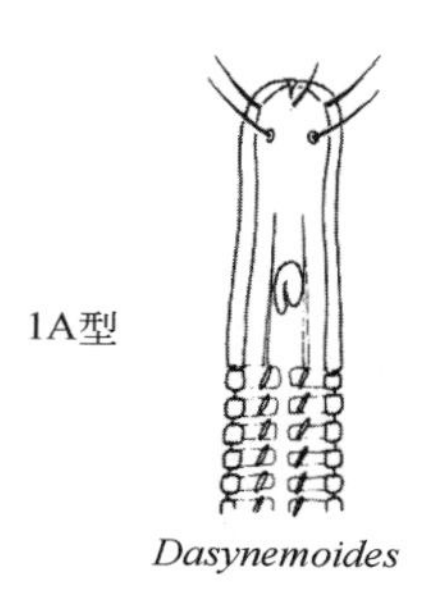

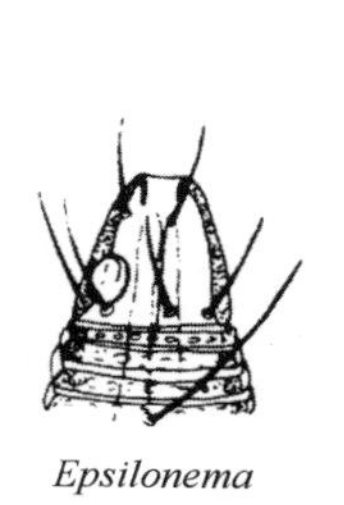

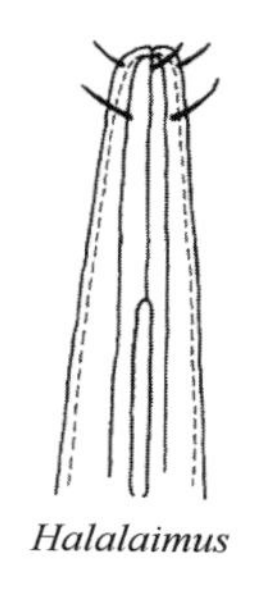

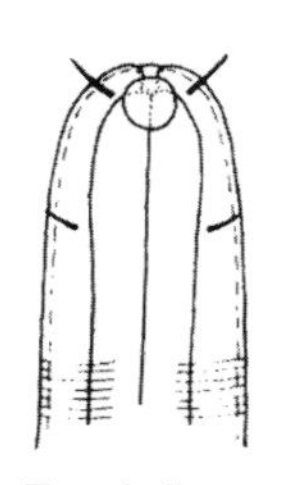

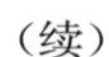

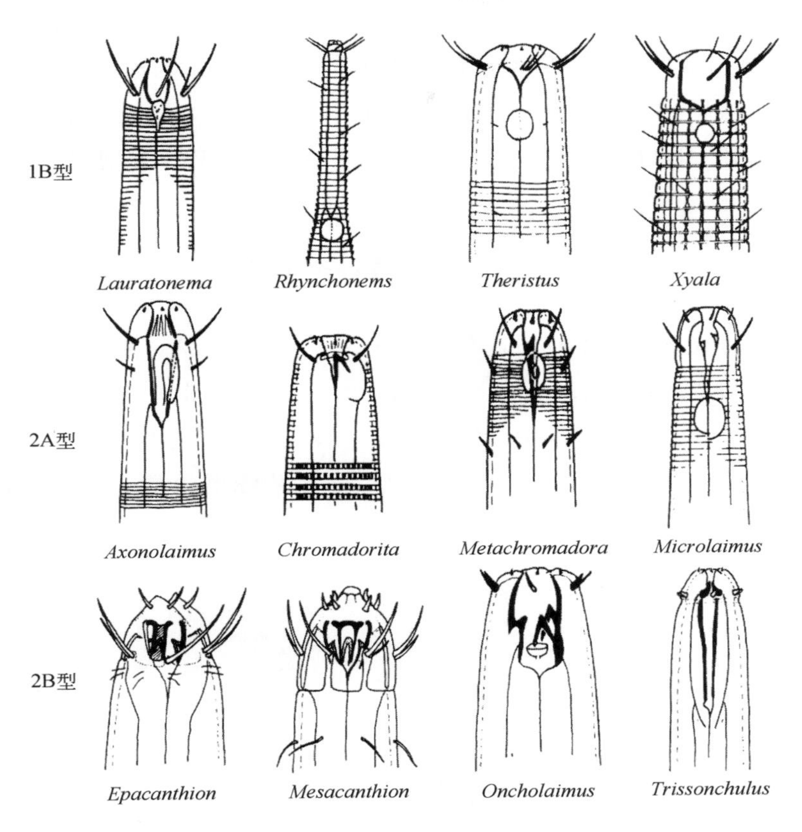

图 2-1　线虫摄食类型划分

(Warwick et al.，1998)

(一) 漳江口红树林湿地海洋线虫摄食类型

按食性的优势度排序，春季：2A＞1B＞1A＞2B；夏季：1B＞2B＞2A＞1A；秋季：1B＞2B＞1A＞2A；冬季：1B＞2A＞1A＞2B（图 2-2）。其中，春季是 2A 为主导，占

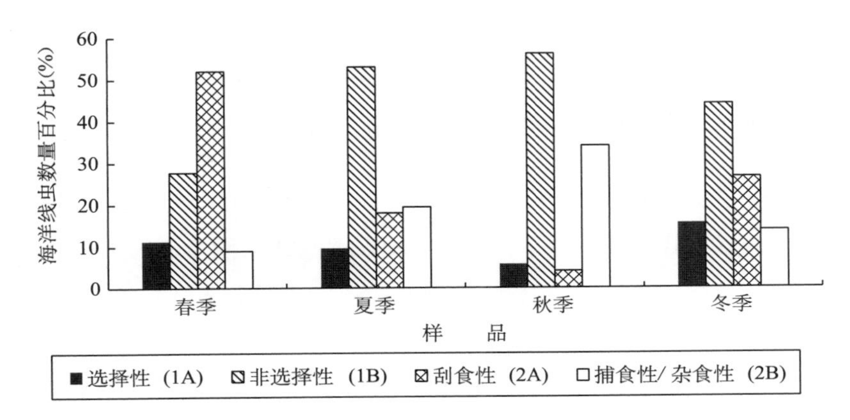

图 2-2　漳江口红树林湿地不同季节海洋线虫摄食类型的百分比

52.00%；夏季、秋季、冬季均是以 1B 为主导，比例分别为 52.97%、56.15%、44.08%。占据比例最少的食性类型，春季和冬季是 2B 型，夏季是 1A 型，秋季是 2A 型。整体而言，在漳江口红树林湿地，沉积食性者（1A+1B）线虫在夏季、秋季、冬季所占比例最高，比例为 59.59%～62.56%；在春季，则是以 2A 型线虫为主导，比例为 52.00%。

（二）九龙江口红树林湿地海洋线虫摄食类型

按食性类型的数量优势度排序，春季：1B>2A>2B>1A；夏季：1B>2B>2A>1A；秋季：1B>2B>2A>1A；冬季：2B>2A>1A>1B（图 2-3）。其中，冬季以 2B 型的线虫为主，占 40.65%；春季、夏季、秋季均是 1B 型的线虫为主，比例分别为 36.60%、35.84%、44.70%。而在冬季，则是 1B 型的线虫数量最少，占 16.67%；春季、夏季、秋季则是 1A 型的线虫数量最少，所占比例为 10.14%～16.85%。

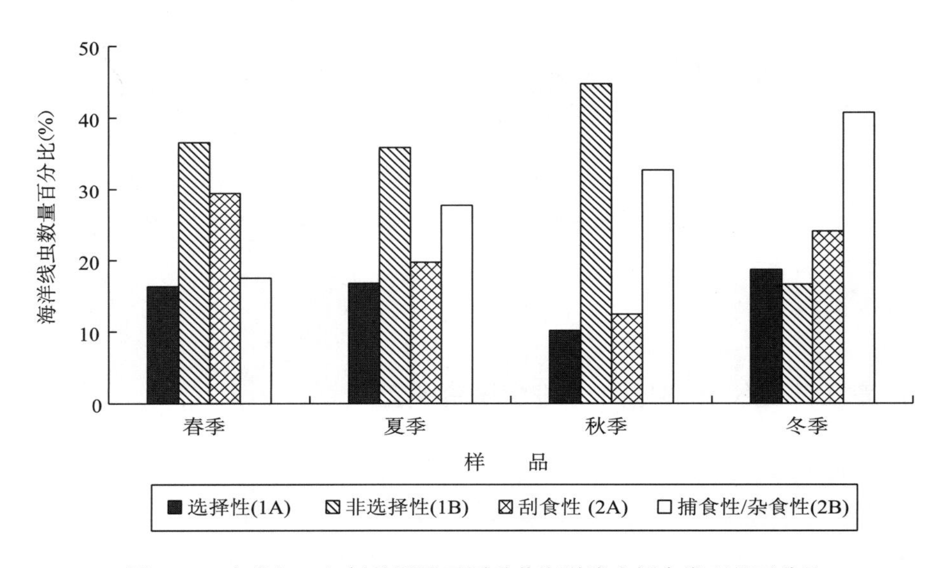

图 2-3　九龙江口红树林湿地不同季节海洋线虫摄食类型的百分比

（三）集美凤林红树林湿地海洋线虫摄食类型

按食性类型的数量优势度排序，春季：1B>2B>2A>1A；夏季：1B>2A>2B>1A；秋季：1A>2A>1B>2B；冬季：2A>1A>1B>2B（图 2-4）。其中，秋季以 1A 型的线虫为主导，为 38.72%；冬季以 2A 型的线虫为主导，占 42.52%；春季、夏季均是以 1B 型的线虫为主导，比例分别为 48.75%、38.63%。此外，在春季、夏季 1A 型的线虫数量最少，分别占 0%、18.41%；秋季、冬季均是 2B 型的线虫数量最少，比例为 7.52%～14.63%。

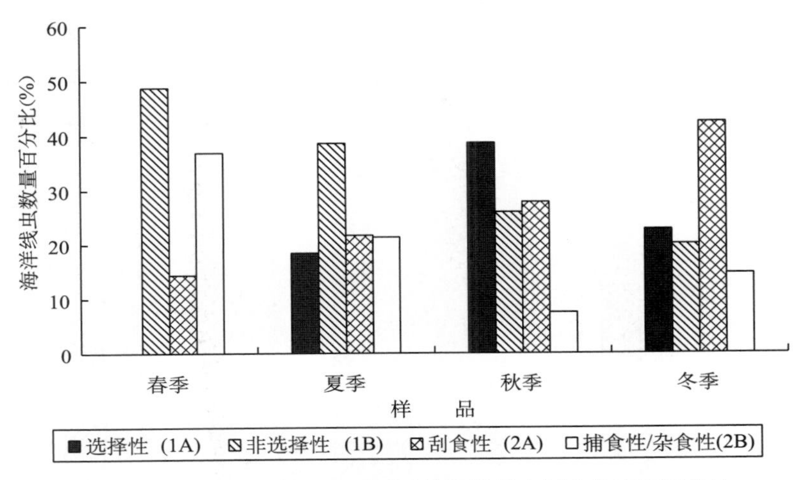

图 2－4　凤林红树林湿地不同季节海洋线虫摄食类型的百分比

(四) 洛阳江口红树林湿地海洋线虫摄食类型

按食性类型的数量优势度排序，春季：1B＞2B＞2A＞1A；夏季：1B＞2B＞2A＞1A；秋季：2B＞1B＞2A＞1A；冬季：1B＞2A＞2B＞1A（图 2－5）。可以看出，洛阳江口红树林湿地的春季、夏季、冬季的线虫均是以 1B 型的线虫为主，比例为 35.71%～45.70%；而在秋季，则是以 2B 型的线虫为主，占 50.85%。1A 型的线虫在洛阳江口红树林湿地所有季节的数量均最少，比例为 3.06%～7.62%。

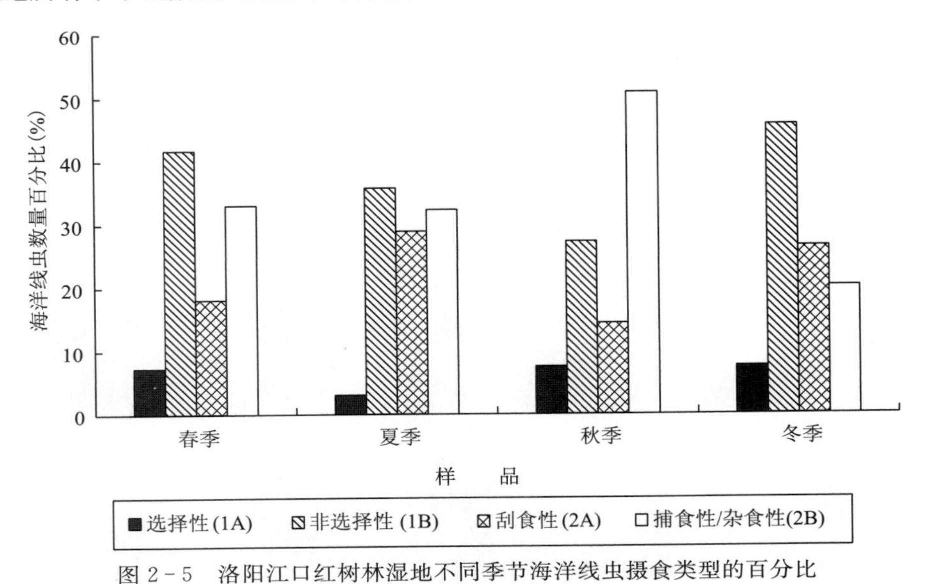

图 2－5　洛阳江口红树林湿地不同季节海洋线虫摄食类型的百分比

(五) 湾坞红树林湿地海洋线虫摄食类型

按食性类型的数量优势度排序，夏季：2A＞1B＞2B＞1A；秋季：2A＞1B＞2B＞

1A；冬季：1B>2A>2B>1A（图 2-6）。可以看出，2A 型的线虫在夏季和秋季数量最多，分别占 36.72%、46.08%；1B 型的线虫在冬季数量最多，占 43.45%。1A 型的线虫在湾坞的各季节（夏季、秋季、冬季）的数量均最少，比例为 3.00%～6.23%。

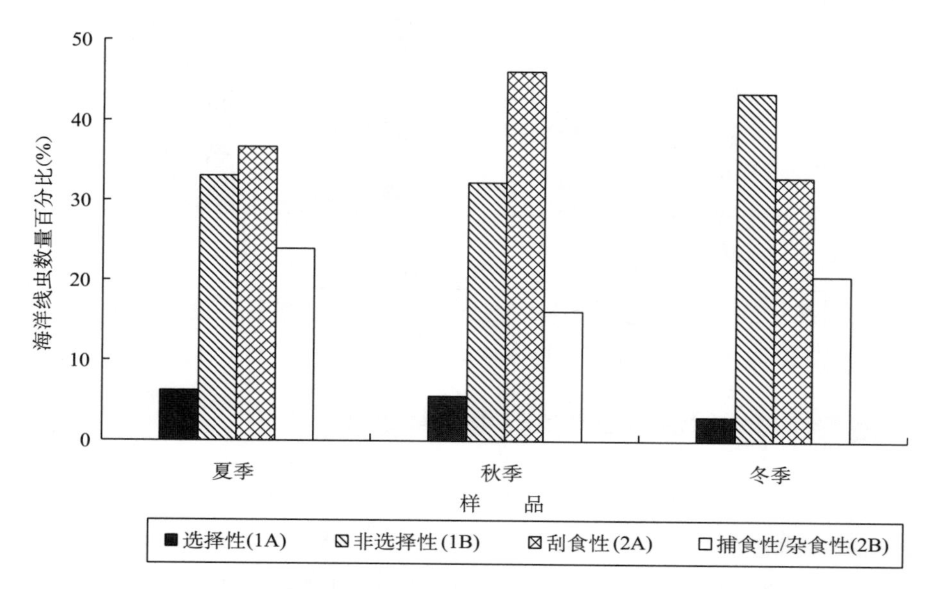

图 2-6　湾坞红树林湿地不同季节海洋线虫摄食类型的百分比

（六）主要红树林湿地海洋线虫群落的摄食类型

漳江口红树林：1B>2A>2B>1A；九龙江口红树林：1B>2B>2A>1A；凤林红树林：1B>2A>2B>1A；洛阳江口红树林：2B>1B>2A>1A；湾坞红树林：2A>1B>2B>1A（图 2-7）。其中，凤林红树林湿地的 4 种食性类型分布较均匀。比较各采样区域

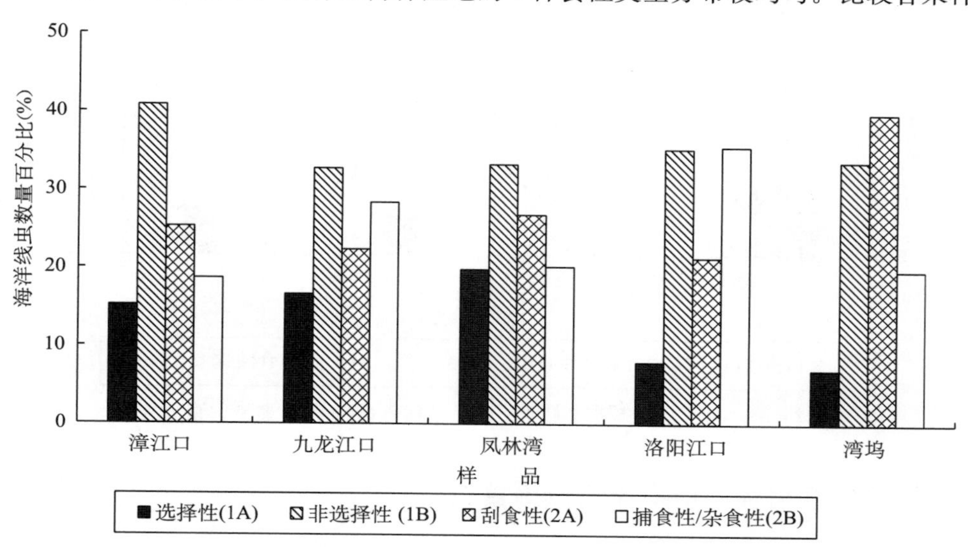

图 2-7　福建省红树林主要湿地海洋线虫摄食类型数量的比较

的最优食性类型，湾坞红树林湿地 2A 型的数量最多，比例为 39.76%；洛阳江口红树林湿地 2B 型的线虫占 35.52%，略高于 1B 型（35.21%）的线虫；其余红树林区域（漳江口红树林湿地、九龙江口红树林湿地、凤林红树林湿地）的线虫食性类型主要是 1B 型，比例分别为 40.83%、32.69%、33.24%。比较各采样区域的个体数最少的食性类型，5 片红树林湿地均是 1A 型的线虫数量最少，为 70～221 个，所占比例为 6.96%～19.80%。

三、福建省主要红树林湿地海洋线虫群落的多样性指数

主要红树林湿地各季度海洋线虫群落的多样性指数见表 2－8。就物种丰富度而言，除了凤林红树林湿地是春季的物种丰富度指数最低，其余 4 片红树林湿地均是春季、夏季的物种丰富度指数高于秋季、冬季。就均匀度指数，除九龙江口红树林湿地（冬季）外，其余红树林湿地均是春季或夏季的线虫均匀度指数最高，除了凤林红树林湿地是春季的线虫均匀度指数最低外，其余红树林湿地均是秋季、冬季最低。就优势度指数，漳州口红树林湿地与凤林红树林湿地是秋季的线虫优势度值最高，洛阳江口红树林湿地与湾坞红树林湿地则是以冬季的线虫优势度指数值最高。比较多样性指数值 H'，漳江口红树林湿地为夏季的线虫多样性最高，秋季最低；九龙江口红树林湿地为夏季的线虫多样性指数值最高，秋季最低；凤林红树林湿地为夏季的线虫多样性高，春季反之；洛阳江口红树林湿地为春季最高，冬季最低；湾坞红树林湿地（缺春季数据）夏季的线虫多样性最高，冬季最低。综上所述，除了凤林红树林湿地是春季的线虫多样性最低，其余均是春季、夏季的线虫多样性高于秋季、冬季。

表 2－8　福建省红树林湿地海洋线虫群落的生物多样性指数

站位	季节	属数（个）	丰富度指数 d	均匀度指数 J'	多样性指数 H'	优势度指数 λ
漳江口	春季	22	3.68	0.82	2.55	0.10
	夏季	37	5.92	0.73	2.64	0.14
	秋季	19	3.27	0.70	2.07	0.22
	冬季	19	3.27	0.74	2.17	0.19
九龙江口	春季	28	4.62	0.75	2.49	0.14
	夏季	26	4.44	0.78	2.54	0.14
	秋季	20	3.53	0.71	2.12	0.20
	冬季	18	3.09	0.84	2.42	0.12
凤林	春季	20	3.37	0.74	2.20	0.15
	夏季	25	4.27	0.87	2.80	0.080
	秋季	24	4.12	0.75	2.37	0.17
	冬季	23	3.87	0.82	2.56	0.10
洛阳江口	春季	31	5.30	0.80	2.74	0.091
	夏季	29	4.93	0.77	2.58	0.12
	秋季	27	4.32	0.76	2.51	0.12
	冬季	25	4.20	0.75	2.40	0.14
湾坞	夏季	42	7.17	0.80	3.00	0.079
	秋季	25	3.95	0.70	2.23	0.16
	冬季	20	3.40	0.64	1.92	0.23

福建省红树林湿地自由生活海洋线虫群落的生物多样性指数见表 2－9。在福建省主要的 5 片红树林湿地中，出现的线虫属数从 39 个属到 52 个属不等，其中，在洛阳江口红树林湿地发现的线虫属数最多，九龙江口红树林湿地最少；物种丰富度指数在湾坞红树林湿地最高，为 7.232，在九龙江口红树林湿地最低，为 5.434；均匀度的最高值出现在凤林红树林湿地中，最低值出现在湾坞红树林湿地中；多样性指数在洛阳江口红树林湿地中较高，在九龙江口红树林湿地中较低；优势度指数则反之，其中，湾坞和九龙江口红树林湿地中线虫的优势度较大，多样性较小。

表 2－9　福建省红树林湿地海洋线虫群落的生物多样性指数

站位	属数（个）	丰富度指数 d	均匀度指数 J'	多样性指数 H'	优势度指数 λ
漳江口	47	6.47	0.74	2.8	0.11
九龙江口	39	5.43	0.72	2.64	0.12
凤林	42	5.84	0.75	2.818	0.086
洛阳江口	52	7.12	0.73	2.87	0.095
湾坞	51	7.23	0.67	2.65	0.11

四、福建省主要红树林湿地海洋线虫群落的聚类分析

由图 2－8 可以看出，按照 52%～53%的相似度划分，可以将 5 片红树林湿地分为 5 组：漳江口红树林（夏季、秋季、冬季）与九龙江口红树林（春季、夏季、秋季、冬季）；凤林红树林（春季、夏季、秋季、冬季）；洛阳江口红树林（春季、夏季、秋季、冬季）；湾坞红树林（夏季、秋季、冬季）；漳江口红树林（春季）。可以看出，除了春季的漳江口红树林外，其余均是按区域划分，即同一区域内不同季节的线虫群落的相似度较高。

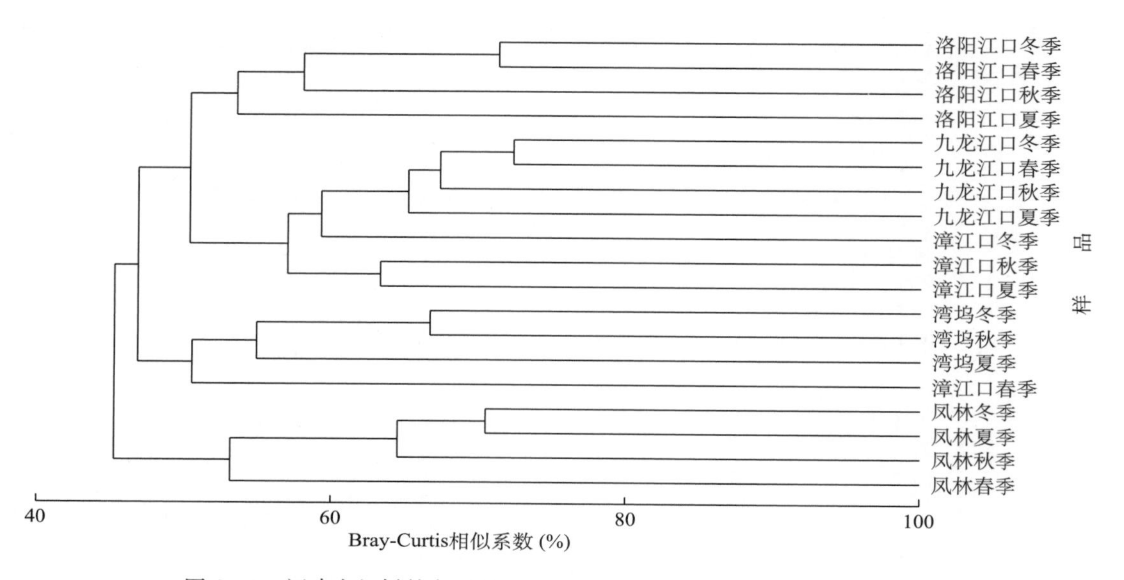

图 2－8　福建省红树林主要湿地不同季节海洋线虫群落结构的聚类分析

第三节　红树林湿地沉积物中海洋线虫个体干重

一、九龙江口和洛阳江口海洋线虫广布优势属个体平均干重的估算

在九龙江口和洛阳江口两片红树林湿地的海洋线虫中，*Sabatieria* 和 *Parasphaerolaimus* 在4个季度都有发现，*Sabatieria* 的个体数量占九龙江口海洋线虫总个体数的比例分别为29.87%、31.90%、39.63%、12.20%，占洛阳江口海洋线虫总个体数的比例分别为18.40%、24.15%、22.14%和29.14%；*Parasphaerolaimus* 的个体数占九龙江口海洋线虫总个体数的比例分别为6.34%、8.24%、15.67%、17.89%，占洛阳江口海洋线虫总个体数的比例分别为9.38%、8.84%、13.63%、6.62%。两片红树林湿地共测量了 *Sabatieria* 虫体289条，其中，成体71条、幼体218条；测量了 *Parasphaerolaimus* 虫体232条，其中，成体84条、幼体148条。通过实测体长、体宽，利用体积换算法得出春季、夏季、秋季和冬季 *Sabatieria* 成体的个体干重分别为（0.75±0.19）μg、（0.83±0.10）μg、（0.79±0.34）μg和（0.68±0.32）μg；幼体的个体干重分别为（0.75±0.51）μg、（0.37±0.28）μg、（0.58±0.41）μg和（0.76±0.49）μg（图2-9）。统计分析表明，不同季节 *Sabatieria* 成体的个体干重之间不存在显著性差异（$P>0.05$），

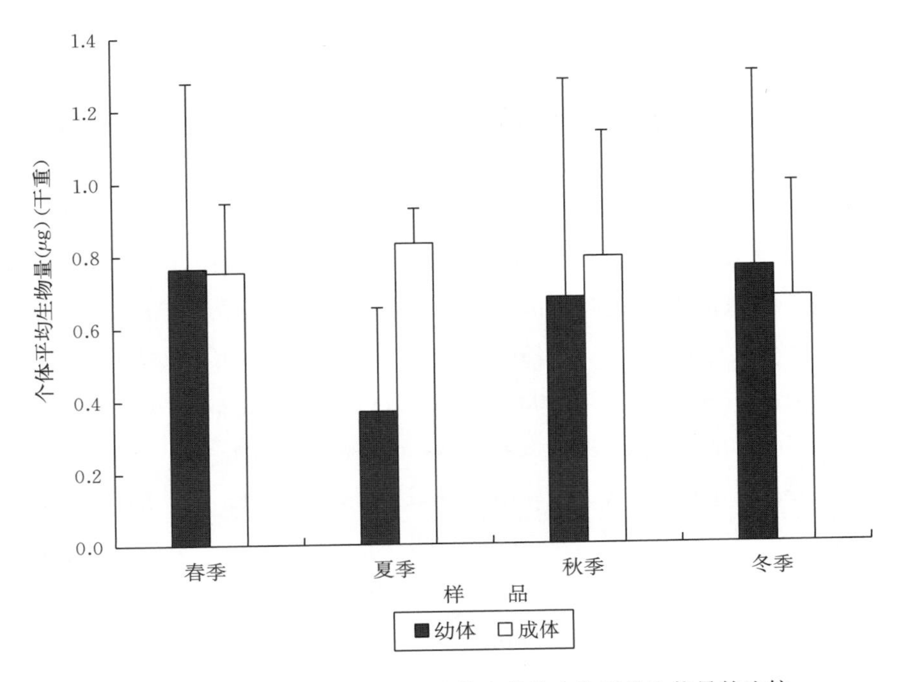

图2-9　4个季节 *Sabatieria* 成体和幼体个体平均生物量的比较

其幼体的个体干重之间存在显著性差异（$P<0.05$）。

Parasphaerolaimus 成体在春季、夏季、秋季和冬季的个体干重分别为（1.46±0.89）μg、（1.27±0.74）μg、（2.16±1.21）μg 和（1.49±0.86）μg；幼体的个体干重分别为（0.95±0.65）μg、（1.07±0.76）μg、（1.17±0.86）μg 和（0.72±0.55）μg（图 2－10）。统计分析结果表明，不同季节的 *Parasphaerolaimus* 成体和幼体的个体干重之间都存在显著性的差异（$P<0.05$）。

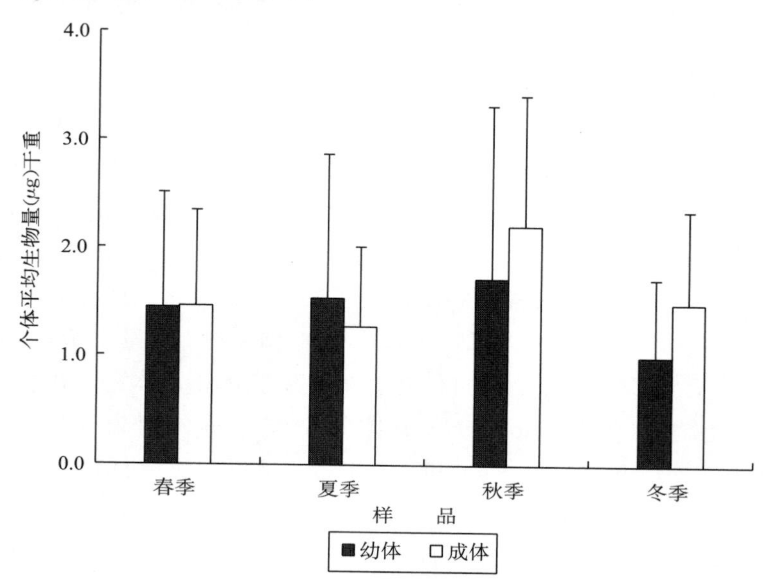

图 2－10　4 个季节 *Parasphaerolaimus* 成体和幼体个体平均生物量的比较

二、九龙江口和洛阳江口海洋线虫优势属个体平均干重的估算

除了上述广布优势属外，这两片红树林湿地还有 11 个属，在至少一次样品中其个体数量占总个体数的比例大于 5%成为优势属。通过实测这些优势属的体长、体宽后，利用体积换算法得出各海洋线虫优势属成体的个体平均干重如下：*Terschellingia*（0.44±0.52）μg、*Viscosia*（2.77±2.01）μg、*Ptycholaimellus*（0.49±0.36）μg、*Spilophorella*（0.23±0.10）μg、*Dichromadora*（0.14±0.08）μg、*Halichoanolaimus*（1.33±0.36）μg、*Oxystomina*（0.18±0.05）μg、*Trissonchulus*（4.88±1.57）μg、*Daptonma*（0.98±0.43）μg、*Hopperia*（0.71±0.10）μg、*Parodontophora* 0.55 μg；幼体的个体干重为：*Sabatieria*（0.70±0.49）μg、*Sphaerolaimus*（0.95±0.72）μg、*Terschellingia*（0.44±0.46）μg、*Viscosia*（1.46±0.99）μg、*Ptycholaimellus*（0.49±0.44）μg、*Spilophorella*（0.19±0.08）μg、*Dichromadora*（0.17±0.08）μg、*Halichoanolaimus*（0.59±0.47）μg、*Oxystomina*（0.25±0.13）μg、*Trissonchulus*（1.22±0.98）μg、*Daptonma*

(0.96±0.57) μg、*Hopperia* (0.63±0.26) μg、*Parodontophora* (0.49±0.21) μg (表 2-10)。海洋线虫各优势属成体和幼体的个体干重之间均存在较大的差异，成体的变化范围在 0.14～4.88 μg，幼体的变化范围在 0.17～1.46 μg。

表 2-10 九龙江口和洛阳江口红树林湿地各海洋线虫优势属的个体平均生物量（μg）

属名	标本及数量	九龙江				洛阳江				总计
		春季	夏季	秋季	冬季	春季	夏季	秋季	冬季	
Terschellingia	条数	23	—	11	17	12	—	23	11	97
	幼体	0.20±0.06	—	0.24±0.13	0.20±0.08	0.15±0.06	—	0.86±0.59	0.75±0.47	0.44±0.46
	成体	0.20±0.06	—	0.22±0.06	0.23±0.07	0.14±0.08	—	1.13±0.79	0.82±0.12	0.44±0.52
Viscosia	条数	—	14	12	7	18	—	23	—	74
	幼体	—	1.35±0.78	1.17±0.96	1.59±1.20	1.89±1.29	—	1.31±0.68	—	1.46±0.99
	成体	—	—	—	—	0.81±0.28	—	4.08±1.29	—	2.77±2.01
Ptycholaimellus	条数	34	—	—	—	41	—	—	28	103
	幼体	0.20±0.06	—	—	—	0.59±0.42	—	—	0.97±0.46	0.49±0.44
	成体	0.18±0.07	—	—	—	0.47±0.31	—	—	0.76±0.35	0.49±0.36
Spilophorella	条数	—	22	—	—	—	30	—	—	52.00
	幼体	—	0.17±0.06	—	—	—	0.20±0.09	—	—	0.19±0.08
	成体	—	0.25±0.10	—	—	—	0.22±0.11	—	—	0.23±0.10
Dichromadora	条数	41	—	—	43	—	—	—	—	84
	幼体	0.12±0.05	—	—	0.22±0.07	—	—	—	—	0.17±0.08
	成体	0.08±0.03	—	—	0.20±0.07	—	—	—	—	0.14±0.08
Halichoanolaimus	条数	—	—	11	—	—	—	—	—	11
	幼体	—	—	0.59±0.47	—	—	—	—	—	0.59±0.47
	成体	—	—	1.13±0.36	—	—	—	—	—	1.13±0.36
Oxystomina	条数	—	—	—	7	—	—	—	—	7
	幼体	—	—	—	0.25±0.13	—	—	—	—	0.25±0.13
	成体	—	—	—	0.18±0.05	—	—	—	—	0.18±0.05
Trissonchulus	条数	—	—	—	—	17	28	18	—	63
	幼体	—	—	—	—	0.84±0.42	1.56±1.33	1.11±0.55	—	1.22±0.98
	成体	—	—	—	—	5.69±0.48	3.55±1.98	5.67±0.70	—	4.88±1.57
Daptonema	条数	—	—	—	—	25	—	—	31	56
	幼体	—	—	—	—	1.04±0.73	—	—	0.86±0.36	0.96±0.57
	成体	—	—	—	—	0.78±0.36	—	—	1.12±0.42	0.98±0.43
Hopperia	条数	—	—	—	—	—	11	—	16	27
	幼体	—	—	—	—	—	0.55±0.32	—	0.67±0.21	0.63±0.26
	成体	—	—	—	—	—	0.67±0.08	—	0.76±0.05	0.71±0.08
Parodontophora	条数	—	—	—	—	—	—	22	—	22
	幼体	—	—	—	—	—	—	0.49±0.21	—	0.49±0.21
	成体	—	—	—	—	—	—	0.55	—	0.55

注：“—”表示未出现该属。

综上所述，本研究所测红树林海洋线虫优势属的个体平均干重为0.826 μg。

于婷婷和徐奎栋（2015）研究表明，季节是通过影响海洋线虫群落中幼体的比例，从而对个体干重产生影响。史本泽等（2015）也指出，季节会对海洋线虫的生长和繁殖产生影响。黄勇（2005）在对南黄海冬季沉积物中海洋线虫的研究中得到幼体比例在60%以上；华尔等（2005）在对夏季长江口及其邻近海域海洋线虫的研究中得出幼体比例为39%；本研究中也发现不同季节海洋线虫群落中幼体所占的比例也存在一定的差异（表2-11）。本研究中还发现，*Sphaerolaimus*和*Trissonchulus*成体和幼体的个体干重之间存在显著性差异。由此可见，不同季节海洋线虫群落中幼体所占的比例是影响海洋线虫个体干重的重要因素。

表2-11　九龙江口和洛阳江口不同季节海洋线虫群落中幼体的比例（%）

季　节	春季	夏季	秋季	冬季
洛阳江口	60.68	71.57	76.81	58.64
九龙江口	70.05	68.25	66.37	73.53

于婷婷和徐奎栋（2015）指出，种类组成是影响海洋线虫个体干质量的重要因素，在本研究中发现不仅是各海洋线虫优势属成体的个体干重之间存在较大差异，其幼体的个体干重之间也存在较大差异。其成体的个体平均干重范围为0.14～4.88 μg；幼体的个体干重范围为0.17～1.87 μg。郭玉清等（2002a）在对渤海海洋线虫生物量的研究中比较了已发表的渤海12种海洋线虫成体的个体干重，并发现它们之间的差异很大（0.06～2.08 μg）。由此可以推出，海洋线虫群落中种类的组成也是影响其个体干重的重要因素。

三、九龙江口和洛阳江口红树林湿地海洋线虫的年平均生物量

九龙江口和洛阳江口两片红树林湿地的海洋线虫优势属个体数量，占其海洋线虫总个体数量的比例分别为80.26%和75.37%。基于个体平均生物量实测得出的九龙江口和洛阳江口两片红树林湿地海洋线虫优势属每10 cm^2的年平均生物量为238.18 μg和533.82 μg；由个体平均生物量0.826 μg估算出的九龙江口和洛阳江口两片红树林湿地海洋线虫优势属每10 cm^2的年平均生物量为223.97 μg和267.53 μg（图2-11）。比较发现，对于九龙江口，使用个体平均干重0.826 μg估算出的年平均生物量与其实测得出的几乎相等，而使用经验系数按每个0.4 μg估算出的年平均生物量明显低估了其实际值。对于洛阳江口，由个体平均干重0.826 μg估算出的年平均生物量较经验系数按每个0.4 μg估算出的误差相对较小。

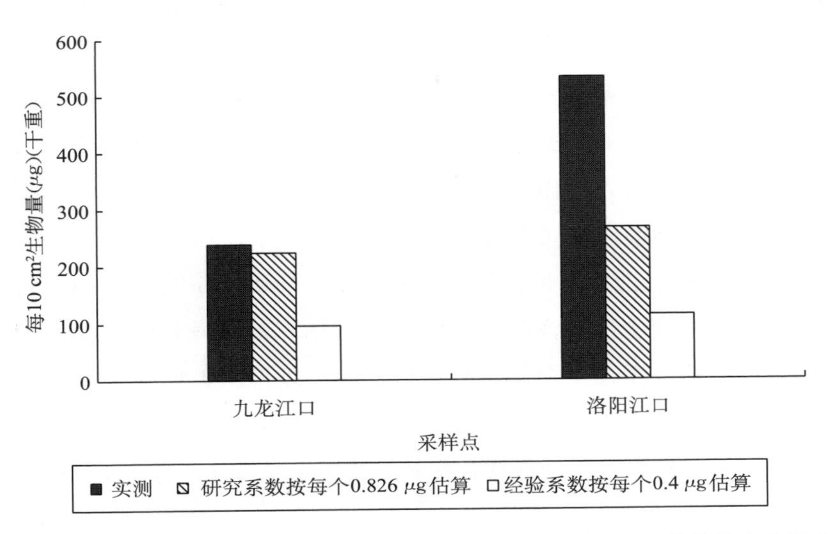

图 2-11　九龙江口和洛阳江口红树林湿地海洋线虫优势属实测和估算的生物量比较

四、福建省主要红树林湿地海洋线虫的生物量

以本研究得出的个体干重 0.826 μg 为系数，分别乘以漳江口、九龙江口、凤林、洛阳江口和湾坞红树林湿地的海洋线虫丰度值，得出漳江口、九龙江口、凤林、洛阳江口和湾坞红树林湿地每 10 cm² 海洋线虫的生物量分别为（477.47±142.15）μg、（423.77±87.01）μg、（434.28±17.93）μg、（503.93±90.97）μg 和（510.16±113.73）μg。

五、福建省主要红树林湿地海洋线虫个体平均干重的差异分析

在本研究中发现一个不符合常理的现象：*Sabatieria*、*Terschellingia*、*Ptycholaimellus*、*Dichromadora* 和 *Oxystomina* 成体的个体干重等于或小于其幼体的个体平均干重，这可能是由于本研究海洋线虫只鉴定到属，而同一海洋线虫属里会包含众多不同的物种，如 *Ptycholaimellus* 有 14 个种，*Sabatieria* 有 73 个种，*Terschellingia* 有 38 个种。同一属中的不同物种之间，大小形态可能存在较大的差异，从而就有可能使得某一海洋线虫属成体的个体干重小于其幼体的个体干重。

于婷婷和徐奎栋（2015）对北黄海冬季沉积物中的 955 条海洋线虫进行实测，获得海洋线虫个体干重为 0.196 μg；史本泽等（2015）对采自长江口及东海海域夏季沉积物中的 702 条海洋线虫进行实测，获得海洋线虫个体干重是 0.214 μg；于婷婷和徐奎栋（2015）对采自长江口及附近海域沉积物中的 639 条海洋线虫进行实测，获得海洋线虫个体干重是 0.213 μg；黄勇（2005）对采自南黄海冬季沉积物中的海洋线虫进行实测，获

得海洋线虫个体干重是 0.261 μg。以上学者对潮下带海洋线虫个体干重的实测结果，都明显小于国内普遍使用按每个 0.4 μg 的经验系数。

刘均玲等（2013）对东寨港红树林湿地冬季沉积物中的海洋线虫进行研究，获得海洋线虫个体干重是 0.6 μg。本研究通过对九龙江口和洛阳江口红树林湿地的 1 117 条海洋线虫的体长、体宽进行实测，得出海洋线虫个体平均干重为 0.826 μg。本研究和刘均玲等（2013）获得的红树林湿地潮间带海洋线虫的个体干重，都明显大于国内普遍使用按每个 0.4 μg 的经验系数。由此可见，简单的采用按每个 0.4 μg 经验系数，对不管是潮下带还是红树林湿地潮间带中的海洋线虫生物量进行估算都会导致较大的误差。因此，我们需要对不同生境中的海洋线虫个体干重进行实测，以得出更加准确的系数用于估算海洋线虫的生物量。本研究实测得出的系数为每个 0.826 μg，可用于估算红树林湿地潮间带海洋线虫的生物量，然而，其是否具有普遍的适用性还需开展进一步的研究来验证。

第三章

福建省主要岛屿沙滩的小型底栖动物和海洋线虫群落

福建省海岸线漫长，海岛特色突出，全省海岛 2 214 个，大的岛屿主要有平潭岛、东山岛、厦门岛和湄洲岛。东山岛（117°29′01″E、23°42′29″N）位于福建省最南端、闽粤交界沿海的突出部，是全国第六、福建省第二大岛。岛上沙滩众多，沙质洁净，已成为观光、休闲和度假的旅游胜地。火山岛（118°01′30″E、24°12′46″N）具有典型的海岛火山地貌，沙滩面积小，但沙质匀细洁白，火山岛国家地质公园是全国第一批国家级地质地貌公园之一，是著名的旅游景点。湄洲岛（119°08′25″E、25°03′42″N）位于莆田市湄洲湾湾口的北半部，全岛南北纵向狭长，是海上和平女神妈祖的故乡，是全球两亿妈祖信众的朝拜圣地，每年的农历三月二十三妈祖诞辰日，吸引着大量的海内外信众上岛朝拜。平潭岛也称海坛岛（119°46′33″E、25°37′17″N），是我国第五、福建第一大岛，也是大陆距台湾最近的地方。尽管各岛屿的发展程度不同，但却面临着相同的问题，随着建设海峡西岸经济区战略的加快实施，滨海旅游业迅速开发，沙滩生态系统将日益遭受更大的破坏。

国内学者对沙质潮间带小型底栖动物的研究始于 20 世纪 80 年代中期，近几年有关沙质潮间带小型底栖动物数量分布的报道开始活跃（付姗姗 等，2012），主要见于对秦皇岛（张志南，1991）、青岛（杜永芬 等，2011；范士亮 等，2006；刘海滨，2007）、舟山（丛冰清，2011）、厦门（张婷，2011）等海滨旅游城市的报道。虽然不少学者对福建潮间带小型底栖动物进行过相当多的研究，但主要集中于红树林（陈昕韡 等，2017；郭玉清，2008；李想，2015）和泥滩（蔡立哲和李复雪，1998；陈兴群 等，1991；林秀春 等，2007）。对潮间带沙滩小型底栖动物丰度分布的研究尚少，仅见于对厦门沙滩的研究（张婷，2011）。本章主要阐述福建省主要岛屿沙滩（东山岛、火山岛、湄洲岛和平潭岛）小型底栖动物的类群组成、丰度及分布特点，以及主要类群海洋线虫的群落结构，以期丰富福建省沙滩小型底栖动物的研究，为《福建省滨海沙滩资源保护规划（2014—2020 年）》的实施提供科学依据。

第一节　福建省主要岛屿沙滩的小型底栖动物类群组成、丰度及分布

一、东山岛沙滩的小型底栖动物

（一）小型底栖动物类群组成及丰度

东山岛小型底栖动物类群组成及丰度见表 3－1，共出现小型底栖动物类群 14 个，包

括海洋线虫、桡足类、多毛类、寡毛类、涡虫、腹毛类、无节幼体、海螨类、轮虫、弹尾类、缓步类、端足类、动吻类和水生昆虫，以及其他未鉴定类群。4个季度均以线虫为绝对优势类群，它占到小型底栖动物总丰度的59.89%～73.95%；其次为涡虫与桡足类，年平均丰度分别占小型底栖动物年平均丰度的17.03%和6.61%。涡虫的丰度季度间差异变化较大，夏季与冬季分别可达相应季度小型底栖动物丰度的26.68%和23.66%，春季和秋季仅为2.60%和3.22%。对4个季节涡虫丰度进行的方差分析表明，春季、夏季与冬季差异显著（$P<0.05$）；秋季、夏季与冬季差异显著（$P<0.05$）；春季与秋季、夏季与冬季不存在显著性差异（$P>0.05$）。

表3-1 东山岛各类群每10 cm² 小型底栖动物的平均丰度（个）及百分比（%）

类群	春季	夏季	秋季	冬季	年平均
线虫	828.53±340.78（73.95）	760.42±449.50（59.89）	209.93±102.33（67.15）	700.40±267.64（66.5）	646.00±394.38（66.33）
桡足类	104.30±126.50（9.31）	90.10±96.27（7.1）	16.72±12.34（5.35）	32.32±27（3.07）	64.34±89.16（6.61）
多毛类	29.60±16.62（2.64）	0.27±0.71（0.02）	0.80±1.13（0.26）	18.23±45.05（1.73）	12.34±25.95（1.27）
寡毛类	1.45±1.91（0.13）	—	8.85±8.98（2.83）	3.58±7.55（0.34）	3.13±6.32（0.32）
涡虫	29.10±36.47（2.6）	338.71±555.11（26.68）	10.08±13.36（3.22）	249.20±416.63（23.66）	165.89±376.72（17.03）
腹毛类	81.64±38.97（7.29）	32.51±27.87（2.56）	23.80±21.91（7.61）	6.61±10.24（0.63）	37.34±38.72（3.83）
无节幼体	0.80±1.07（0.07）	0.2±0.49（0.02）	1.42±3.69（0.45）	1.35±1.41（0.13）	0.89±1.92（0.09）
海螨类	0.36±1.2（0.03）	5.64±8.09（0.44）	0.09±0.27（0.03）	0.08±0.25（0.01）	1.74±4.92（0.18）
轮虫	0.22±0.51（0.02）	—	—	0.08±0.25（0.01）	0.08±0.29（0.01）
弹尾类	0.14±0.32（0.01）	—	—	—	0.04±0.17（0）
缓步类	24.68±16.29（2.2）	41.67±93.02（3.28）	—	13.54±26.55（1.29）	21.59±52.72（2.22）
端足类	0.21±0.32（0.02）	—	—	—	0.06±0.17（0）
动吻类	0.22±0.72（0.02）	—	—	—	0.06±0.37（0.01）
水生昆虫	0.22±0.51（0.02）	0.07±0.23（0.01）	—	—	0.08±0.29（0.01）
其他类	18.89±15.88（1.69）	0.07±0.23（0.01）	40.96±19.34（13.1）	27.79±17.90（2.64）	20.36±20.80（2.09）
总计	1 120.37±483.79（100）	1 269.64±1 133.95（100）	312.63±140.62（100）	1 053.18±447.69（100）	973.93±760.79（100）

每10 cm² 小型底栖动物的年平均丰度为（973.93±760.79）个，从季节变化来看，除秋季小型底栖动物丰度较低外，其他3个季节的小型底栖动物丰度维持在一个较高的水平，季度变化总趋势为夏季（1 269.64±1 133.95）个>春季（1 120.37±483.79）个>冬季（1 053.18±447.69）个>秋季（312.63±140.62）个。对4个季度小型底栖动物丰度进行的方差分析表明，秋季分别与春季、夏季、冬季之间差异极显著（$P<0.01$）；其他3个季度之间无显著性差异（$P>0.05$）。各季度小型底栖动物丰度见图3-1。

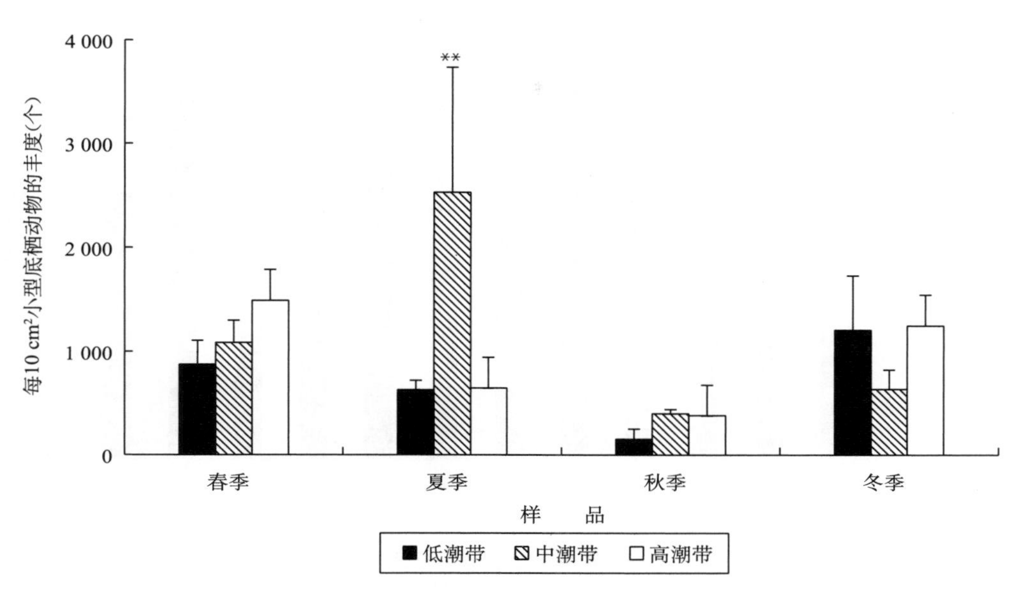

图 3-1　东山岛小型底栖动物丰度的水平分布

（二）小型底栖动物的水平分布及垂直分布

从水平分布来看，东山岛每 10 cm² 小型底栖动物的周年平均丰度变化总趋势为：中潮带（1 257.22±1 057.35）个＞高潮带（921.42±595.15）个＞低潮带（755.04±468.15）个，潮带间不存在显著差异（$P>0.05$），但各季度内小型底栖动物的水平分布差异较大，各季度变化结果见图 3-2。春季分布趋势为：低潮带＜中潮带＜高潮带；夏季低潮带和高潮带丰度相当，均远低于中潮带；秋季中潮带与高潮带丰度相当，均高于低潮带；而冬季低潮带与高潮带相当，均高于中潮带。对东山岛各季度不同潮带间小型底栖动物丰度进行方差分析表明，除夏季中潮带与低潮带、与高潮带间均存在极显著差异（$P<0.01$）外；春季、秋季、冬季各潮带间不存在显著差异（$P>0.05$）。夏季中潮带小型底栖动物丰度达到周年各潮带小型底栖动物丰度的最高值，每10 cm²为（2 531.45±1 207.59）个。低潮带丰度最低值在秋季，每 10 cm² 为（154.46±98.70）个。夏季中潮带突出的小型底栖动物丰度值，改变了各潮带小型底栖动物周年平均丰度分布的总趋势。

东山岛各潮带小型底栖动物丰度的垂直分布变化结果如图 3-2。从年平均丰度分布来看，80.48%的小型底栖动物集中在 0～5 cm 的表层。从季度来看，春季、夏季、秋季、冬季 4 个季度平均丰度在 0～5 cm 层所占比例分别为 81.83%、84.06%、86.36%和72.48%，除冬季小型底栖动物略有下移外，周年分布整体较一致。对各季度0～5 cm 层与5～10 cm 层小型底栖动物丰度进行方差分析结果表明，各季度 0～5 cm 与5～10 cm 层小型底栖动物丰度存在极显著差异（$P<0.01$）。对 4 个季度 0～5 cm 层丰度的方差分析表明，秋季与春季、秋季与夏季存在显著差异（$P<0.05$）；其他季节间差异不显著（$P>$

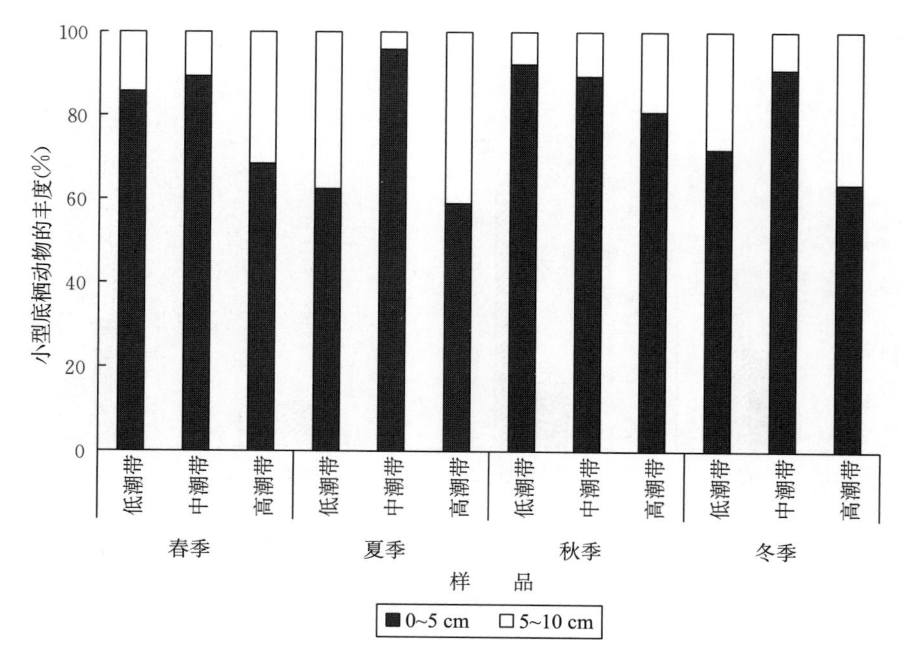

图 3-2 东山岛小型底栖动物丰度的垂直分布

0.05)。4 个季度中，高潮带分布在 5～10 cm 层的小型底栖动物丰度百分比是最高的。

（三）线虫与桡足类丰度之比值

本站位中，各季度中潮带和高潮带，线虫与桡足类丰度的比值趋于稳定，数值相对较低，在 6.27～22.94 的范围内（图 3-3）。低潮带冬季线虫与桡足类丰度之比值为 85.29，较高。

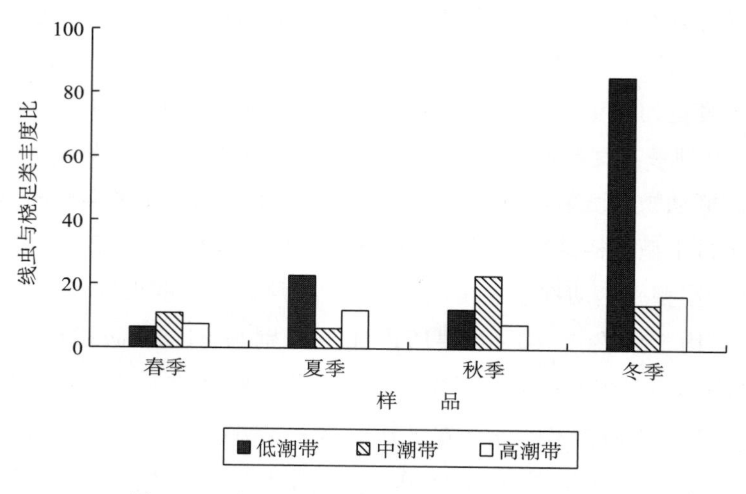

图 3-3 东山岛不同潮带线虫与桡足类丰度比

二、火山岛沙滩的小型底栖动物

(一) 小型底栖动物类群组成及丰度

火山岛小型底栖动物类群组成及丰度见表 3-2，4 个季度共鉴定出小型底栖动物类群 14 个，包括线虫、桡足类、多毛类、寡毛类、涡虫、腹毛类、无节幼体、海螨、轮虫、介形类、弹尾类、缓步类、端足类以及其他未鉴定类群。4 个季度以春季出现类群最多。其中，线虫、桡足类、多毛类、涡虫和无节幼体 4 个类群 4 个季度都有出现，4 个季度也都有其他未鉴定类群出现。总体上，线虫为第一优势类群，占小型底栖动物丰度的 34.75%；其次为桡足类，占 22.90%；其他类群多样性高但优势度低。按季度对小型底栖动物进行分析比较，可以得知，除夏季桡足类和无节幼体在丰度上占优势外；春季、秋季及冬季均以线虫为小型底栖动物的最优势类群，分别占相应季度小型底栖动物丰度的 44.39%、29.78%、51.53%。

表 3-2　火山岛每 10 cm^2 各类群小型底栖动物的平均丰度（个）及百分比（%）

类群	春季	夏季	秋季	冬季	年平均
线虫	154.38±113.48 (44.39)	14.64±9.72 (8.42)	37.32±28.32 (29.78)	55.16±35.29 (51.53)	65.97±80.79 (34.75)
桡足类	79.14±64.94 (22.76)	48.09±24.49 (27.65)	21.07±22.43 (16.81)	23.73±23.17 (22.17)	43.48±44.15 (22.9)
多毛类	18.43±31.04 (5.3)	7.07±4.93 (4.06)	1.79±3.02 (1.43)	0.13±0.44 (0.12)	6.96±17.06 (3.67)
寡毛类	0.88±1.51 (0.25)	—	—	—	0.23±0.83 (0.12)
涡虫	19.31±15.37 (5.55)	28.15±23.95 (16.18)	13.22±17.64 (10.55)	12.50±5.71 (11.68)	18.40±17.60 (9.69)
腹毛类	5.18±9.21 (1.49)	—	4.96±14.55 (3.96)	—	2.48±8.54 (1.31)
无节幼体	8.96±16.18 (2.58)	44.18±76.10 (25.4)	8.54±6.29 (6.82)	1.64±2.37 (1.53)	15.98±41.77 (8.42)
海螨类	14.26±22.76 (4.1)	0.25±0.59 (0.14)	0.28±0.91 (0.22)	—	3.77±12.75 (1.99)
轮虫	0.25±0.59 (0.07)	3.66±9.52 (2.1)	31.26±60.15 (24.95)	—	8.31±31.22 (4.38)
介形类	—	0.25±0.87 (0.14)	0.14±0.46 (0.11)	—	0.10±0.49 (0.05)
弹尾类	4.04±7.2 (1.16)	15.78±15.32 (9.07)	0.28±0.91 (0.22)	—	5.12±10.54 (2.7)
缓步类	0.25±0.59 (0.07)	—	0.27±0.61 (0.22)	—	0.13±0.43 (0.07)
端足类	23.73±38.08 (6.82)	0.88±3.06 (0.51)	—	—	6.28±21.35 (3.31)
其他类	18.93±15.83 (5.44)	10.98±7.65 (6.31)	6.19±5.04 (4.94)	13.89±5.63 (12.98)	12.63±10.41 (6.65)
总计	347.76±199.61 (100)	173.94±70.65 (100)	125.31±68 (100)	107.04±47.81 (100)	189.86±147.07 (100)

(二) 小型底栖动物的水平分布及垂直分布

每 10 cm^2 小型底栖动物的年平均丰度为（189.86±147.07）个，从季节变化来看，春季的小型底栖动物丰度最高，而其他 3 个季度的小型底栖动物丰度维持在一个较低的水平上，总趋势为春季（347.76±199.61）个>夏季（173.94±70.65）个>秋季（125.31±68.00）个>冬季（107.04±47.81）个。对 4 个季度的小型底栖动物丰度进行方差分析表明，春季与夏季存在显著差异（$P<0.05$），与秋季跟冬季存在极显著差异（$P<0.01$）；夏季与春季、冬季存在显著差异（$P<0.05$）；其他季度之间的差异不显著（$P>0.05$）（图 3-4）。

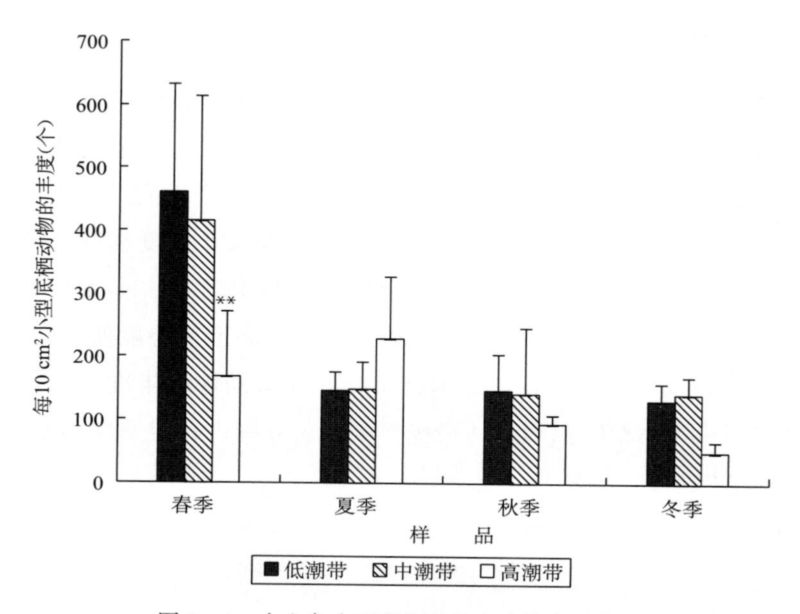

图 3-4　火山岛小型底栖动物丰度的水平分布

从水平分布来看，火山岛每 10 cm² 小型底栖动物的周年平均丰度变化总趋势为：低潮带（225.59±169.42）个＞中潮带（211.30±159.31）个＞高潮带（134.91±95.77）个。各季度变化结果见图 3-4。春季，低潮带和中潮带的小型底栖动物丰度分别达到 4 个季度中低潮带和中潮带的最高值，每 10 cm² 分别为（460.48±172.19）个和（415.04±198.87）个。高潮带小型底栖动物丰度在夏季达到峰值，为（228.35±98.26）个。除夏季高潮带小型底栖动物丰度高于低潮带和中潮带外，其余 3 个季度各潮带小型底栖动物丰度均为高潮带低于低潮带和中潮带。对火山岛各季度不同潮带小型底栖动物丰度进行方差分析可得，春季高潮带与低潮带、与中潮带间存在极显著差异（$P<0.01$）；其他各季度不同潮带间不存在显著性差异（$P>0.05$）。

火山岛各潮带小型底栖动物丰度的垂直分布，变化结果如图 3-5。从年平均丰度分析，分布在 0～5 cm 层和 5～10 cm 层的小型底栖动物数量百分比，分别为 55.13%、44.87%。除冬季小型底栖动物略有下移外，周年整体分布较均匀，春季、夏季、秋季、冬季 4 个季度平均丰度在 0～5 cm 层所占比例分别为 59.31%、57.87%、50.31%和 44.56%。对各季度 0～5 cm 层与 5～10 cm 层小型底栖动物丰度进行方差分析结果表明，各季度 0～5 cm 层与 5～10 cm 层之间的小型底栖动物丰度均不存在显著性差异（$P>0.05$）。对 4 个季度 0～5 cm 层小型底栖动物丰度进行方差分析表明，春季与夏季、春季与秋季、夏季与冬季之间存在显著差异（$P<0.05$）；春季与冬季之间存在极显著差异（$P<0.01$）；其他季节间差异不显著（$P>0.05$）。春季的低潮带和中潮带，夏季的中潮带和高潮带，秋季的高潮带，这些季度潮带的小型底栖动物略有下移趋势，分布在5～10 cm层的小型底栖动物丰度所占比例略高于50%。

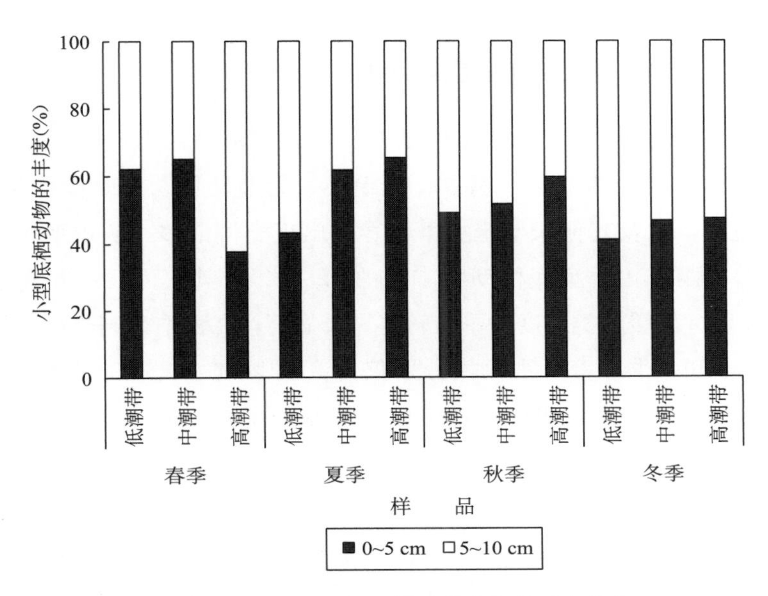

图3-5　火山岛小型底栖动物丰度的垂直分布

（三）线虫与桡足类丰度之比值

如图3-6所示，本站位低潮带和高潮带各季度的线虫和桡足类丰度之比值趋于稳定，数值均很小，为0.23～2.51。高潮带线虫和桡足类的丰度比值起伏较大，最低值出现在

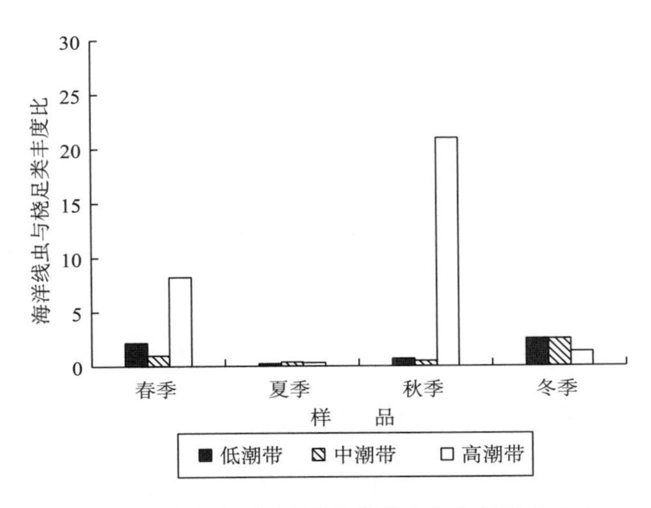

图3-6　火山岛不同潮带海洋线虫与桡足类丰度比

夏季，为0.31；最高值在秋季，为21.00。但总体而言，火山岛站位线虫与桡足类的丰度比值不高。

三、湄洲岛沙滩的小型底栖动物

（一）小型底栖动物的类群组成及丰度

湄洲岛小型底栖动物类群组成及丰度见表3-3，湄洲岛共出现小型底栖动物类群11个，包括线虫、桡足类、多毛类、涡虫、腹毛类、无节幼体、海螨类、轮虫、介形类、缓步类和水生昆虫，以及其他未鉴定类群，春季出现类群最多。从年平均丰度来看，缓步类为第一优势类群，占小型底栖动物丰度的52.39%；其次为线虫和桡足类，分别占34.79%和9.63%。但缓步类丰度的季度间差异极显著，在秋季达到小型底栖动物总丰度的84.96%，春季和冬季丰度所占比例分别仅为2.02%和0.25%，在夏季甚至未出现。按季度来看，除秋季缓步类在丰度上占绝对优势外，春季、夏季及冬季均以线虫为小型底栖动物的绝对优势类群，分别占相应季度小型底栖动物丰度的81.98%、60.56%和76.98%。

表3-3　湄洲岛各类群每10 cm² 小型底栖动物的平均丰度（个）及百分比（%）

类群	春季	夏季	秋季	冬季	年平均
线虫	88.86±66.74（81.98）	117.64±128.14（60.56）	103±42.71（12.98）	75.48±66.21（76.96）	96.29±84.20（34.79）
桡足类	7.07±5.87（6.52）	62.99±152.70（32.43）	12.79±13.99（1.61）	15.4±15.03（15.7）	26.65±83.13（9.63）
多毛类	2.36±1.54（2.18）	1.77±2.03（0.91）	—	—	1.01±1.63（0.36）
涡虫	0.34±0.67（0.31）	0.76±1.37（0.39）	0.17±0.50（0.02）	1.39±2.37（1.42）	0.72±1.54（0.26）
腹毛类	0.17±0.50（0.16）	—	—	—	0.04±0.23（0.01）
无节幼体	1.51±2.93（1.39）	5.55±11.01（2.86）	0.34±1.01（0.04）	—	1.98±6.32（0.72）
海螨类	0.17±0.50（0.16）	—	1.68±2.07（0.21）	—	0.40±1.16（0.14）
轮虫	—	—	—	0.76±1.77（0.77）	0.22±0.98（0.08）
介形类	0.17±0.50（0.16）	—	—	—	0.04±0.23（0.01）
缓步类	2.19±2.29（2.02）	—	674.22±383.98（84.96）	0.25±0.87（0.25）	145.02±327.13（52.39）
水生昆虫	—	0.13±0.44（0.07）	—	—	0.04±0.23（0.01）
其他类	5.55±5.41（5.12）	5.43±4.26（2.8）	1.35±1.18（0.17）	4.80±3.09（4.89）	4.40±4.01（1.59）
总计	108.39±70.91（100）	194.26±188.42（100）	793.55±351.16（100）	98.08±79.14（100）	276.8±335.31（100）

（二）小型底栖动物的水平分布及垂直分布

每10 cm² 小型底栖动物的年平均丰度为（276.8±335.31）个，最高值出现在秋季，最低值出现在冬季。季节变化总趋势为秋季（793.55±351.16）个＞夏季（194.26±

188.42）个＞春季（108.39±70.91）个＞冬季（98.08±79.14）个。秋季缓步类丰度的剧增转变了小型底栖动物总丰度的季节变化趋势。对4个季节的小型底栖动物丰度进行方差分析表明，秋季与春季、夏季、冬季之间均存在极显著差异（$P<0.01$）；夏季与冬季存在显著差异（$P<0.05$）；其他季度之间的差异不显著（$P>0.05$）（图3－7）。

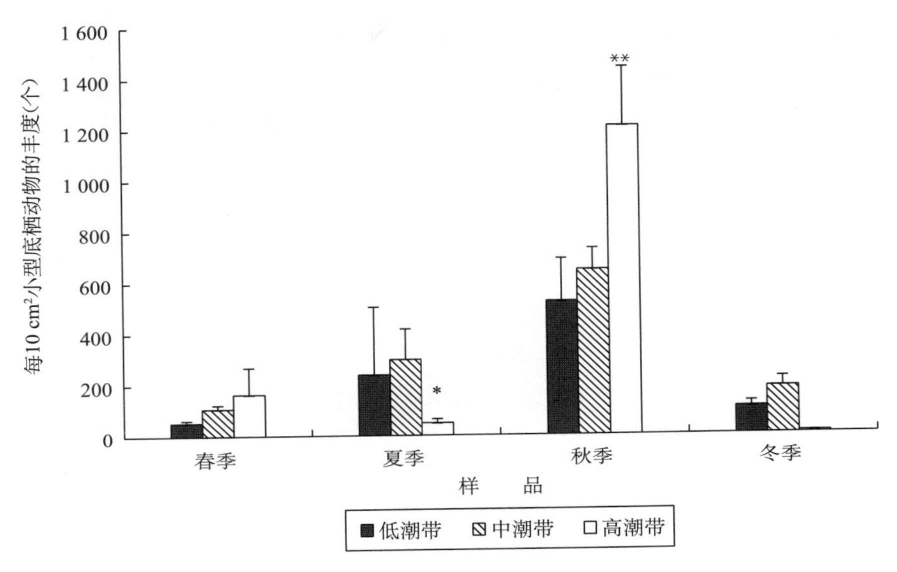

图3－7　湄洲岛小型底栖动物丰度的水平分布

从水平分布来看，湄洲岛每10 cm² 小型底栖动物周年平均丰度变化总趋势为高潮带（310.09±501.90）个＞中潮带（299.16±212.71）个＞低潮带（221.15±228.85）个。各季度变化结果见图3－7。春季与秋季各潮带小型底栖动物总丰度分布趋势一致，为低潮带＜中潮带＜高潮带；夏季与冬季分布一致，为高潮带＜低潮带＜中潮带。小型底栖动物各潮带丰度均在秋季达到最高值。对该站位各季度不同潮带小型底栖动物丰度进行方差分析可得，夏季高潮带与低潮带、中潮带间存在显著差异（$P<0.05$）；秋季高潮带与低潮带、中潮带间存在极显著差异（$P<0.01$）；其他各站位不同潮带间不存在显著性差异（$P>0.05$）。

湄洲岛各潮带小型底栖动物丰度的垂直分布变化结果如图3－8。从年平均丰度分析，在0～5 cm层与5～10 cm层所占比例分别为49.98％和50.02％。除春季在0～5 cm层小型底栖动物丰度分布所占比例较大外，其他季度分布较为均匀，春夏秋冬4个季度平均丰度在0～5 cm层所占比例分别为63.34％、52.70％、46.81％、50.13％。对各季度0～5 cm层与5～10 cm层小型底栖动物丰度进行方差分析的结果表明，各季度0～5 cm与5～10 cm层之间小型底栖动物丰度差异不显著（$P>0.05$）。对4个季度0～5 cm表层丰度的方差分析表明，秋季与春季、秋季与冬季之间存在显著差异（$P<0.05$）；秋季与夏季之间存在极显著差异（$P<0.01$）；其他相邻季节间差异不显著（$P>0.05$）。春季和

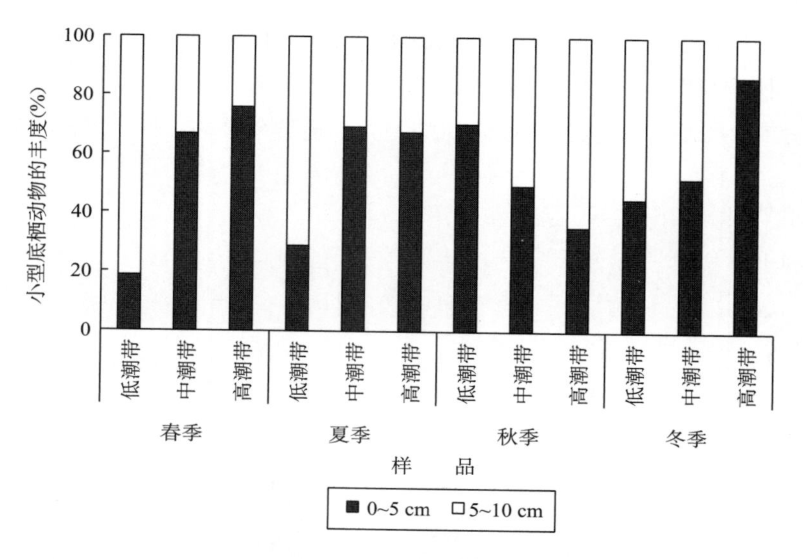

图 3-8　湄洲岛小型底栖动物丰度的垂直分布

夏季低潮带小型底栖动物主要集中在 5～10 cm 层。秋季各潮带之间小型底栖动物分布差异不大。

（三）线虫与桡足类丰度之比值

湄洲岛线虫与桡足类的比值如图 3-9。本站位中，除冬季各潮带线虫与桡足类的比值相当且较低外，其他各季度潮带间的比值差异较大。春季各潮带的比值差异最大，中潮带（5.73）<高潮带（20.36）<低潮带（47.00）。

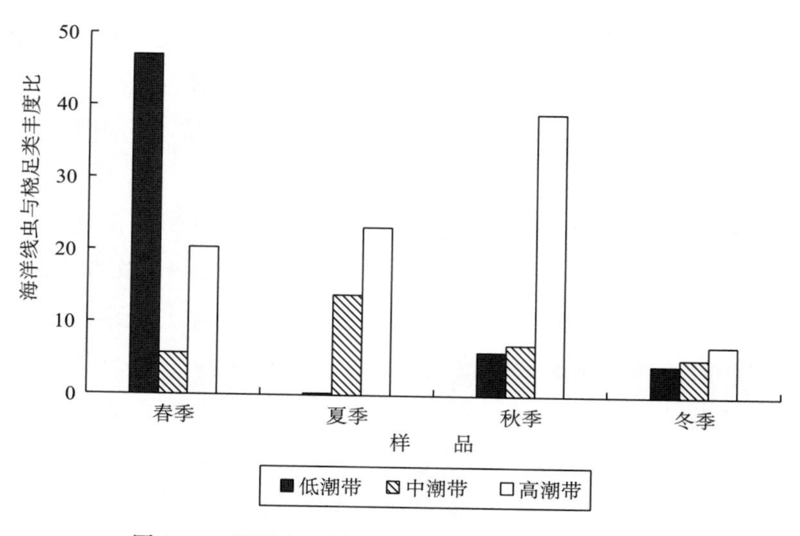

图 3-9　湄洲岛不同潮带海洋线虫与桡足类丰度比

四、平潭岛沙滩的小型底栖动物

（一）小型底栖动物的类群组成及丰度

平潭岛小型底栖动物组成类群及丰度见表 3-4，4 个季度鉴定出 15 个小型底栖动物类群，包括线虫、桡足类、多毛类、寡毛类、涡虫、腹毛类、无节幼体、海螨类、介形类、弹尾类、缓步类、端足类、涟虫、动吻类和水生昆虫，及其他未鉴定类群，4 个季度以春季出现类群最多。从年平均丰度来看，线虫为绝对优势类群，占小型底栖动物丰度的 52.36%；其次为腹毛类，占 21.14%。从季节来看，除春季线虫与腹毛类的丰度相当外，夏季、秋季、冬季均以线虫为第一优势类群，但第二优势类群则各不相同，分别为缓步类、寡毛类和腹毛类。

表 3-4　平潭岛各类群每 10 cm^2 小型底栖动物的平均丰度（个）及百分比（%）

类群	春季	夏季	秋季	冬季	年平均
线虫	600.67±309.42（41.16）	783.45±336.45（57.47）	298.26±424.57（77.86）	113.05±95.79（44.14）	424.54±400.23（52.36）
桡足类	72.54±36.51（4.97）	127.24±230.45（9.33）	22.86±24.16（5.97）	9.50±8.22（3.71）	53.85±116.12（6.64）
多毛类	30.80±22.45（2.11）	90.88±130.86（6.67）	11.15±15.5（2.91）	0.83±1.04（0.32）	30.67±69.81（3.78）
寡毛类	17.00±10.01（1.16）	15.32±9.29（1.12）	26.44±46.78（6.9）	5.92±4.57（2.31）	16.17±25.78（1.99）
涡虫	60.59±62.97（4.15）	24.57±16.01（1.8）	3.03±4.39（0.79）	42.83±24.78（16.72）	31.77±38.72（3.92）
腹毛类	618.01±592.77（42.35）	35.18±58.84（2.58）	13.08±17.59（3.41）	75.74±112.79（29.57）	171.39±368.91（21.14）
无节幼体	7.57±6.15（0.52）	66.31±86.40（4.86）	—	—	16.62±47.78（2.05）
海螨类	—	0.34±0.67（0.02）	—	—	0.08±0.33（0.01）
介形类	0.84±2.02（0.06）	5.89±10.31（0.43）	—	—	1.51±5.34（0.19）
弹尾类	0.17±0.50（0.01）	1.85±3.19（0.14）	—	—	0.45±1.65（0.06）
缓步类	2.86±3.42（0.2）	179.92±272.98（13.2）	—	—	41.12±145.00（5.07）
端足类	3.37±2.81（0.23）	—	—	—	0.76±1.91（0.09）
涟虫	0.34±1.01（0.02）	—	—	—	0.08±0.48（0.01）
动吻类	5.55±7.42（0.38）	—	—	—	1.25±4.10（0.15）
水生昆虫	0.17±0.50（0.01）	—	—	—	0.04±0.24（0）
其他类	38.88±11.03（100）	32.31±11.13（100）	8.26±13.11（100）	8.26±7.55（100）	20.56±17.43（100）
总计	1 459.36±458.68（100）	1 363.25±558.13（100）	383.09±515.12（100）	256.13±132.31（100）	810.87±696.75（100）

（二）小型底栖动物的水平分布与垂直分布

各个季度的小型底栖动物丰度结果见图 3-10。每 10 cm^2 小型底栖动物的年平均丰度为（810.87±696.75）个。季度间变化总趋势为：春季（1 459.36±458.68）个＞夏季（1 363.25±558.13）个＞秋季（383.09±515.12）个＞冬季（256.13±132.31）个。对 4 个季度的小型底栖动物丰度进行方差分析表明，春季与秋季、春季与冬季、夏季与秋季、夏季与冬季之间均存在极显著差异（$P<0.01$）；春季与夏季、秋季与冬季之间差异不显

著（$P>0.05$）。

从水平分布来看，平潭岛每 10 cm² 小型底栖动物周年平均丰度变化总趋势为：低潮带（1 061.32±713.59）个＞高潮带（820.98±778.41）个＞中潮带（586.09±554.22）个。各季度变化结果见图 3－10。高潮带小型底栖动物的丰度在春季达到峰值，每 10 cm² 为（1 847.46±345.63）个。中潮带春季与夏季小型底栖动物丰度相当，达到周年中潮带的峰值；低潮带丰度最大值出现在夏季，每 10 cm² 为（1 530.11±1 003.22）个。中潮带和高潮带小型底栖动物最低值均出现在秋季。春季与冬季各潮带分布趋势一致，为高潮带＞低潮带＞中潮带。对平潭岛小型底栖动物进行方差分析表明，春季中潮带与高潮带存在显著差异（$P<0.05$）；秋季低潮带与中潮带、高潮带间均存在极显著差异（$P<0.01$）；夏季与冬季各潮带间差异不显著（$P>0.05$）。

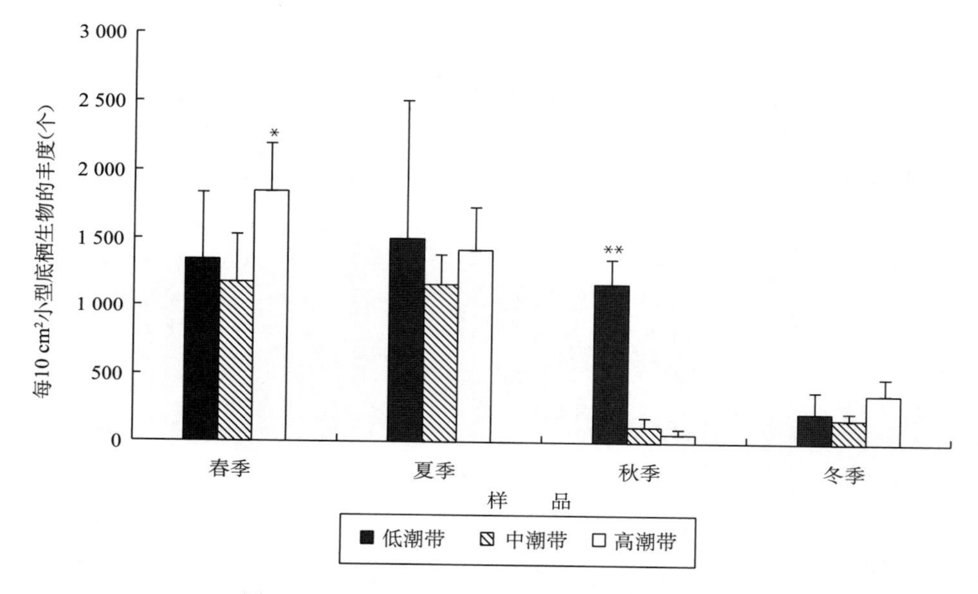

图 3－10　平潭岛小型底栖动物丰度的水平分布

平潭岛各潮间带小型底栖动物丰度的垂直分布变化见图 3－11，小型底栖动物周年平均丰度的 73.80%分布在 0～5 cm 层。从季度上看，春夏秋冬 4 个季度小型底栖动物平均丰度在 0～5 cm 层所占的比例分别为 79.22%、68.27%、79.45%和 43.95%，冬季小型底栖动物显著下移。对各季度 0～5 cm层与 5～10 cm 层小型底栖动物丰度进行方差分析结果表明，春季、夏季、秋季 3 个季度的 0～5 cm 与 5～10 cm 层之间小型底栖动物丰度存在显著差异（$P<0.05$）；冬季的 0～5 cm 与 5～10 cm 层之间小型底栖动物丰度不存在显著差异（$P>0.05$）。对 4 个季度0～5 cm 表层丰度的方差分析表明，春季与秋季、春季与冬季、夏季与秋季、夏季与冬季之间存在极显著差异（$P<0.01$）；其他季节间差异不显著（$P>0.05$）。冬季低潮带和中潮带的 0～5 cm 层所占比例均高于 5～10 cm 层，但高

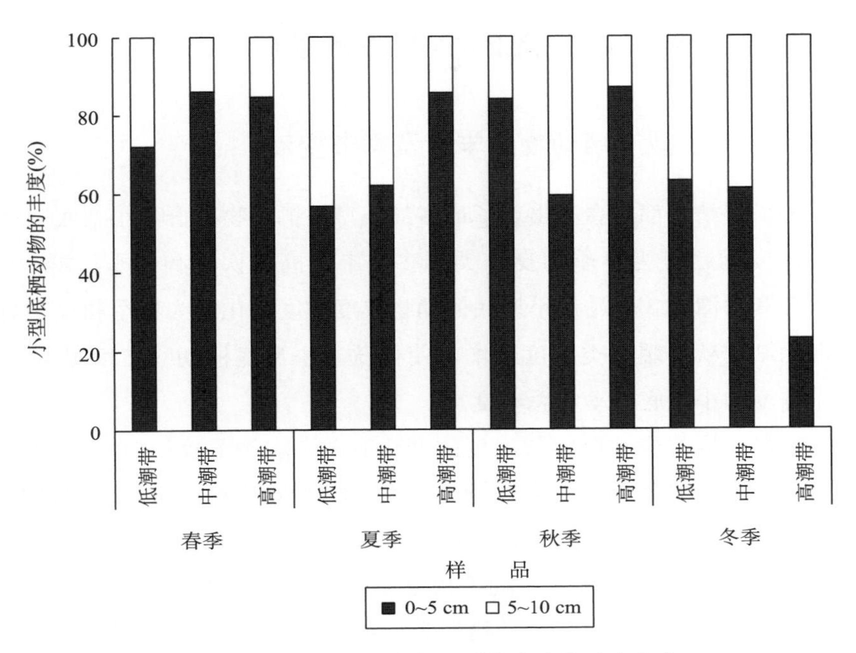

图 3-11　平潭岛小型底栖动物丰度的垂直分布

潮带小型底栖动物显著下移，改变了整个季度小型底栖动物平均丰度的垂直分布格局。

（三）线虫与桡足类丰度之比值

如图 3-12 所示本站位中，线虫与桡足类的丰度比值变化无规律性。低潮带比值最高值在冬季，达到 38.10，最低值在夏季；中潮带各季度之间比值变化不大；高潮带各季度之间比值起伏最大，本站位线虫与桡足类的丰度比值最高值和最低值均在高潮带，其最高值和最低值分别在夏季和秋季，比值分别为 55.47 和 0.67。

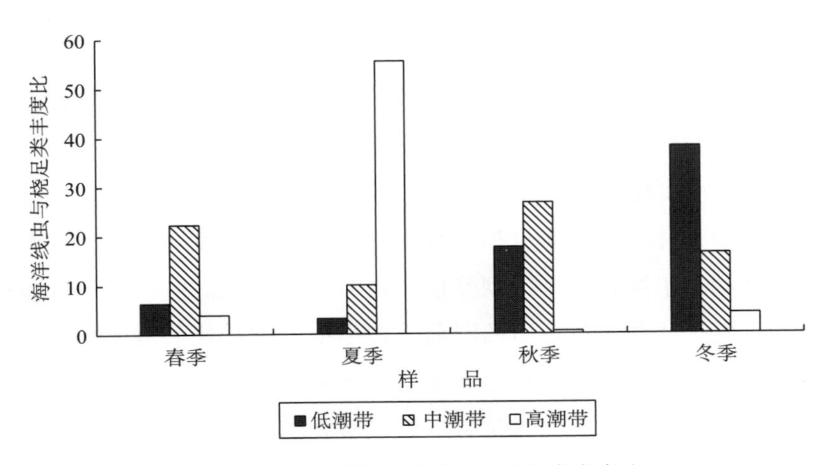

图 3-12　平潭岛海洋线虫与桡足类丰度比

五、福建省主要岛屿沙滩的小型底栖动物

(一) 岛屿沙滩小型底栖动物的丰度及季节变动

福建省 4 个采样站位都在春季出现了最多的小型底栖动物类群。小型底栖动物类群组成和丰度的总体变化趋势为春季和夏季类群多、丰度高，秋季和冬季类群少、丰度低。东山岛、火山岛和平潭岛 3 个站位小型底栖动物丰度季度变化均为春季和夏季高、秋季和冬季低。湄洲岛站位秋季缓步类丰度剧增，使得秋季小型底栖动物丰度显著高于该采样站位其他 3 个季度的小型底栖动物总丰度。

小型底栖动物类群的变动可能与温度的变化有关，春季温度适宜，小型底栖动物的食物来源丰富，适合更多类群、更多数量的小型底栖动物生存。沉积物温度也可能通过促进小型底栖动物，如线虫的繁殖（Riera et al.，2011）影响小型底栖动物丰度的变化（Albuquerque et al.，2007）。此外，沉积物温度也可能通过影响食物（如细菌和硅藻）的生长和可利用率，来影响小型底栖动物的类群组成（Harris，1972）。潮间带食物斑块的存在，如细菌和硅藻的分布，也可以解释某些小型底栖动物类群在小尺度范围内季节性缺失的问题（Blome et al.，1999）。

在本研究中，各站位小型底栖动物平均周年丰度的变化为东山岛＞平潭岛＞湄洲岛＞火山岛，且东山岛站位的丰度远大于其他 3 个采样站位。东山岛在线虫丰度占优势的基础上，涡虫的高丰度进一步提高了小型底栖动物的总丰度。国内外众多学者的研究均显示，沙质滩涡虫丰度占小型底栖动物总丰度的比例相对较高（范士亮 等，2006；李佳 等，2012；张婷，2011；Albuquerque et al.，2007；Gheskiere et al.，2002）。涡虫是小型生物营养级中的大型捕食者（Wieser，1960），一般栖息在含氧量较高的底质中（Higgins & Thiel，1988）。研究表明，涡虫丰度与底质中值粒径有关，与泥质相比，涡虫更适应在沙质环境中生活（Boaden，1995；Martens & Schockaert，1986；Rieger，1998）。

在季节变化上，温度是导致小型底栖动物丰度季节性差异的重要因素。已有研究指出，通常小型底栖动物的最高丰度值出现在温度较高的月份（Higgins & Thiel，1988）。Feder 和 Paul（1980）在对阿拉斯加两个沙滩中潮带进行的研究也发现，小型底栖动物丰度呈现出明显的季节变化，最高丰度值出现在温度最高的夏季和秋季。在本研究中，东山岛站位小型底栖动物丰度在夏季出现峰值，在秋季出现最低值。火山岛和平潭岛站位小型底栖动物均在春季达到峰值，而湄洲岛站位小型生物在秋季出现峰值。此次研究站位均为开放性沙滩，特别是火山岛与湄洲岛更是著名的旅游景点，除受到温度等季节性因素影响外，还受到较大程度的人为扰动。有关研究指出，人为扰动会影响沉积物的有机质含量、含水量和通气性，从而改变小型底栖动物的生存环境（Gheskiere et al.，

2005）。夏季和秋季为福建省沙滩的旅游旺季，湄洲岛由于其独特的人文风俗，春季和夏季上岛的人数为一年之巅，受人为扰动的影响较大。湄洲岛站位秋季小型底栖动物丰度达到峰值，主要归因于缓步类对其丰度的贡献。平潭岛站位夏季缓步类的优势度也较大。缓步类是一类在氧气条件好的沙滩中丰度高，在受污染的沙滩则丰度很低甚至不出现的小型底栖动物类群（Margulis et al.，2001；Renaud - Mornant & Pollock，1971）。湄洲岛站位秋季缓步类占绝对优势的现象，指示着湄洲岛站位和平潭岛站位相应季节沙滩良好的氧气条件（Wynberg & Branch，1994）。

此外研究还发现，小型底栖动物的丰度与沉积物中碳、氮、磷及沉积物温度等沉积环境理化因子间不存在显著的相关性。华尔等对沙滩进行现场扰动实验的研究结果显示，沙滩中小型底栖动物的丰度在旅游旺季与淡季间的差异，与气温、间隙水、海水温度等沉积环境基本理化因子间没有显著的相关性，这些沉积环境因子之间也没有显著的相关关系，表明旅游沙滩小型底栖动物丰度的季节变化不是单纯由季节更替引起的（华尔 等，2010）。

（二）福建省沙滩中小型底栖动物丰度的水平分布与垂直分布

小型底栖动物的空间分布受物理、化学、生物因素的影响，如食物的可获得性、沉积物粒径、温度、盐度等（Giere，1993），也与环境污染状况关系密切（慕芳红 等，2001）。在本研究中，小型底栖动物总丰度大体表现为东山岛站位和平潭岛站位丰度高，火山岛站位和湄洲岛站位丰度低。有关研究表明小型底栖动物的水平分布与沉积物的粒径呈负相关（范士亮 等，2006；华尔 等，2009），因为沉积物粒度的大小和分选程度，决定了小型间隙生物的可利用空间。Albuquerque 等（2007）在对巴西 Marambaia Restinga 的沙滩小型底栖动物的研究中发现，沉积物粒径是影响沙滩主要小型底栖动物类群丰度水平分布的主要因素。本研究中，小型底栖动物丰度在不同站位的分布与沉积物的粒径呈负相关，但由于各站位沉积物粒径差异不大，不同站位丰度与粒径相关性不显著。东山岛站位和平潭岛站位沉积物粒度较小、丰度较高；火山岛站位和湄洲岛站位沉积物粒度较大、丰度低。此外，Gheskiere 等（2004）研究指出，沙滩清理引起的有机质含量差异是旅游沙滩小型底栖动物丰度低于非旅游沙滩的主要原因。沙滩的机械清理在清除人为垃圾和海藻的同时清除了有机碎屑，大大降低了沙滩的有机质含量，使得沙滩沉积物中持有的有机质不足以支持更多的小型底栖动物；同时，在清理的过程中对沙滩进行了过度的扰动也会降低小型底栖动物的丰度。本研究中，火山岛站位及湄洲岛站位旅游设施、设备和维护管理等各项机制发展完善，景区工作人员对沙滩的定时清理，降低了沙滩的有机质含量，在一定程度上影响了小型底栖动物的丰度。

一般而言，在水平分布上，与高潮带和低潮带相比，中潮带最适于小型底栖动物的生存（刘海滨，2007）。但在此研究中，同一站位不同季节的不同潮带间，小型底栖动物的分布趋势存在一定差异。火山岛、湄洲岛及平潭岛站位的旅游旺季期间，小型底栖动

物在潮带间的分布均表现为低潮带＞中潮带＞高潮带。华尔等（2009）研究结果显示，旅游旺季中潮带小型底栖动物丰度不仅低于旅游淡季，甚至低于高潮带，表明旅游扰动会引起中潮带小型底栖动物数量的减少。

在垂直分布上，东山岛站位与平潭岛站位 0～5 cm 与 5～10 cm 丰度存在显著差异，小型底栖动物主要分布在表层；火山岛站位与湄洲岛站位表层与底层之间分布较为均匀，小型底栖动物有下移的趋势。有研究表明，旅游沙滩小型底栖动物面对旅游扰动，主要是人为踩踏、采挖等活动，可能通过向沉积物深处迁移来应对，而非平行向周围迁移（刘海滨，2007）。此外，王家宁（2011）在对青岛人为扰动沙质潮间带小型底栖动物的研究中发现，在有陆源排水口的站位小型底栖动物高丰度总是出现在更深的深度。这可能是由于人为淡水排放降低了表面的盐度，并迫使小型底栖动物向下移动。本研究中，火山岛与湄洲岛站位的情况与此类似，两处采样点附近均持续有陆地淡水的排入，降低了表面盐度，小型底栖动物丰度向沉积物深处迁移，影响了受测深度线虫的丰度。

（三）线虫与桡足类丰度之比值

线虫和桡足类作为小型底栖动物的主要类群，其丰度之比常被应用于海洋沉积环境有机污染的指标（Gheskiere et al.，2005；Raffaelli & Mason，1981；Warwick，1981；郭玉清 等，2002；张青田 等，2012）。一般认为，线虫与桡足类丰度的比值大于 100，说明该区域受到有机污染；大于 50、小于 100 属于富营养化；小于 50 说明环境状况较好（杜永芬 等，2011）。本次 4 个采样站位不同季度的线虫与桡足类丰度比值的平均值如图 3－13 所示。由图 3－13 中可以得知，4 个采样站位各季度线虫与桡足类丰度比值的平均值均小于 50，以此可以推断，东山岛、火山岛、湄洲岛、平潭岛站位均未受到有机污染。

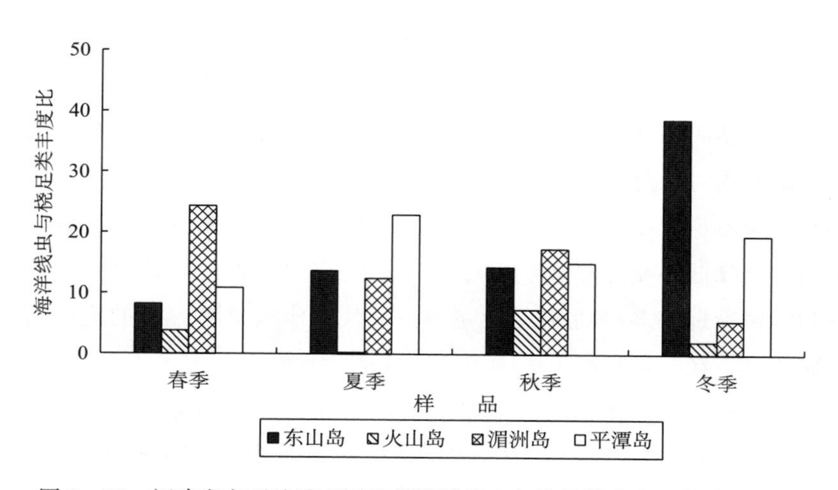

图 3－13　福建省主要沙滩不同潮带海洋线虫与桡足类丰度比的季节变化

但是，由于线虫与桡足类丰度的比值受到许多其他因素的影响，如随着沉积物粒径的减少而增大，因此，该比值的界定具有局限性。为扩大该比值的应用范围和灵敏性，Warwick（1981）在深入研究的基础上对该比值提出修正：他认为食物是限制线虫和桡足类群落能量流动的因素，桡足类总数量应该只与摄食类型为 2A 的线虫数量进行比较，因为只有 2A 型线虫的食物类型和桡足类的相同。如果桡足类确实对污染的影响比线虫敏感，那么，桡足类相对于 2A 型线虫的比例应该是一个很有用的指标，它应该能够区分污染的影响与沉积物类型差异所造成的变化。并且提出，当线虫与桡足类的比值在泥质沉积物高于 40 及在沙质沉积物高于 10 时，即可推断此生境受到污染（郭玉清，2000）。

为提高准确性，本文以平潭岛站位为例，根据修正后的标准对平潭岛站位的污染情况进行进一步的研究。平潭岛站位春夏秋冬 4 个季度 2A 型线虫与桡足类数量之比分别为 2.01、1.32、3.28、8.21，比值均小于 10，可以推断平潭岛站位未受到有机污染。与修正前的比值进行比较，采用修正后标准的比值下降，且季度间差异降低。

另一方面，鉴于环境资源的数据、采样次数和采样站点的局限性以及小型底栖动物斑块化生存现象的存在，关于福建沿海沙质潮间带污染状况的推断还有待进一步研究。

第二节 福建省主要岛屿沙滩的海洋线虫群落结构

一、东山岛沙滩海洋线虫的丰度及分布

各个季度的海洋线虫丰度结果见图 3－14。东山岛站位线虫年平均丰度每 10 cm^2 为

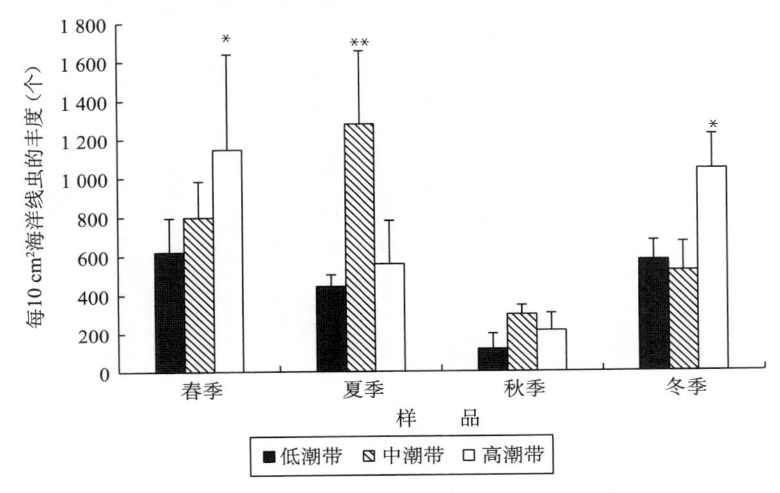

图 3－14 东山岛海洋线虫丰度的水平分布

(646.00±394.38) 个，从季节来看，除秋季线虫丰度较低外，其他 3 个季节的线虫丰度维持在一个较高的水平，季度变化总趋势为春季（828.53±340.78）个>夏季（760.42±449.50）个>冬季（700.4±267.64）个>秋季（209.93±102.33）个，与小型底栖动物总丰度的季节变化趋势略有不同。

从水平分布来看，东山岛站位各潮带每 10 cm^2 线虫周年平均丰度分布总趋势为：中潮带（769.17±435.54）个>高潮带（726.85±451.20）个>低潮带（460.99±216.68）个，但各季度线虫丰度的潮带分布差异较大，各季度变化结果见图 3-14。对东山岛站位各季度不同潮带间线虫丰度进行方差分析表明，春季高潮带与中潮带、低潮带间均存在显著差异（$P<0.05$），夏季中潮带与低潮带、高潮带均存在极显著差异（$P<0.01$），秋季各潮带间不存在显著差异（$P>0.05$），冬季高潮带与低潮带、中潮带间均存在显著差异（$P<0.05$）。线虫丰度最高值出现在夏季的中潮带，每 10 cm^2 的丰度值达（1 278.86±376.37）个，最低值出现在秋季低潮带，丰度值为（116.51±81.95）个。各季度线虫丰度水平分布的变化趋势与小型底栖动物丰度水平分布的变化趋势相似。

从线虫丰度的垂直分布来看（图 3-15），各季度 0～5 cm 与 5～10 cm 层之间线虫丰度存在极显著差异（$P<0.01$）。对 4 个季度 0～5 cm 层线虫丰度的方差分析表明：春季与秋季之间存在极显著差异（$P<0.01$），秋季与夏季、与冬季之间存在显著差异（$P<0.05$），其他季节间差异不显著（$P>0.05$）。

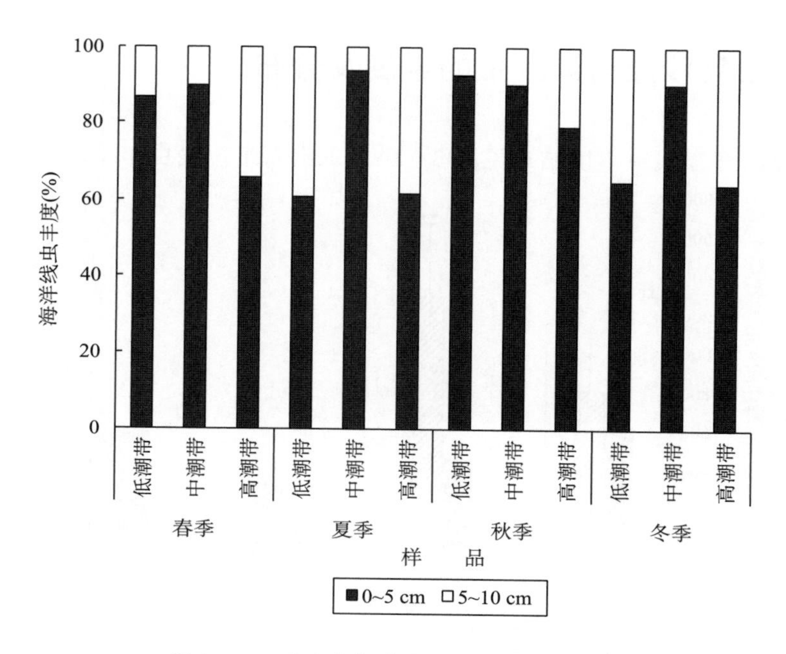

图 3-15 东山岛海洋线虫丰度的垂直分布

二、火山岛沙滩海洋线虫的丰度及分布

各个季度的海洋线虫丰度结果见图 3－16。火山岛站位每 10 cm^2 线虫的年平均丰度为（65.97±80.79）个，从季节来看，线虫丰度变化总趋势为春季（154.38±113.48）个＞冬季（55.16±35.29）个＞秋季（37.32±28.32）个＞夏季（14.64±9.72）个，与小型底栖动物总丰度的季节变化趋势不一致。

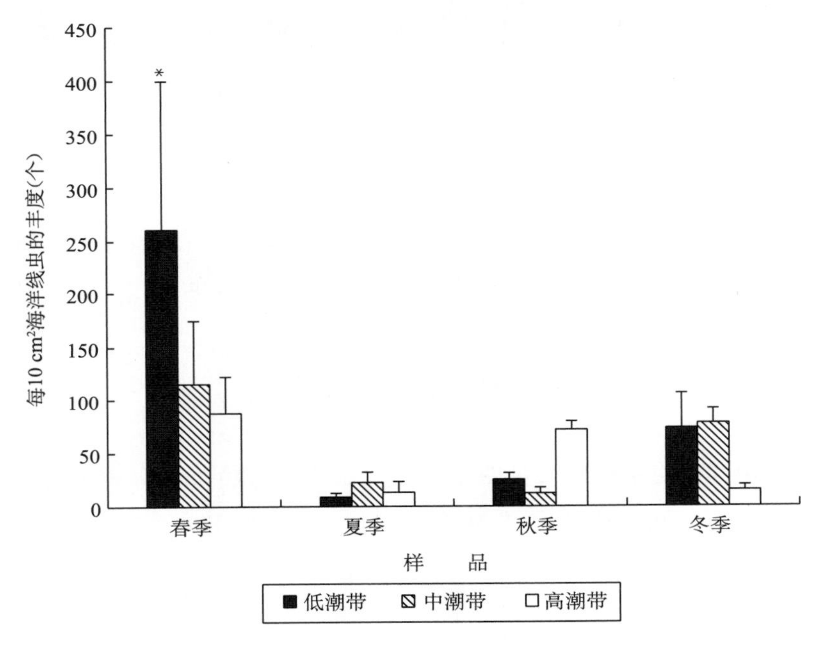

图 3－16　火山岛海洋线虫丰度的水平分布

从水平分布来看，火山岛各潮带每 10 cm^2 线虫周年平均丰度分布总趋势为：低潮带（96.44±124.65）个＞中潮带（56.80±51.32）个＞高潮带（46.58±38.24）个，但不同季度间线虫丰度的水平分布差异较大，各季度变化结果见图 3－16。线虫丰度最高值出现在春季的低潮带，夏季各潮带线虫丰度均较低。对各季度不同潮带的线虫丰度进行方差分析可得，春季低潮带与中潮带、高潮带之间存在显著差异（$P<0.05$）；其他各季度不同潮带间不存在显著差异。

从线虫的垂直分布来看（图 3－17），各季度 0～5 cm 与 5～10 cm 之间的线虫丰度均不存在显著性差异（$P>0.05$）。对 4 个季度 0～5 cm 层线虫丰度的方差分析表明，春季与夏季、与冬季之间均存在极显著差异（$P<0.01$）；春季与秋季之间存在显著差异（$P<0.05$）；其他季节间差异不显著（$P>0.05$）。

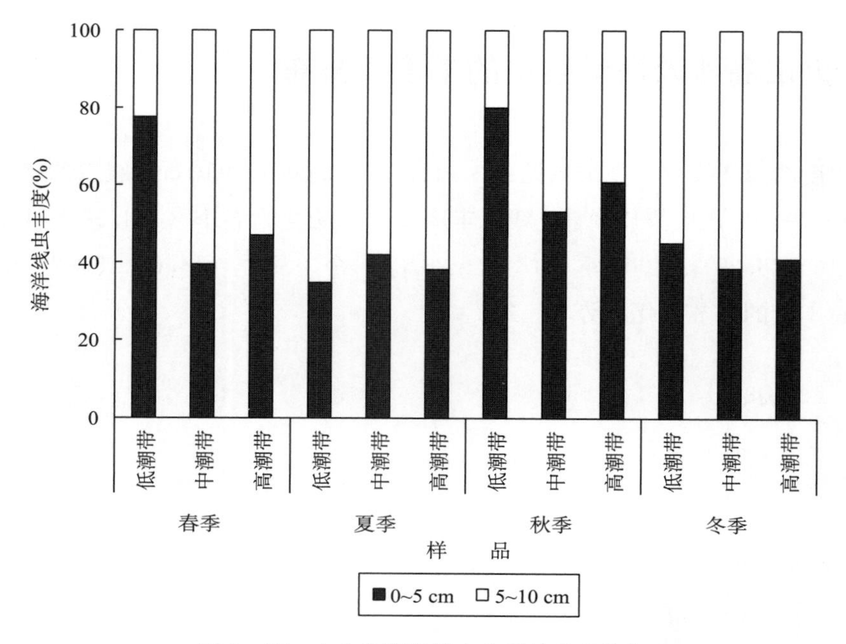

图 3-17 火山岛海洋线虫丰度的垂直分布

三、湄洲岛沙滩海洋线虫的丰度及分布

各个季度的海洋线虫丰度结果见图 3-18。湄洲岛每 10 cm^2 海洋线虫年平均丰度为（96.29±84.20）个，季度变化总趋势为夏季（117.64±128.14）个>秋季（103±42.71）

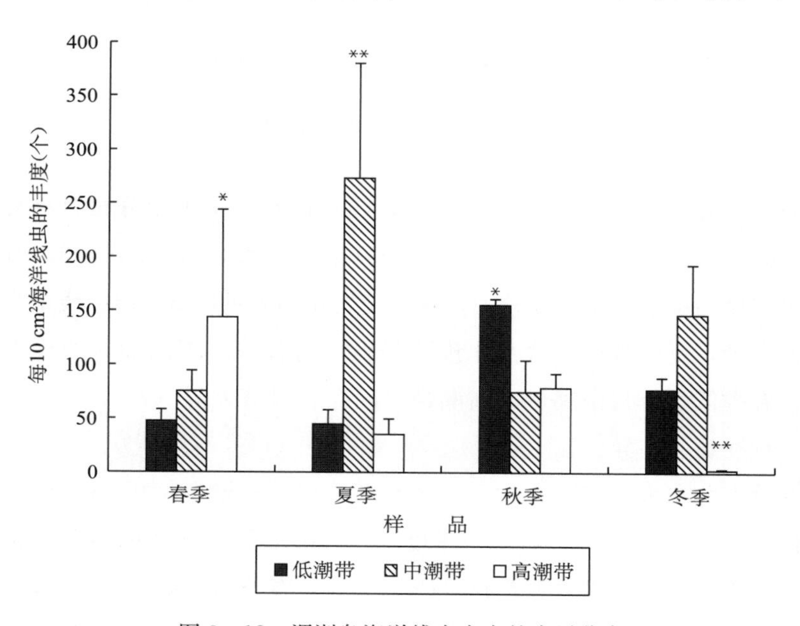

图 3-18 湄洲岛海洋线虫丰度的水平分布

个>春季（88.86±66.74）个>冬季（75.48±66.21）个，与小型底栖动物总丰度的季节变化趋势差异较大。

从水平分布来看，湄洲岛各潮带每 10 cm² 线虫周年平均丰度分布总趋势为：中潮带（76.01±80.96）个>低潮带（39.17±27.04）个>高潮带（29.27±40.25）个，各季度变化结果见图 3-18。线虫丰度最高值出现在夏季的中潮带。对湄洲岛 4 个季度不同潮带线虫丰度进行方差分析表明，春季低潮带与高潮带间存在显著差异（$P<0.05$）；夏季中潮带与低潮带、高潮带间存在极显著性差异（$P<0.01$）；秋季低潮带与中潮带间存在显著性差异（$P<0.05$）；冬季低潮带与中潮带、高潮带间存在显著差异（$P<0.05$），中潮带与高潮带存在极显著差异（$P<0.01$）。

从线虫丰度的垂直分布来看（图 3-19），各季度 0～5 cm 与 5～10 cm 层线虫丰度差异不显著（$P>0.05$）。对 4 个季度 0～5 cm 表层线虫丰度的方差分析表明，各季度之间均不存在显著差异（$P>0.05$）。

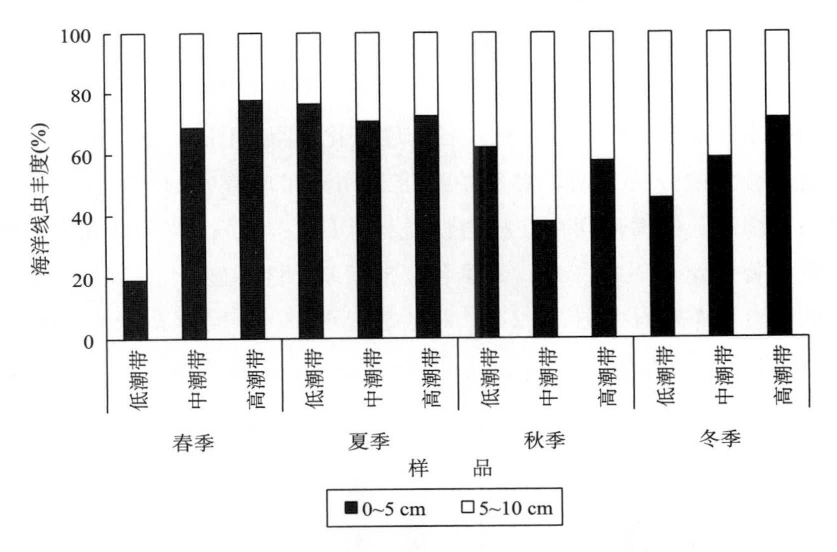

图 3-19　湄洲岛海洋线虫丰度的垂直分布

四、平潭岛沙滩海洋线虫的丰度及分布

各个季度的海洋线虫丰度结果见图 3-20。每 10 cm² 线虫的年平均丰度为（424.54±400.23）个。线虫丰度的季节变化总趋势每 10 cm² 为夏季（783.45±336.45）个>春季（600.67±309.42）个>秋季（298.26±424.57）个>冬季（113.05±95.79）个，与小型底栖动物丰度变化趋势一致。

从水平分布来看，平潭岛站位各潮带线虫丰度分布总趋势每 10 cm² 为：低潮带（661.56±400.01）个>中潮带（440.24±440.10）个>高潮带（205.54±218.58）个，

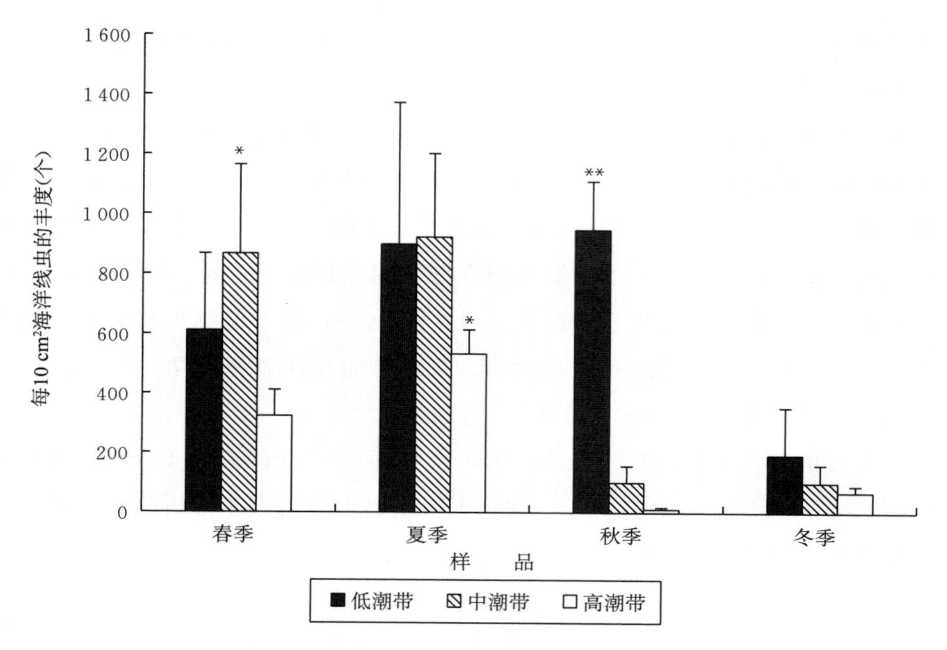

图 3-20　平潭岛海洋线虫丰度的水平分布

与小型底栖动物丰度潮带变化趋势一致。各季度变化结果见图 3-20。对 4 个季度不同潮带间线虫丰度进行方差分析表明，春季中潮带与高潮带间存在显著性差异（$P<0.05$）；夏季高潮带与低潮带、中潮带间存在显著性差异（$P<0.05$）；秋季低潮带与中潮带、高潮带间存在极显著差异（$P<0.01$）；冬季各潮带间差异性不显著（$P>0.05$）。

从线虫的垂直分布来看（图 3-21），对各季度 0～5 cm 层与 5～10 cm 层线虫丰度进行方差分析，结果表明，春季的 0～5 cm 层与 5～10 cm 层、秋季的 0～5 cm 层与 5～10 cm

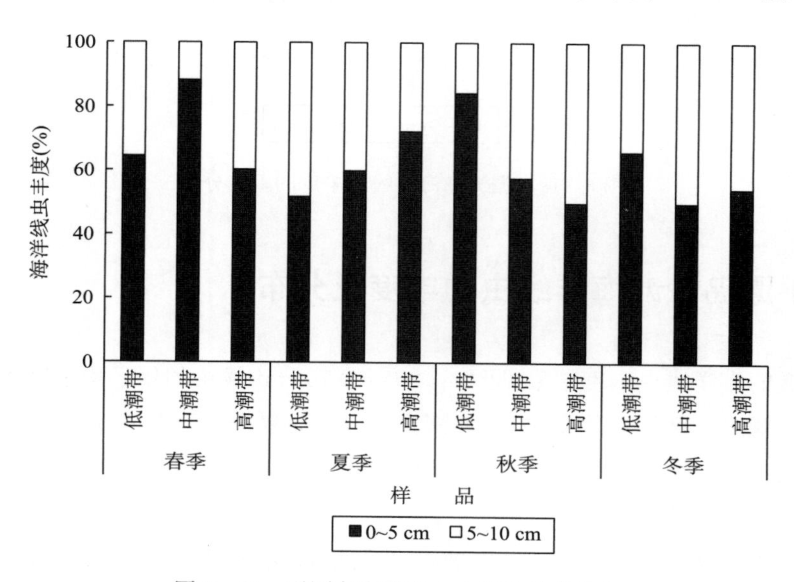

图 3-21　平潭岛海洋线虫丰度的垂直分布

层存在显著差异（$P<0.05$）；其他两个季度的 0～5 cm 层与 5～10 cm 层之间差异不显著（$P>0.05$）。对 4 个季度 0～5 cm 表层线虫丰度的方差分析表明，春季与秋季之间、夏季与秋季之间存在显著性差异（$P<0.05$）；春季与冬季、夏季与冬季存在极显著差异（$P<0.01$）；其他各季度之间不存在显著差异（$P>0.05$）。

五、福建省主要岛屿沙滩海洋线虫丰度及分布的比较

4 个站位不同季度线虫丰度的变化见图 3-22。从图中可以看出，4 个站位 4 个季度的线虫丰度均有一定的波动。总体而言，东山岛和平潭岛线虫丰度较高，但东山岛秋季线虫丰度明显比其他 3 个季度低；平潭岛站位 4 个季度线虫丰度均有一定的波动：春夏季线虫丰度较高，秋冬季线虫丰度低。火山岛和湄洲岛站位的线虫丰度均很低，火山岛站位春季线虫丰度最高，湄洲岛站位四季丰度波动不大。

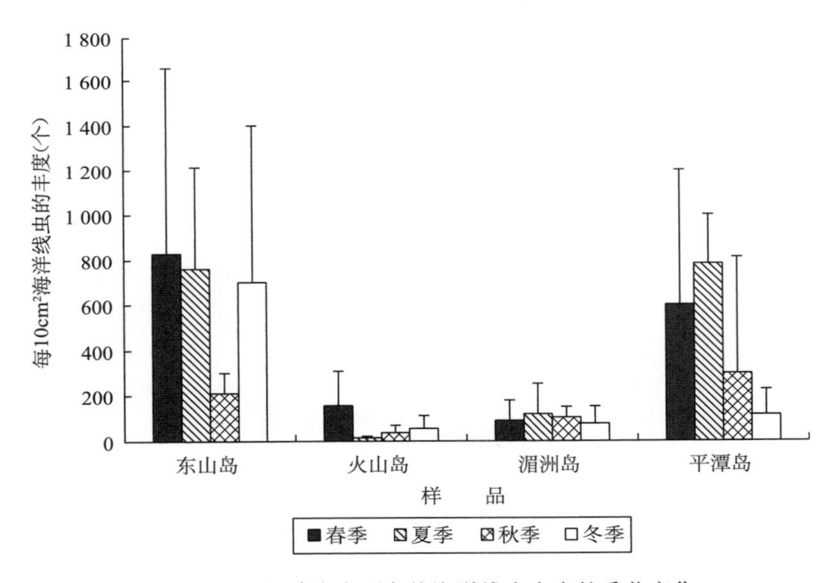

图 3-22　福建省主要岛屿海洋线虫丰度的季节变化

在不同采样站位每 10 cm² 线虫年平均丰度的总体变化为东山岛（646±394.38）个＞平潭岛（424.54±400.23）个＞湄洲岛（96.29±84.20）个＞火山岛（65.97±80.79）个，丰度变化与纬度不存在显著的相关性。对福建省 4 个采样站位各季度的线虫丰度进行方差分析表明，东山岛秋季与春季、夏季差异极显著（$P<0.01$），与冬季差异显著（$P<0.05$），其他 3 个季度之间无显著性差异（$P>0.05$）；火山岛站位春季与夏季、秋季、冬季之间均存在极显著差异（$P<0.01$），其他季度之间的差异不显著（$P>0.05$）；湄洲岛站位 4 个季度之间不存在显著性差异（$P>0.05$）；平潭岛春季与秋季、冬季，夏季与秋季、冬季之间均存在极显著差异（$P<0.01$）；春季与夏季，秋季与冬季之间差异不显著

($P>0.05$)。

4个采样站位各季度沉积物0～5 cm层和5～10 cm层的线虫丰度见图3-23。40.98%～86.85%(平均72.05%)的线虫分布于0～5 cm层。各站位,冬季线虫的分布相对于其他季度而言均有下移的趋势。除此之外,火山岛和平潭岛的夏季、湄洲岛的秋季线虫分布也相对下移。

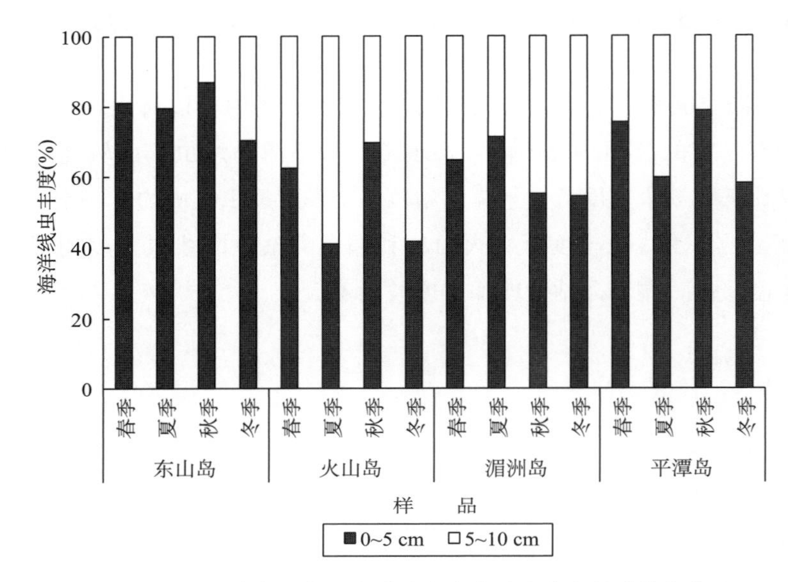

图3-23 福建主要岛屿海洋线虫丰度垂直分布的季节变化

六、平潭岛海洋线虫的群落结构

(一)优势种、属

1. 优势种

该站位4个季度共鉴定线虫105种或分类实体,隶属于75个属、26个科、4个目。4个季度数量百分比优势度超过5%的优势海洋线虫种有9个,优势种在4个季度间存在差异,这些种在4个季度均有出现,但仅在某季度成为优势种(表3-5)。

表3-5 平潭岛线虫优势种的季度变化及其百分比(%)

优势种	春季	夏季	秋季	冬季
Axonolaimus sp.	2.62	1.52	0	10.13
Enoploides sp.	1.05	0.51	4.86	5.45
Epacanthion sp.	4.97	1.52	6.69	11.95
Mesacanthion sp.	1.05	0.51	7.29	18.18

（续）

优势种	春季	夏季	秋季	冬季
Metachromadora sp.	13.09	15.19	4.26	0
Microlaimus sp.	2.62	11.90	2.23	0
Rhynchonema sp.	4.45	8.32	7.90	0.78
Theristus sp.	11.42	9.37	5.48	18.96
Viscosia sp.	4.45	5.06	2.43	0

2. 优势属

该站位4个季度总优势属为 *Theristus*（13.48%）、*Metachromadora*（11.33%）、*Mesacanthion*（6.71%）、*Rhynchonema*（6.64%）、*Epacanthion*（6.24%）、*Microlaimus*（5.57%）。在不同季节出现的优势属存在差异（图3-24），春季为 *Metachromadora*（16.23%）、*Theristus*（13.09%）、*Microlaimus*（5.50%）；夏季为 *Metachromadora*（16.71%）、*Microlaimus*（13.93%）、*Rhynchronema*（10.38%）、*Theristus*（9.62%）、*Lauratonema*（7.59%）、*Viscosia*（5.82%）；秋季为 *Rhynchonema*（10.94%）、*Metachromadora*（8.81%）、*Mesacanthion*（7.29%）、*Epacanthion*（6.69%）、*Theristus*（5.78%）；冬季为 *Theristus*（24.42%）、*Mesacanthion*（18.18%）、*Epacanthion*（11.95%）、*Axonolaimus*（10.13%）、*Enoploides*（5.45%）。

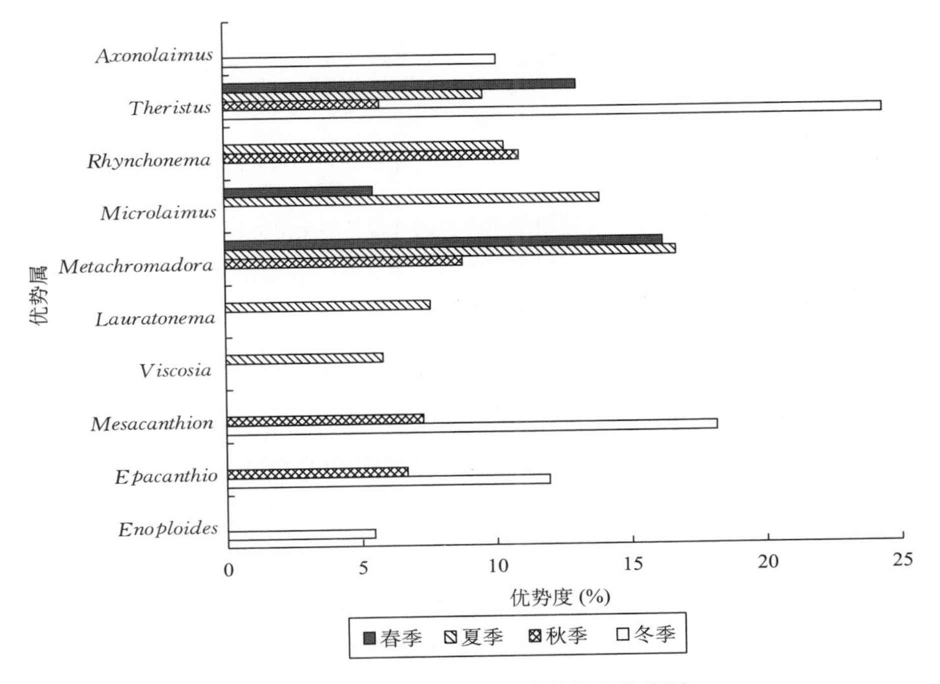

图3-24　平潭岛各季节海洋线虫优势属

（二）摄食类型

海洋线虫摄食类型的季节变化见图 3－25。由图 3－25 可知，平潭岛采样沙滩春季和夏季海洋线虫的摄食类型分布相似，均为 2A＞1B＞2B＞1A；秋季与冬季相似，为 2B＞1B＞2A＞1A。摄食类型为 1A 的海洋线虫在各季度所占的比例均最少，特别在冬季几乎没出现。春季和夏季，2A 型数量最多，2B 型较少，低于 1B 型和 2A 型；但在秋季和冬季，2B 型反而占主导地位，成为 4 种摄食类型中所占比例最高的类型。4 个季度海洋线虫的摄食类型及比例为：1B（32.19%）＞2A（31.32%）＞2B（31.12%）＞1A（5.37%）。1B、2A 与 2B 这 3 种摄食类型的海洋线虫所占比例差异不大，而摄食类型为 1A 的海洋线虫所占的比例则远低于其他 3 种类型。

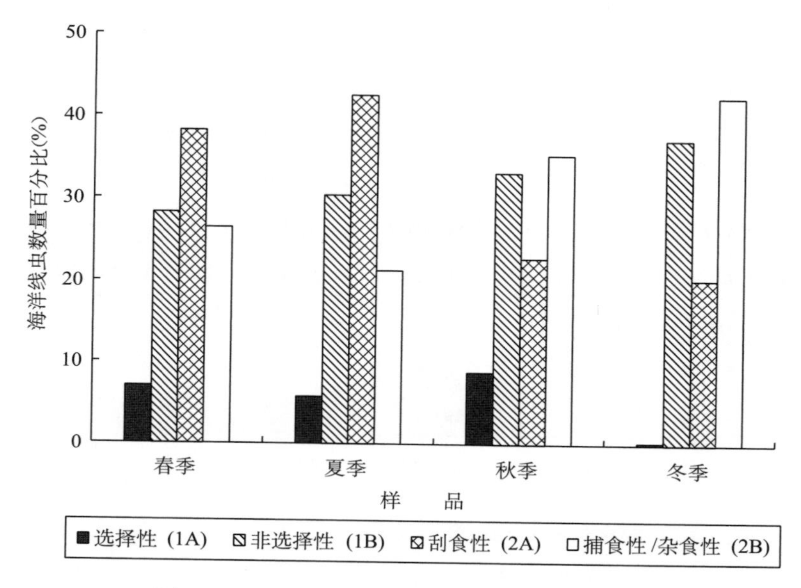

图 3－25　平潭岛海洋线虫摄食类型的季节变化

（三）线虫群落的潮带分布与垂直分布

利用 PRIMER 软件对平潭岛各季度不同潮带的线虫群落进行 CLUSTER 聚类分析（图 3－26），发现各季度线虫群落在潮带间分布的相似性较低，按 35%的相似度划分，可以将各季度线虫的潮带分布分为 4 组，夏季低潮带和秋季高潮带的线虫群落结构与其他各季度各潮带的相似性最低，各自独立为一组；冬季高潮带、中潮带和低潮带之间线虫的群落结构较为相似，为一组；春季与夏季各潮带间的群落结构较为相似，互有交叉。

对各季度表层（0～5 cm）和底层（5～10 cm）的线虫群落进行聚类分析（图 3－27），发现按照 50%的相似度划分，可以将平潭岛 4 个季度的线虫类群分为 3 组，秋季与冬季各自独立为一组，春季与夏季为一组。春季与夏季线虫群落较为相似。同一季节表层与

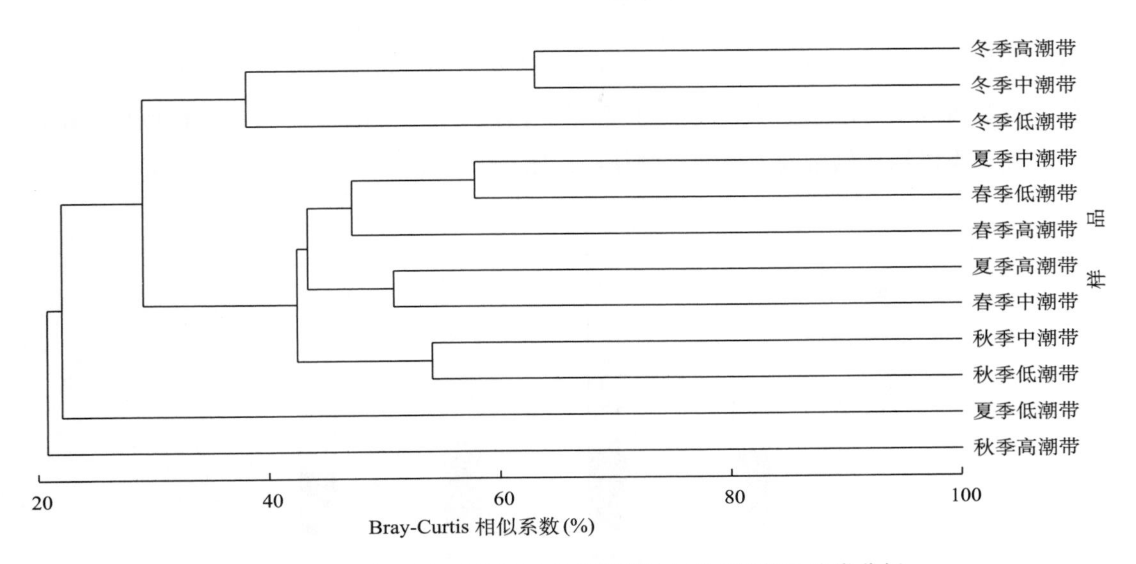

图 3-26　平潭岛各季节不同潮带海洋线虫群落结构的聚类分析

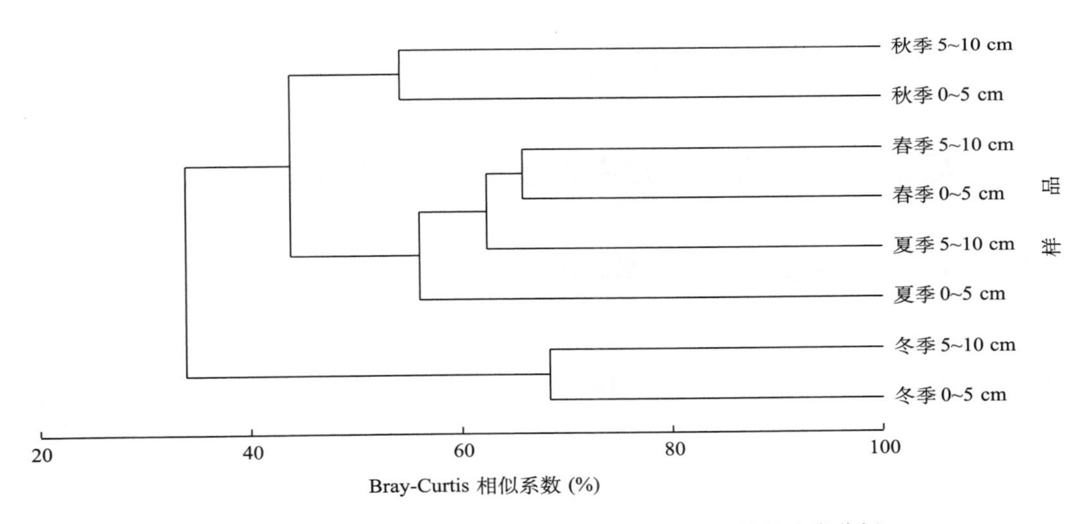

图 3-27　平潭岛各季节不同深度海洋线虫群落结构的聚类分析

底层的线虫群落相似度最高。

（四）线虫群落的年龄结构及性比

为探究线虫的年龄结构及性比，将线虫按其生殖系统的结构及发育情况划分为成熟雄性（以交接器的存在为标准）、成熟雌性（以虫体子宫内怀卵或具发育好的卵巢为标准）和幼体。平潭岛各季度线虫群落的年龄结构及性比如图 3-28。群落中幼体占 45.47%。成体中雌雄个体所占比例为 1.1：1。按季度进行分析，各季度线虫群落的年龄结构及性比为，春季：雄性＜雌性＜幼体，比值为 0.8：1：1.33；夏季：雌性＜雄性＜

幼体，比值为1：1.18：1.81；秋季：雄性<雌性<幼体，比值为0.84：1：1.04；冬季：雄性<雌性<幼体，比值为0.84：1：2.4。幼体在不同季度所占比例均最大，但除冬季幼体个体数占线虫群落总个体数的56.62%外，其他各季度幼体个体数所占比例均不超过50%。除夏季雄性比例略大于雌性比例外，其他3个季度均为雄性<雌性<幼体。

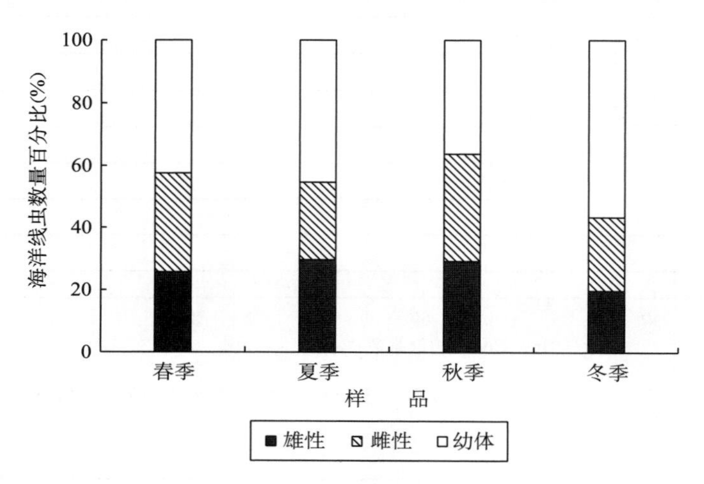

图3-28　平潭岛海洋线虫的年龄结构及性比

七、福建省主要岛屿沙滩海洋线虫群落结构的比较

（一）4个站位线虫群落的种类组成

夏季4个采样站位共鉴定线虫106种或分类实体，隶属于4个目、25个科、78个属。线虫出现的科、属、种的数目在各站位间存在差异（图3-29）。从图3-29中可以看出，

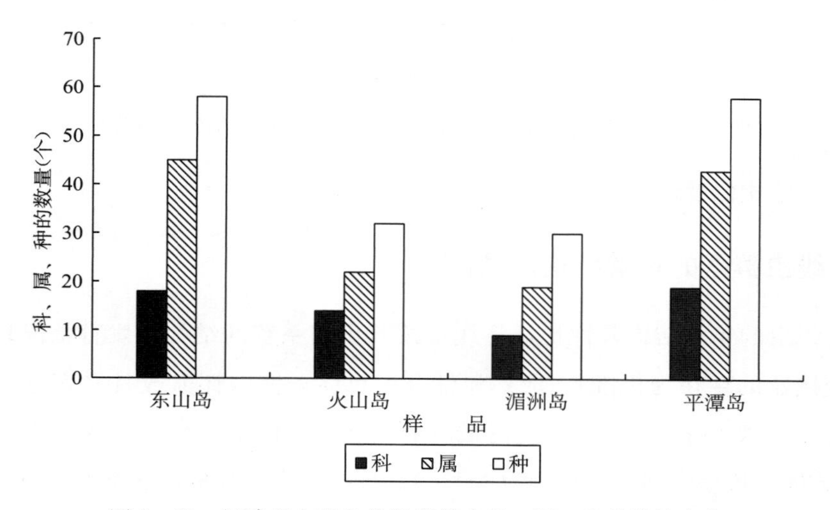

图3-29　福建省主要岛屿海洋线虫科、属、种的数量变化

在科、属、种的水平上，东山岛和平潭岛站位出现的线虫数量相当，火山岛与湄洲岛站位出现的相当。东山岛与平潭岛出现线虫物种的数目最多，均为 58 种，出现的属数分别是 45 和 43，科数分别是 18 和 19，火山岛和湄洲岛站位线虫种类数相近，分别为 32 种和 30 种。在科与属的水平上，湄洲岛与火山岛出现的属数分别为 19 个和 22 个，出现的科数分别是 9 个和 14 个。

1. 优势种

4 个采样站位线虫的优势种为 *Theristus* sp. 1、*Neochromadora* sp. 1、*Lauratonema macrostoma*、*Rhynchonema* sp. 1、*Oncholaimus* sp. 1、*Metachromadora* sp. 1、*Microlaimus* sp. 1、*Metadesmolaimus zhanggi*、*Viscosia* sp. 1、*Enoplolaimus* sp. 1、*Meterchromadora* sp. 2。不同站位线虫优势种差异较大，各站位优势种及优势度见表 3－6。

表 3－6 福建省主要岛屿线虫优势种及百分比（%）

东山岛	火山岛	湄洲岛	平潭岛
Lauratonema macrostoma（24.37）	*Theristus* sp. 1（11.49）	*Neochromadora* sp. 1（27.33）	*Metachromadora* sp. 1（15.19）
Metadesmolaimus zhanggi（11.76）	*Metachromadora* sp. 2（10.34）	*Oncholaimus* sp. 1（13.33）	*Microlaimus* sp. 1（11.90）
Theristus sp. 1（8.73）	*Rhynchonema* sp. 1（9.19）	*Theristus* sp. 1（9.33）	*Rhynchonema* sp. 1（8.32）
Conilia unispiculum（7.06）	*Xyala* sp. 1（8.05）	*Tripyloides* sp. 1（7.33）	*Theristus* sp. 1（9.37）
Mesacanthion sp. 2（5.04）	*Pheronous donghaiensis*（6.90）	*Enoplolaimus* sp. 1（5.33）	*Viscosia* sp. 1（5.06）
	Metachromadora sp. 4（5.75）		

2. 优势属

4 个采样站位夏季线虫优势属为 *Theristus*（11.22%）、*Oncholaimus*（10.23%）、*Neochromadora*（10.23%）、*Lauratonema*（8.57%）、*Metachromadora*（8.44%）、*Rhynchonema*（6.36%）。图 3－30 为主要岛屿海洋线虫优势属在各站位的分布，可以看出，除 *Theristus* 在各站位均为优势属外，其他各站位间优势属差异较大。

3. 优势科

在科的水平上，Xyalidae 在福建省 4 个采样站位中占绝对优势，达到 26.95%；其次为（取优势度>3%）Oncholaimidae（13.53%）、Chromadoridae（11.51%）、Desmodoridae（9.20%）、Lauratonematidae（8.57%）、Thoracostomopsidae（6.67%）、Ironidae（4.66%）、Microlaimidae（4.45%）。

潮间带沙滩，海洋线虫的优势类群与沉积物环境条件紧密相关。一般情况下，潮间带沙滩的海洋线虫以 Chromadoridae、Cyatholaimidae、Desmodoridae 和 Oncholaimidae 等科中的属为优势（Maria et al.，2013），但由于不同海洋线虫属对环境的耐受程度不同，因此，在不同的环境条件中各海洋线虫属的优势度不同。Blome 等（2018）在调查澳大利亚东部沙滩小型底栖动物时发现，该区域海洋线虫的优势度依次为 Xyalidae、Chromadoridae、Thoracostomopsidae、Desmodoridae、Oncholaimidae、Leptolaimidae、Microlaimidae 和 Cyatholaimidae。本研究中，平潭长江澳沙滩的海洋线虫优势类群与 Blome 等的研究结果较为接近，周年主要以 Xyalidae、Thoracostomopsidae、Desmodoridae 和 Microlaimidae 等科中的属为优势。

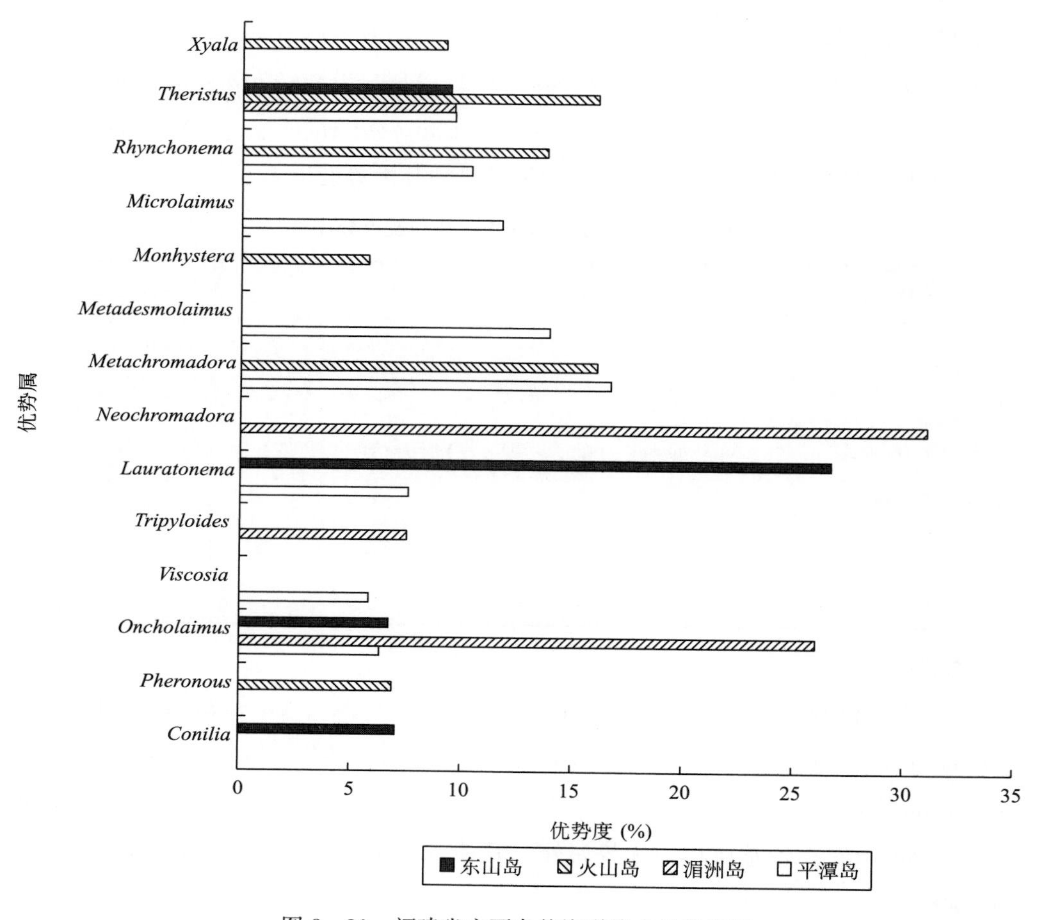

图 3-30　福建省主要岛屿海洋线虫的优势属

（二）主要岛屿沙滩线虫群落的摄食类型

4 个采样站位线虫的摄食类型百分比见图 3-31。从图 3-31 中可以看出，各站位的摄食类型分布为，东山岛：1B＞2B＞2A＞1A；火山岛：1B＞2A＞2B＞1A；湄洲岛：2A＞2B＞1B＞1A；平潭岛：2A＞1B＞2B＞1A。东山岛与火山岛站位均以 1B 占主导，分别占 57.98%、50.57%；湄洲岛与平潭岛站位均以 2A 占主导，分别为 41.78%、42.53%。1A 的摄食类型线虫在各站位所占比例均最少，在湄洲岛站位甚至没有出现。

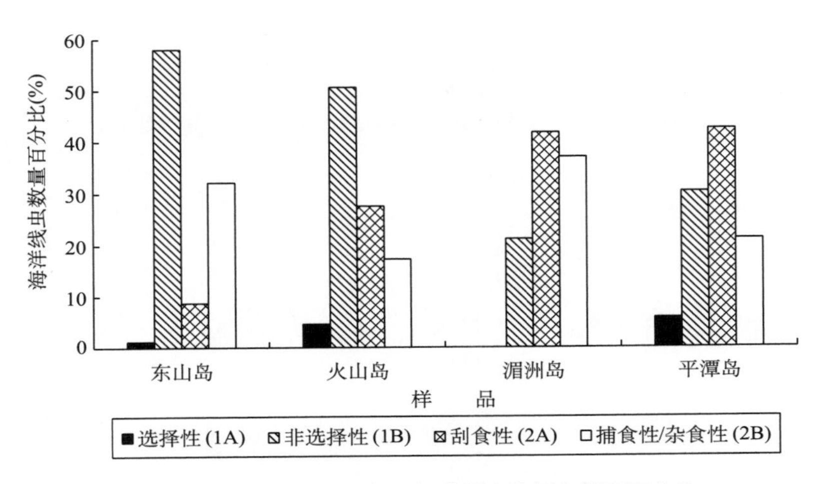

图 3-31 福建省主要岛屿海洋线虫的摄食类型百分比

海洋线虫口腔结构的差异代表了摄食类型的不同，摄食类型的变化反映了食物来源的不同，反映了沉积环境中有机物存在形式的差异（Moens & Vincx，1997）。已有研究发现，在潮间带沙滩中，1B 和 2A 型的海洋线虫一般占优势，而 1A 型的海洋线虫所占比例一般很低（Schratzberger et al.，2007）。沉积食性者（1B）主要以沉积物中的小颗粒有机物为食，底上捕食者（2A）主要以硅藻为食，两者的数量比值可以在一定程度上指示海洋线虫食性的转换及底质中有机碎屑的多少（Lambshead，1986）。春季和夏季，平潭岛采样沙滩海洋线虫摄食类型 1B/2A 分别为 0.74，0.71；秋冬季分别为 1.45，1.83。由此可以推断，平潭岛采样沙滩海洋线虫春、夏季的主要食物来源是微生物；秋季和冬季的主要食物来源是有机碎屑。

（三）主要岛屿沙滩线虫群落多样性指数

4 个采样站位中，平潭岛和火山岛 4 个季度，东山岛和湄洲岛夏季 10 组样品中，共鉴定出线虫 154 个种，分属于 118 个属、35 个科。

1. 不同站位多样性的比较

在属的水平上，夏季 4 个站位线虫种类多样性分析结果见表 3-7。由表 3-7 中看出，多样性指数在平潭岛站位最高，湄洲岛站位最低。均匀度指数最高值出现在火山岛站位，最低值出现在湄洲岛站位；优势度指数则相反，火山岛站位最低，湄洲岛站位最高。4 个站位线虫群落多样性从高到低排列为平潭岛（$d=7.36$、$H'=2.92$）>东山岛（$d=6.57$、$H'=2.77$）>火山岛（$d=4.70$、$H'=2.64$）>湄洲岛（$d=3.61$、$H'=2.15$）。4 个站位线虫群落多样性的显著差异，反映了 4 个采样沙滩环境差异的存在。对多样性指数与各站位沉积物中值粒径进行相关性分析表明，两者呈负相关。此外，夏季作为福建省沙滩旅游旺季，由于不同岛屿的旅游开发程度以及沙滩的热门程度不同，受到的人为扰动不同，可能导致不同采样沙滩之间线虫多样性的差异。

表 3-7　4个站位线虫群落的生物多样性指数（基于属的水平）

站位	季节	属数（个）	丰富度指数 d	均匀度指数 J'	多样性指数 H'	优势度指数 λ
平潭岛	春季	44	7.23	0.82	3.12	0.06
	夏季	45	7.36	0.77	2.92	0.08
	秋季	50	8.45	0.86	3.36	0.05
	冬季	25	4.03	0.76	2.43	0.13
火山岛	春季	52	7.70	0.71	2.80	0.10
	夏季	22	4.70	0.85	2.64	0.09
	秋季	27	4.35	0.59	1.94	0.24
	冬季	38	6.21	0.70	2.56	0.15
湄洲岛	夏季	19	3.61	0.73	2.15	0.17
东山岛	夏季	43	6.57	0.74	2.77	0.11

4个沙滩线虫群落优势度分析可知（图3-32），在夏季东山岛、火山岛及平潭岛站位线虫优势度差异不大，湄洲岛站位较其他3个采样沙滩而言具有较高的优势度。

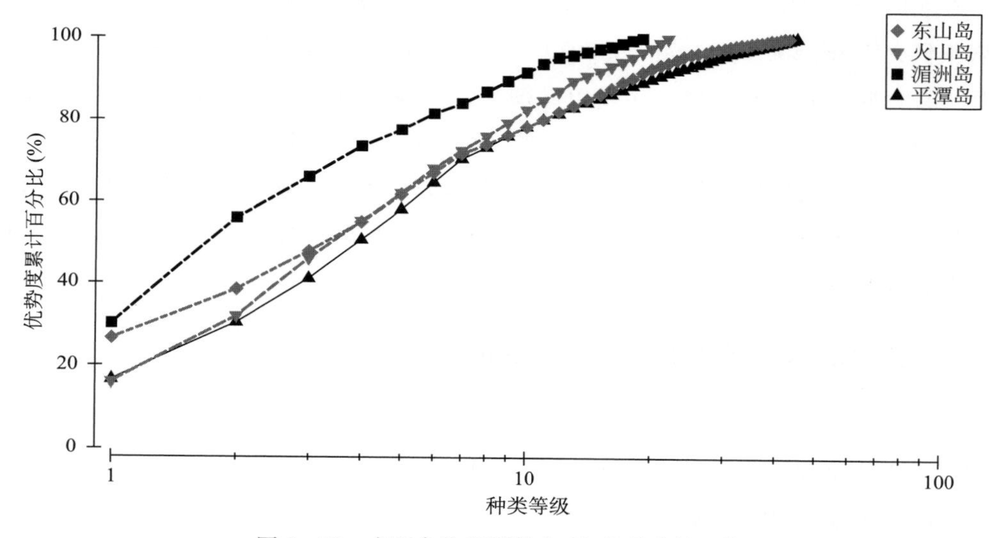

图3-32　主要岛屿海洋线虫 K-优势度的比较

2. 同一站位不同季度多样性的比较

平潭岛站位秋季出现的线虫属数最多，冬季最低，前者为后者的两倍。4个季度线虫群落多样性最高为秋季（d=8.45、H'=3.36），最低为冬季（d=4.03、H'=2.43），春季与夏季的多样性相当。均匀度指数也在秋季最高，冬季最低；优势度指数则相反，秋季最低，冬季最高。

火山岛站位春季出现的线虫属数最多，达到52个属；夏季属数最少，仅为22个属。物种丰富度指数、均匀度指数、多样性指数均在春季最高，冬季次之。

对平潭岛和火山岛两个采样站位的线虫群落优势度进行分析（图 3 - 33）。从图 3 - 33 中可以看出，平潭岛站位 4 个季度线虫群落的优势度趋势为冬季＞夏季＞春季＞秋季；火山岛站位 4 个季度线虫群落的优势度趋势为秋季＞冬季＞春季＞夏季，多样性则相反。总体而言，火山岛站位线虫群落的优势度高于平潭岛站位，多样性则相反。

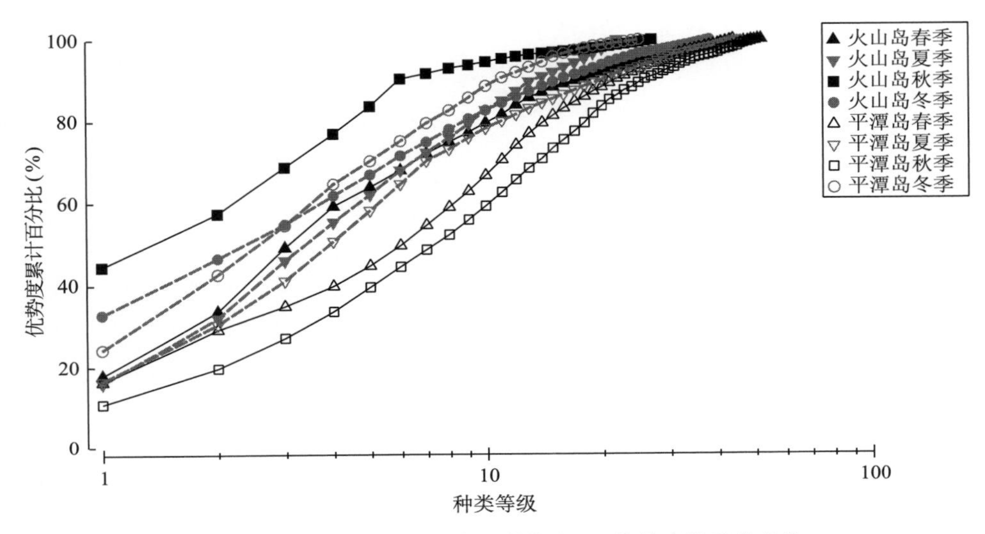

图 3 - 33　平潭岛和火山岛海洋线虫 K -优势度的季节变化

第四章

厦门湾不同生境的小型底栖动物与海洋线虫群落

厦门市地处台湾海峡西岸中部，市区土地面积 1 573.16 km^2，其中海域面积约 390 km^2。海岸线总长度约为 226 km，其中，12 m 以上深水岸线为 43 km。厦门全年盛行东北风，东南风次之。南亚热带海洋性季风气候，年平均气温 20.9 ℃，四季划分不明显。厦门地区属于正规半日潮区，平均潮差 3.98 m，历史最高潮位 7.77 m。作为典型的海湾型城市，其自然环境中发育有良好的湿地类型与丰富的湿地生物多样性。从 20 世纪 90 年代开始，众多学者对厦门近海虾池、红树林、泥滩以及沙滩以及台湾海峡等不同生境下小型底栖动物的数量进行研究（包云芳 等，2010；蔡立哲和李复雪，1998；蔡立哲 等，2000；郭玉清，2008；郭玉清和蔡立哲，2008；郭玉清 等，2004；黄宏靓和刘升发，2002；王彦国，2008；张婷，2011；邹朝中，2000；邹朝中，2001a；邹朝中，2001b；邹朝中和孙冠英，2002）。本章主要阐述厦门黄厝海滨浴场（118°09′06″E、24°26′27″N）和鼓浪屿大德记海滨浴场沙滩（118°04′12″E、24°26′30″N）小型底栖动物数量周年变化的一般规律，以及主要红树林湿地和白哈礁无人岛等不同生境周边海域小型底栖动物与海洋线虫群落的分布特征。

第一节 厦门岛沙滩的小型底栖动物及海洋线虫群落

一、厦门岛海滨浴场沙滩的沉积环境

张婷（2011）对厦门鼓浪屿大德记海滨浴场沙滩和黄厝海滨浴场沙滩的沉积环境进行了详细的研究。

大德记海滨浴场沙滩沉积物类型为砾沙，各季节及各潮区粗沙含量均大于 40%，粉沙和黏土含量极少，分选良好。对两个断面 MDΦ 值的两因素方差分析结果表明，各季节之间差异不显著（$P>0.05$），各潮区之间差异显著（$P<0.05$），从高潮带到低潮带，沙含量减少，砾石及粉沙、黏土含量增加。

黄厝海滨浴场沙滩沉积物类型为砾沙，但含量低于大德记沙滩。除了夏季的中潮带和低潮带分选中等以外（QDΦ>1.4），其余季节及潮区都分选良好。对 MDΦ 值的两因素方差分析结果表明，各季节之间差异不显著（$P>0.05$），各潮区之间差异显著（$P<0.05$）。

大德记沙滩全年叶绿素含量的平均值为 0.014 2 mg/kg。夏季叶绿素含量明显高于其他季节，最高值出现在夏季的低潮带，两因素方差分析结果表明，叶绿素含量夏季和其他季节差异显著（$P<0.05$），其他季节之间差异不显著。潮区之间差异不显著（$P>$

0.05)。0～4 cm、4～8 cm、8～12 cm、12～16 cm、16～20 cm 5 个沉积深度叶绿素 a 含量的平均值分别为 0.023 9 mg/kg、0.019 4 mg/kg、0.011 1 mg/kg、0.011 4 mg/kg 和 0.005 4 mg/kg，由表层往下依次降低。

黄厝沙滩全年叶绿素含量的平均值分别 0.004 5 mg/kg。夏季叶绿素含量也高于其他季节，最高值也是出现在夏季低潮带。潮区之间差异也不显著（$P>0.05$）。5 个沉积深度 0～4 cm、4～8 cm、8～12 cm、12～16 cm、16～20 cm，叶绿素 a 含量的平均值分别为 0.008 7 mg/kg、0.003 6 mg/kg、0.004 4 mg/kg、0.003 2 mg/kg、0.002 7 mg/kg，表层叶绿素 a 含量最高，但是其余 4 层差别并不明显。

大德记沙滩与黄厝沙滩有机质全年平均含量分别为 0.016 2%和 0.012 7%。有机质最高值主要出现在夏季。两因素方差分析结果表明，有机质含量的季节与潮区差异均不显著（$P>0.05$）。

二、厦门岛沙滩小型底栖动物的类群组成

鼓浪屿大德记沙滩沉积物中出现海洋线虫、桡足类、涡虫类、腔肠类、多毛类、介形类、腹毛类、轮虫类、缓步类、等足类、海螨类、动吻类、端足类、枝角类、蛇尾类和双壳类共 16 个小型底栖动物类群，还有一些其他未鉴定类群。小型底栖动物类群中桡足类和线虫占绝对优势，两者的丰度值分别占到总丰度的 46%和 35%，其他依次为缓步类（6.98%）、多毛类（6.29%）、介形类（2.92%）及涡虫（0.99%）。另外 11 个类群，包括等足类、腔肠类、轮虫、海螨类、腹毛类、蛇尾类、动吻类、枝角类、双壳类、端足类和其他未鉴定类群，合计约占总丰度的 2.27%。

黄厝沙滩共鉴定出 12 个小型底栖动物类群，分别为线虫、桡足类、缓步类、腹毛类、介形类、多毛类、轮虫类、等足类、海螨类、涡虫类、腔肠类以及其他未鉴定类群。小型底栖动物类群中线虫占绝对优势，占到总丰度的 70.75%；其次为桡足类，占 15.42%；其他依次为涡虫（8.44%）、多毛类（3.61%）。另外 7 个类群，包括等足类、腔肠类、海螨类、腹毛类和其他未鉴定类群，合计约占总丰度的 1.78%。

两者相比较，鼓浪屿大德记沙滩类群多样性高于黄厝沙滩，桡足类丰度高于黄厝沙滩。大德记浴场沙滩粗沙含量高于黄厝沙滩，因此，也证实了粗沙生境中桡足类含量要比海洋线虫高。进一步分析表明，温度、中值粒径和黏土粉沙含量可能是影响大德记沙滩小型底栖动物时空分布的重要环境因子；溶解氧、沙含量、粉沙黏土含量和有机质可能是影响黄厝沙滩小型底栖动物分布的关键因素。

三、厦门岛沙滩小型底栖动物丰度的变化与分布

(一) 厦门岛沙滩小型底栖动物丰度周年的变化

1. 黄厝海滨沙滩小型底栖动物丰度的周年变化

黄厝海滨浴场沙滩每 10 cm^2 小型底栖动物全年平均丰度为 182.81 个，逐月变化结果见图 4-1。总的变化规律为，8 月是小型底栖动物丰度的最高峰，平均丰度达到 381.63 个；12 月平均丰度最低为 56.51 个。8 月之前丰度总体趋势为逐月缓慢升高，之后逐月降低。具体各类群丰度变化见图 4-2，1—7 月，海洋线虫与桡足类交替成为优势类群；7—

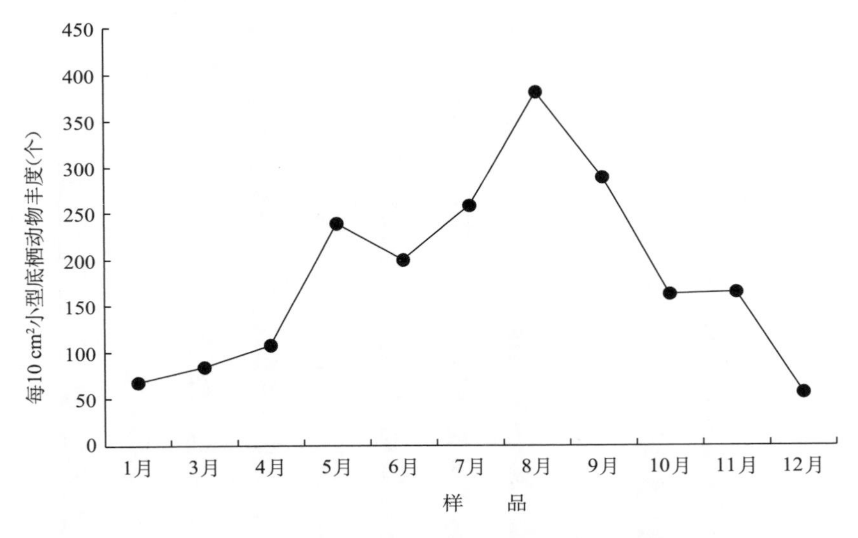

图 4-1　黄厝海滨浴场沙滩小型底栖动物丰度的周年变化

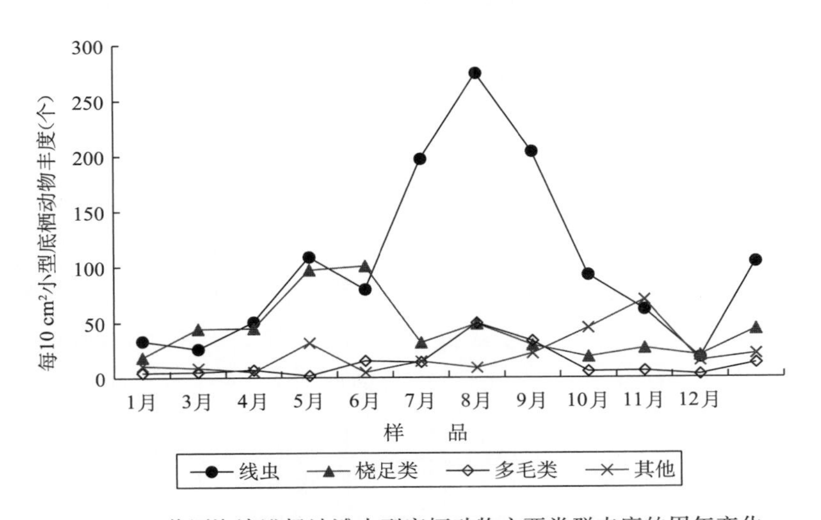

图 4-2　黄厝海滨浴场沙滩小型底栖动物主要类群丰度的周年变化

11 月，海洋线虫持续成为主要的优势类群。每 10 cm^2 线虫丰度周年波动比较大，范围为 18.31～274.48 个；每 10 cm^2 桡足类丰度周年也存在波动，范围为 18.68～100.51 个；多毛类周年变化不大，数量少。

黄厝逐月小型底栖动物各类群丰度的周年百分比组成见图 4－3，比较发现，海洋线虫为第一优势类群，所占比例范围为 31.09%～76.42%（平均为 57.02%），7—10 月，海洋线虫比例均占到 50%以上，成为最优势类群。桡足类周年所占的比例范围为 10.24%～52.70%（平均为 23.94%），在 3 月和 6 月桡足类分别占 52.70%和 50.28%，成为第一优势类群。多毛类数量平均占 7.21%，在各月所占比例均很少，并存在少量其他类群。

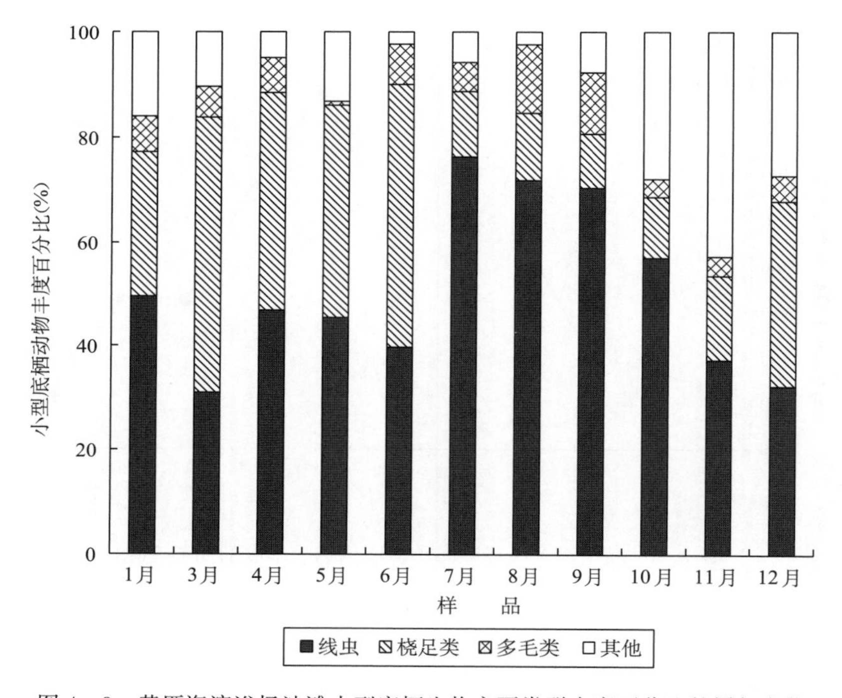

图 4－3 黄厝海滨浴场沙滩小型底栖生物主要类群丰度百分比的周年变化

2. 鼓浪屿大德记海滨沙滩小型底栖动物丰度的周年变化

鼓浪屿大德记海滨浴场沙滩每 10 cm^2 小型底栖动物全年平均丰度为 190.11 个，逐月变化结果见图 4－4。总的变化规律为：小型底栖动物丰度的最高峰出现在 6 月，平均丰度达到 322.4 个；1 月平均丰度最低，为 62.29 个。6 月之前总体趋势为逐月升高，之后波动降低。具体各类群丰度的变化结果见图 4－5。1—6 月，桡足类为明显的优势类群，7 月海洋线虫与桡足类数量相近，9 月和 10 月海洋线虫丰度稍高于桡足类。桡足类丰度周年波动比较大，其中，1 月丰度最低为 38.95 个，6 月丰度最高达到 225.95 个；海洋线虫丰度周年也存在波动，但变化范围比桡足类小，12 月出现最低值为 17.20 个，7 月达到最高值为 106.16 个，远远低于桡足类；多毛类含量和周年变化均较小。

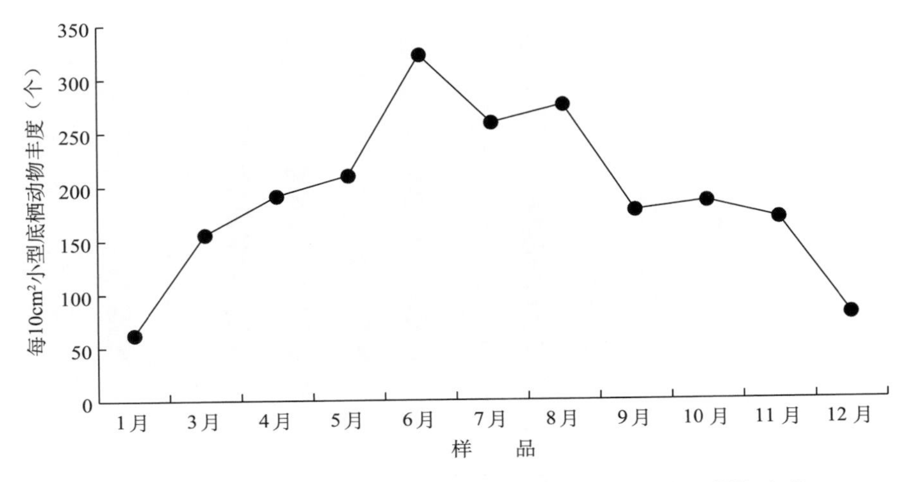

图 4-4　鼓浪屿大德记海滨浴场沙滩小型底栖动物丰度的周年变化

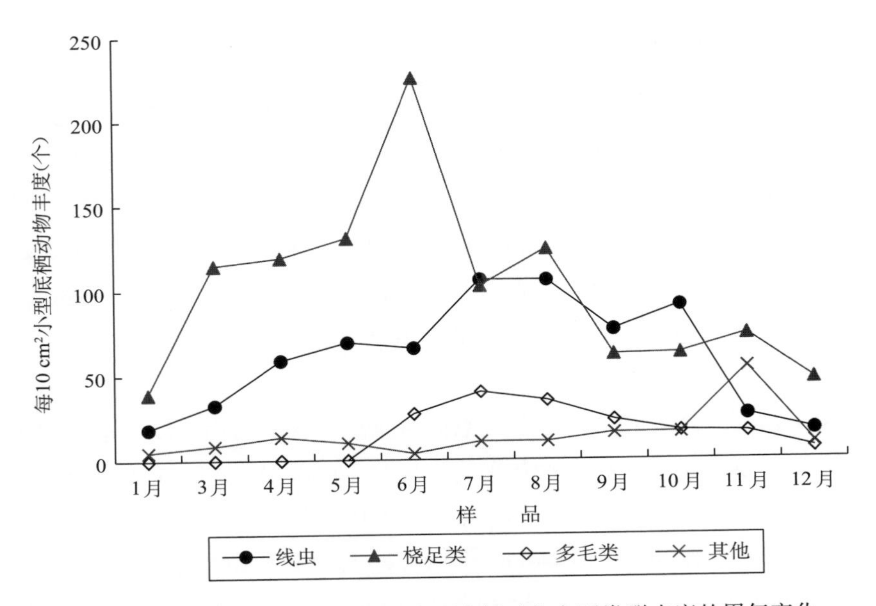

图 4-5　鼓浪屿大德记浴场沙滩小型底栖动物主要类群丰度的周年变化

大德记浴场逐月小型底栖动物各类群的周年百分比组成见图 4-6。桡足类为第一优势类群，所占比例范围为33.77%～73.80%（平均 52.73%），1—6 月，桡足类比例均占到 50%以上，成为第一优势类群；之后桡足类和海洋线虫数量相差不大。海洋线虫周年所占的比例范围为15.39%～48.84%（平均为 31.93%），为第二优势类群；6 月后出现多毛类，平均数量占 7.84%，但各月出现比例均很少。

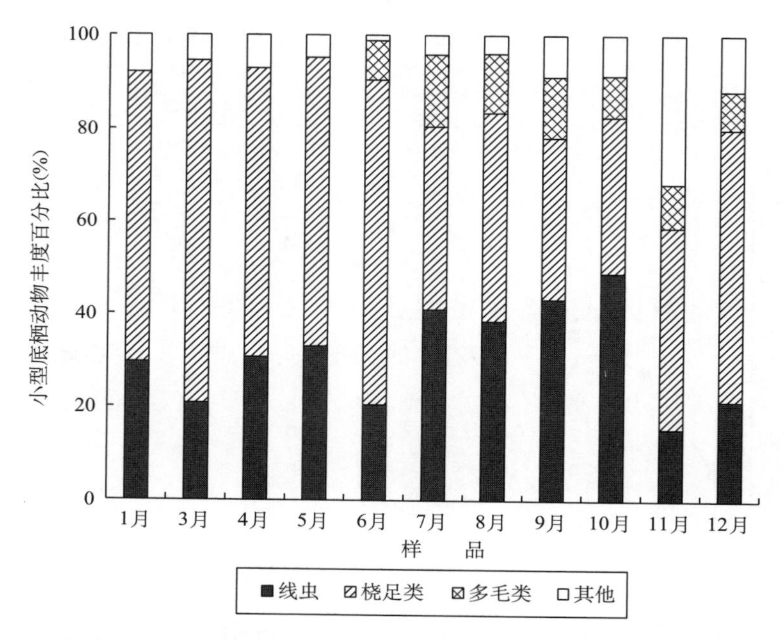

图 4-6 鼓浪屿大德记海滨浴场沙滩小型底栖动物主要类群丰度百分比的周年变化

（二）厦门岛沙滩小型底栖动物丰度的季节变化

取两个断面（H1 和 H2）研究黄厝沙滩小型底栖动物丰度的季节变化：H1 断面每 10 cm² 小型底栖动物年平均丰度为（473.78±86.58）个；3 个季节夏季丰度最高，为（865.55±141.60）个，秋季和冬季依次递减，全年丰度最高值出现在夏季低潮带。H2 断面小型底栖动物年平均丰度每10 cm² 为（569.94±197.78）个。3 个季节夏季丰度最高，每 10 cm² 为（1 264.30±257.70）个，秋季和冬季。依次递减对黄厝沙滩两个断面的两因素方差分析结果表明，丰度值季节之间差异极显著（$P<0.01$），夏季和其他季节之间差异非常显著。潮带之间差异不显著（$P>0.05$）。

同样取两个断面（D1 和 D2）研究大德记沙滩小型底栖动物丰度的季节变化：大德记沙滩 D1 断面每 10 cm² 小型底栖动物年平均丰度为（666.31±159.95）个，4 个季节夏季丰度最高，为（1 151.26±320.29）个，依次递减的是春季、秋季、冬季。全年丰度最高值出现在夏季低潮带。D2 断面每 10 cm² 小型底栖动物年平均丰度为（654.14±103.65）个，4 个季节中也是夏季丰度最高，为（1 289.12±176.56）个，依次递减的是春季、冬季和秋季。两个断面小型底栖动物季节及空间分布的差异主要是由线虫及桡足类造成的，D2 断面冬季桡足类略高于秋季。对大德记沙滩两个断面的两因素方差分析结果表明，丰度值季节之间差异极显著（$P<0.01$）。

两者相比，大德记沙滩总平均丰度高于黄厝沙滩，桡足类丰度也高于黄厝沙滩，线虫丰度低于黄厝沙滩。德记沙滩和黄厝沙滩都是夏季丰度最高，小型底栖动物丰度的季节变化相似。

(三) 厦门岛沙滩各潮带小型底栖动物丰度的周年变化

1. 黄厝海滨浴场沙滩各潮带小型底栖动物数量的周年变化

黄厝海滨浴场沙滩各潮带每 10 cm^2 小型底栖动物周年平均丰度分别为低潮带 255.41 个、中潮带 154.11 个、高潮带 138.93 个，周年丰度变化趋势见图 4-7。6—11 月低潮带的丰度明显高于其他两个潮带，8 月出现低潮带小型底栖动物丰度的峰值，达到 601.93 个，也是周年丰度的最大值，12 月丰度最低，为 46.43 个；中潮带分别在 5 月和 8 月出现两个峰值，丰度范围为 33.17～405.83 个；高潮带周年波动相对较小，7 月和 8 月丰度较高，范围为 47.55～278.29 个。

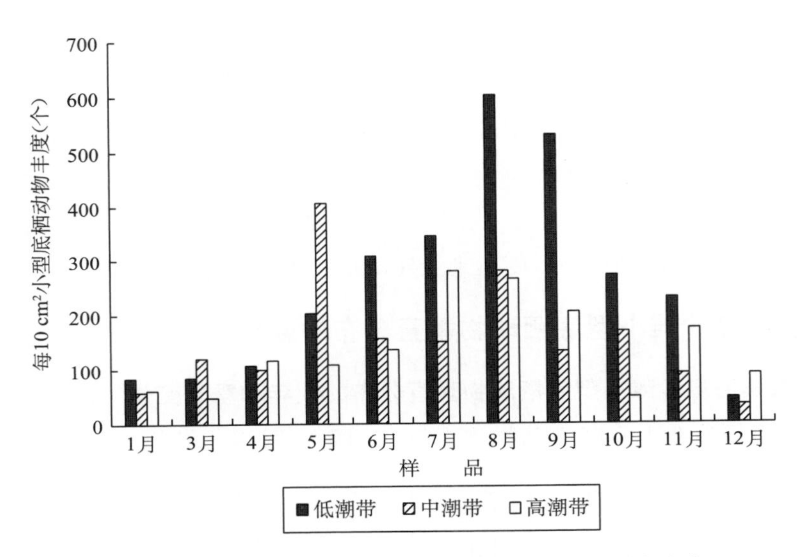

图 4-7　黄厝海滨浴场沙滩小型底栖动物丰度的周年变化

2. 鼓浪屿大德记海滨浴场沙滩各潮带小型底栖动物数量的周年变化

鼓浪屿大德记海滨浴场沙滩各潮带每 10 cm^2 小型底栖动物周年平均丰度分别为：低潮带 313.07 个，中潮带 137.86 个，高潮带 119.39 个，周年各潮带变化结果见图 4-8。全年除 1 月中潮带丰度稍高于低潮带外，其他月份低潮带丰度都为最高，且 8 月达到最大为 541.84 个，1 月出现最低为 58.24 个；中潮带，6 月丰度达到最大为 366.39 个，最低值出现在 9 月，为 32.81 个；高潮带周年丰度波动相对较小，变化范围为 40.91～180.61 个。

大德记沙滩和黄厝沙滩两个站位小型底栖动物丰度季节变化相似，夏季出现丰度的最高值。丰度值潮区间差异不显著。

两个浴场沙滩沉积物类型都为砾沙，周年小型底栖动物平均丰度相差不大。但由于地形地貌等以及其他环境因子的不同，因此，在周年丰度的变化趋势和规律上存在一定差异，黄厝海滨浴场夏季海水表面平均温度为 28.5 ℃，盐度平均为 26，6 月小型底栖动物丰度突然降低，8 月达到最高；鼓浪屿大德记海滨浴场夏季海水温度为 29.2 ℃，盐度平均为 20，6 月小型底栖动物丰度达到最高峰。Juario（1975）在北海德国湾的研究也表

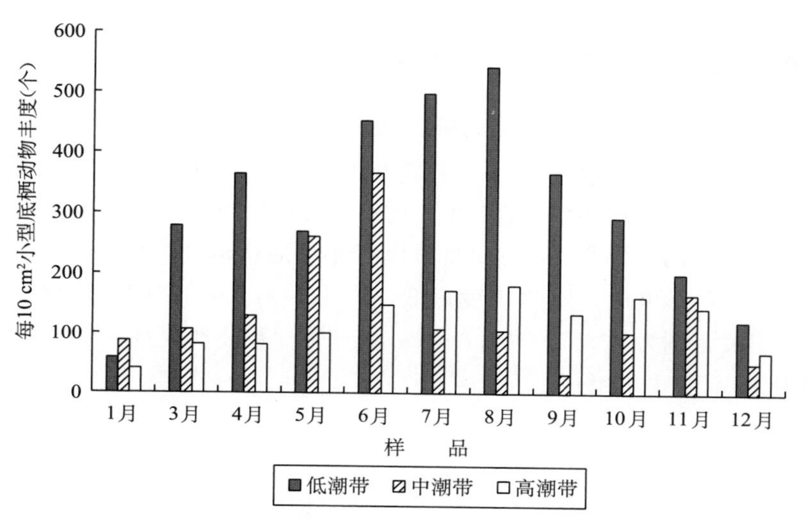

图 4－8　鼓浪屿大德记海滨浴场沙滩小型底栖动物丰度的周年变化

明，一年内小型底栖动物的数量出现一定的波动，最大值出现在 8 月，随后逐月降低，直到翌年的 4 月又达到第二个最大值。我国秦皇岛沙滩海洋线虫数量的研究表明中，因为海水温度升高，8 月小型底栖动物丰度达到全年的最高值（张志南，1991）。

（四）厦门岛沙滩小型底栖动物垂直分布的变化

1．黄厝海滨浴场沙滩小型底栖动物垂直分布的周年和季节变化

黄厝海滨浴场沙滩小型底栖动物垂直分布周年逐月变化结果见图 4－9。周年平均，

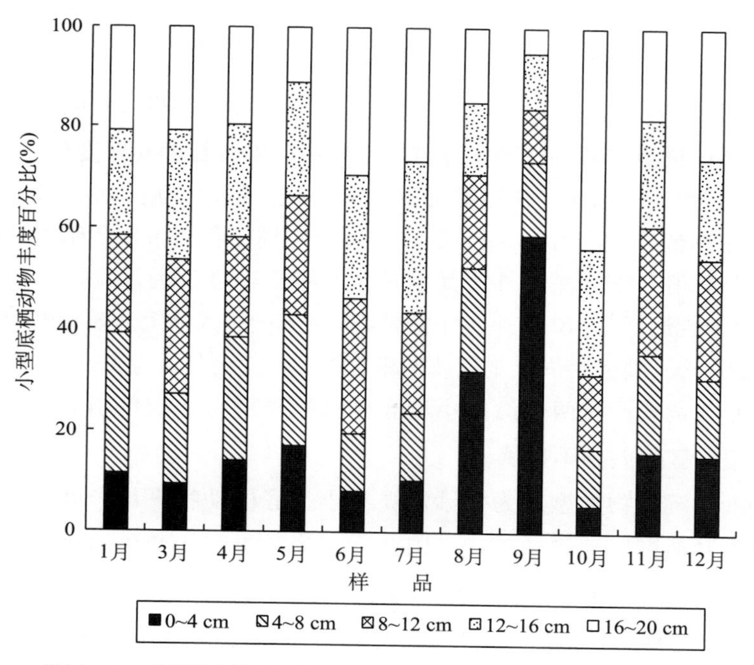

图 4－9　黄厝海滨浴场沙滩小型底栖动物垂直分布的周年变化

0～4 cm 表层所占比例最低，平均为 17.98%；4～8 cm 层占 18.36%；8～12 cm 层占 20.70%；12～16 cm 层所占比例最大为 21.49%；16～20 cm 最底层占 21.48%。周年总体上来看，各层数量分布较为均匀。逐月分析显示，1—7 月各层数量变化不明显；8 月和 9 月，0～4 cm 层所占比例分别达到了 32.00%和 58.75%；10 月，0～4 cm 层所占比例迅速降低到 5.36%，而 16～10 cm 层所占比例由 5.01%升高到 43.73%。相对表层和底层来说，周年中间层 4～16 cm 层变化比较平稳，范围为 11.13%～29.87%。

张婷（2011）的研究表明，该站位夏季表层数量最多，由表层往下依次降低。秋季和冬季表层数量比例低，分别为 12.89%和 12.69%；12～16 cm 层，数量比例最高，分别为 24.50%和 30.70%。结果显示，小型底栖生物可能有随季节变化在沉积物中不同深度进行垂直迁移的趋势。线虫在夏季集中在表层，随温度降低向下迁移。桡足类 3 个季节都表现出随着深度往下分布数量也增加的趋势。

2. 鼓浪屿大德记海滨浴场沙滩小型底栖动物垂直分布的周年变化

鼓浪屿大德记海滨浴场沙滩小型底栖动物垂直分布周年逐月变化结果见图 4－10。周年平均，0～4 cm 表层所占比例仅为 5.53%，4～8 cm 层占 17.26%；8～12 cm 层、12～16 cm 层和 16～20 cm 层所占比例比较平均分别为 25.81%、25.82%和 25.58%，总体上表层小型底栖动物所占比例较低，中下层所占比例较均匀。逐月分析，1—5 月，0～4 cm 层所占比例缓慢升高，16～20 cm 最底层所占比例逐渐降低；6 月小型底栖动物向下迁移，之后便缓慢向上迁移；10—12 月各层多占比例变化较平稳，周年 8～16 cm 中间层比例比较平稳，所占比例范围为 19.04%～32.56%。

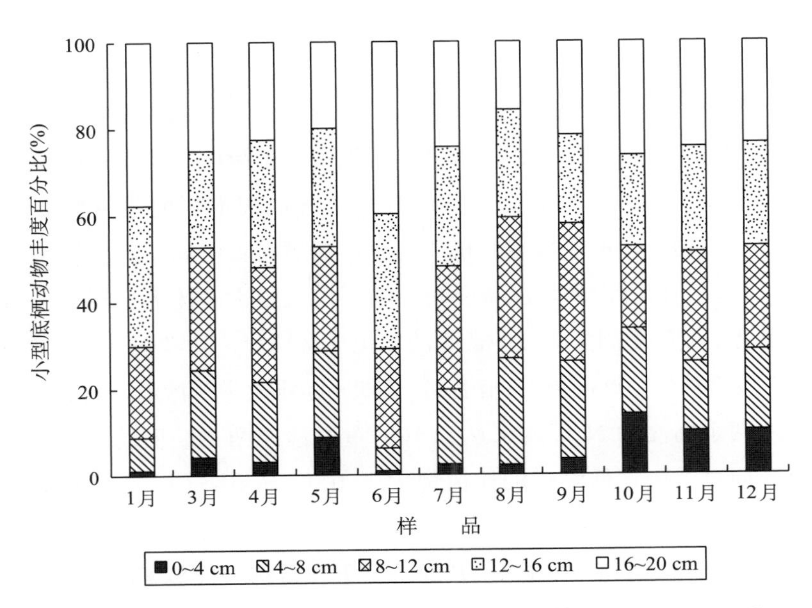

图 4－10　鼓浪屿大德记浴场沙滩小型底栖动物垂直分布的周年变化

张婷（2011）的研究表明：该站位四季表层数量比例都少，不到10%，秋季表层数量只占1.28%。春季和秋季分布最多的都在12～16 cm，冬季底层16～20 cm分布比例最高，夏季4～8 cm层数量比例最高，其他各层分布比较平均。可以看出，小型底栖生物可能有随季节变化在沉积物不同深度进行垂直迁移的趋势，随着温度的降低逐渐向下迁移。线虫和桡足类垂直分布变化规律与总体基本相同。

我国潮间带小型底栖动物垂直分布的研究主要在青岛进行。大沽河潮间带约有70%的小型动物分布在0～2 cm表层（杜永芬，2008）。人为干扰引起青岛太平湾沙质滩7月旅游旺季小型底栖动物分布较深，集中分布于8～12 cm和12～16 cm层，表层数量少，10月旅游淡季表层小型底栖动物逐渐增多（华尔 等，2010）。鼓浪屿大德记海滨浴场沙滩小型底栖动物垂直分布与此结论基本一致，但在黄厝海滨浴场，夏季分布不尽然。

（五）小型底栖动物线虫与桡足类数量之比应用于沉积环境污染评价的分析

海洋线虫与桡足类数量之比（N/C）作为监测海洋沉积物有机质污染的指标，曾一度引起国外学术界的极大关注（Coull & Chandler，1992；Raffaelli & Mason，1981；Warwick，1981；Raffaelli，1987）。一般认为N/C<50表明环境质量正常；50～100表明环境中可能存在着富营养化现象，>100则表明该地区属有机污染区。Warwick（1981）则提出，在颗粒比较细的沉积物中N/C达到40、沙质沉积物中N/C达到10，即表明该区域已经污染，此观点是基于小型底栖动物营养动力学理论而提出的更为细致的划分。Coull & Chandler（1992）认为，由于N/C会受到诸如季节变化和沉积物粒度变化等其他环境变化的影响，所以不提倡用这样一种单一的指数来评价。但国内学者经常用此值评价沉积环境的污染，华尔等（2009）人利用N/C还对沉积物是否受到重金属的污染进行了研究。

包云芳等（2010）对厦门环岛路5个泥沙质海水浴场中潮带的N/C进行的研究结果是黄厝石胄站位为72.07，珍珠湾站位为22.79；胡里山、曾厝垵以及太阳湾3个站位的N/C都低于2，分别为0.79、1.78和0.09。按照现行的《地表水环境质量标准》（GB 3838—2002），4个浴场沉积物未受重金属和有机质污染，黄厝石胄应属于轻度污染。但是，这样的结论与《2009年厦门市海洋环境质量公报》结果出入很大。按上述标准来衡量，黄厝石胄沙滩海水质量是全厦门岛周围海域中最好的，化学需氧量、溶解氧和大肠杆菌含量均未超标；但距离曾厝垵浴场约200 m处有排污口，长期不断排放生活污水，而N/C只有1.78。

大德记沙滩两个断面的N/C均未达到10，黄厝沙滩两个断面的N/C均大于10，且黄厝沙滩两个断面夏季中、低潮带的比值都大于100。Pearson相关分析表明，大德记沙滩两个断面N/C与沉积物有机质含量及沙黏土含量相关性不显著（$P>0.05$）；但是黄厝沙滩H1断面N/C与沉积物有机质含量及粉沙黏土含量都呈极显著的正相关（$P<0.01$）；H2断面N/C与沉积物粉沙黏土含量呈极显著的正相关（$P<0.01$）。表明H1断面中、

低潮带 N/C 的高低可能与有机质含量与沉积物粒径的变化有关，即有机质含量的升高与粉沙粒径含量的升高，共同影响了 N/C 的升高。H2 断面中、低潮带 N/C 的高低可能只与沉积物粒径的变化有关，粉沙黏土含量升高 N/C 增大，并不是因为有机质含量的变化而发生明显的改变。但本研究有机质含量极低，N/C 高值也并不一定能代表沉积物有机质污染，因为除了有机质的污染外，其他许多因素也可以影响小型底栖动物的丰度，线虫和桡足类的丰度也分别受许多不同的因素影响，所以 N/C 并不一定能非常准确地表明沙滩的污染情况，可能还需要其他一些相关数据的补充，关于这个比值在海洋有机质污染监测方面的使用需要慎重。

四、厦门岛沙滩海洋线虫的群落结构和多样性

（一）不同季节海洋线虫群落的种类数量

黄厝海滨浴场沙滩海洋线虫种类数量冬季为 42 种，隶属于 35 个属；夏季为 33 种，隶属于 32 个属；而秋季最高为 54 种，隶属于 50 个属。

大德记海滨浴场沙滩海洋线虫种类数量冬季为 10 种，隶属于 6 个属；夏季为 44 种，隶属于 43 个属；秋季最高到 52 种，隶属于 46 个属。

（二）不同季节海洋线虫群落的摄食类型

黄厝海滨浴场沙滩中、低潮带海洋线虫各摄食类型丰度随季节的变化（图 4－11）。

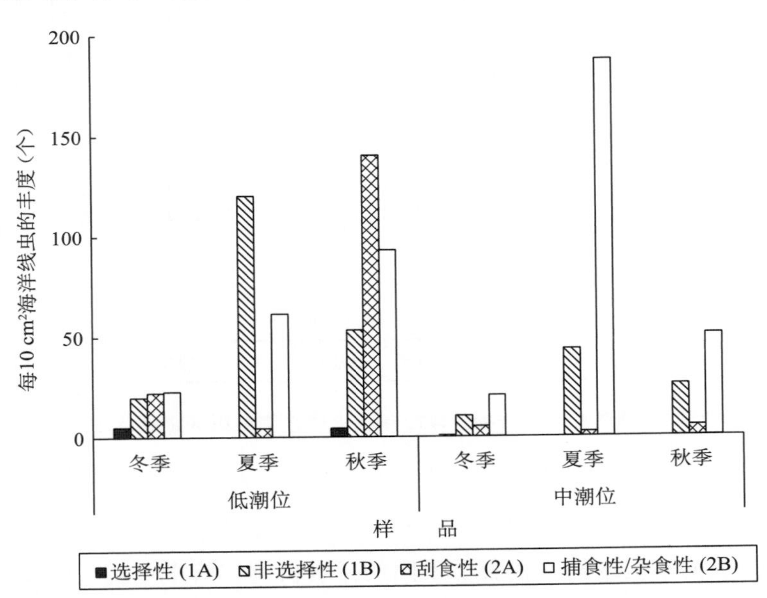

图 4－11 黄厝海滨浴场海沙滩海洋线虫摄食类型组成丰度的季节变化

冬季，1B、2A 和 2B 这 3 种摄食类型的数量少且分布均匀；夏季，1A 型不存在，2A 型数量低，以 1B 和 2B 型为主；秋季，低潮带，1A 型很少，2A 型数量最多，2B 型和 1B 型次之，中潮带，1A 型不存在，其他 3 种摄食类型均有减少。综合分析，2B 摄食类型数量最多，每 10 cm^2 平均丰度为 72.62 个，占 48.52%，且随季节波动较大；1B 摄食类型每 10 cm^2 平均丰度为 43.37 个，占 36.58%，仅次于 2B 型；2A 摄食类型每 10 cm^2 平均丰度为 17.20 个，占 14.51%，在秋季低潮带突然增多；1A 数量最少，每 10 cm^2 平均丰度仅 1.72 个，占 1.15%，且变化不大。

由图 4－12 可以看出，鼓浪屿大德记海滨浴场沙滩 1A 摄食类型在各季节和各潮带的数量都很少。冬季，只出现 1B 和 2B 型；夏季，以 1B 和 2B 型为主，2A 型数量较少；秋季，低潮带 2A 型数量最多，中潮带 1B 和 2B 型为主。综合分析，2B 型数量最多，每 10 cm^2 平均丰度为 54.93 个，占 46.32%，且随季节波动较大；1B 摄食类型每 10 cm^2 平均丰度为 45.46 个，占 30.38%，在各个季节都存在；2A 摄食类型平均丰度为 17.20 个，占 14.51%，秋季低潮带最多；1A 数量最少，每 10 cm^2 平均丰度仅 3.07 个，占 2.59%，且变化不大。

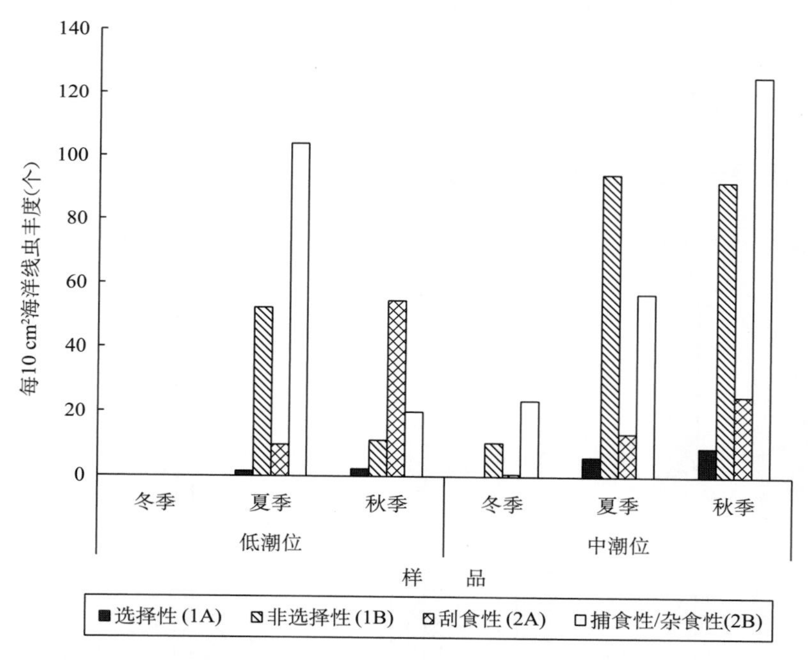

图 4－12 鼓浪屿海滨浴场沙滩海洋线虫摄食类型组成丰度的季节变化

两个海区相比，海洋线虫各摄食类型丰度变化规律表现出一定的规律性：1A 型数量均很少，2B 型所占比例最大；除秋季低潮位以 2A 型为主，其他季节均以 1B 和 2B 型为主。海洋线虫口腔的不同结构，代表了不同的摄食机制，其摄食类型的变化反映了沉积物中海洋线虫食物来源的不同，反映了沉积物中有机物存在形式的不同（Moens &

Vincx，1997）。此外，1B 型与 2A 型的数量之比，可用来指示海洋线虫可获得的食物类型转换及底质中有机碎屑的多少（Lambshead，1986）。夏季，黄厝海滨浴场沙滩 1B 型数量增加，1B/2A 较高，为 23.36，说明此时生境中有机碎屑含量是影响海洋线虫群落区划的重要因子，在大德记海滨浴场沙滩的这一现象不明显。Tietjen（1969）在潮下带河口区沙质沉积物中发现，春季和夏季海洋线虫数量达到最大值，数量的增加归因于底上硅藻食性者种类数量的增加，并且其数量与底栖微型藻类生产量几乎同时达到最大。济州岛沙质海滩的研究发现，2B 型占优势（Pavlyuk & Trebukhova，2011）；厦门东西海域潮下带以 1B 型和 2A 型为优势（郭玉清和蔡立哲，2008）；厦门凤林红树林湿地以 2A 型为优势，其次是 1B 型（郭玉清，2008）；不同的沉积物类型，海洋线虫摄食类型结构表现出一定的差异。

（三）不同季节海洋线虫群落的优势种分析

两个海区不同季节海洋线虫优势种及其优势度和摄食类型见表 4－1 和表 4－2。

表 4－1　黄厝海滨浴场沙滩海洋线虫群落的优势种、优势度及其摄食类型

季节	优势种	优势度（%）	摄食类型
冬季	*Viscosia viscosa*	17.93	2B
	Metadesmolaimus sp. 2	9.66	1B
	Bathylaimus huanghaiensis	8.97	1B
	Subsphaerolaimus sp. 1	6.90	2B
	Mesacanthion sp.	6.90	2B
夏季	*Daptonema* sp.	22.71	1B
	Mesacanthoides sp.	19.19	2B
	Theristus sp. 3	14.79	1B
	Oncholaimus sp. 2	9.33	2B
	Enoplolaimus sp. 1	7.39	2B
秋季	*Oncholaimus* sp. 1	14.46	2B
	Bolbolaimus sp.	14.06	2A
	Bathylaimus huanghaiensis	9.70	2A
	Theristus sp. 3	9.11	1B
	Spilophorella sp.	7.92	2A

黄厝海滨浴场沙滩不同季节出现的优势种差异较大，其中，冬季和秋季 *Bathylaimus huanghaiensis* 为共有的优势种，优势度分别达到 8.97％和 9.70％；夏季和秋季 *Theristus* sp. 3 为共有的优势种，优势度分别 14.79％和 9.11％。比较来看，各季节优势种中不存在 1A 型，冬季和夏季以 1B 和 2B 型为主；秋季以 2A 型为主。

表 4-2 大德记海滨浴场沙滩海洋线虫群落的优势种、优势度及其摄食类型

季节	优势种	优势度（%）	摄食类型
冬季	*Latronema* sp.	29.79	2B
	Theristus sp. 2	14.89	1B
	Epacanthion sp. 2	14.89	2B
	Oncholaimus sp. 1	12.77	2B
	Theristus sp. 1	10.64	1B
夏季	*Prochromadorella* sp.	21.83	2 A
	Viscosia sp.	10.04	2B
	Eleutherolaimus stenosoma	9.83	1B
	Latronema sp.	8.52	2B
	Bathyeurystomina sp.	6.99	2B
秋季	*Latronema* sp.	27.92	2B
	Prochromadorella sp.	17.97	2A
	Setosabatieria sp.	11.69	2A
	Theristus sp. 3	5.84	1B
	Oncholaimus sp. 1	3.03	2B

鼓浪屿大德记海滨浴场沙滩不同季节优势种存在差异，*Latronema* sp. 为冬季、夏季和秋季 3 个季节共有的优势种，优势度分别 29.79%、8.52%和 27.92%；*Theristus* 属的 *Theristus* sp. 1、*Theristus* sp. 2 和 *Theristus* sp. 3 以及 *Oncholaimus* sp. 1 在冬季和秋季为共同的优势种。比较来看，各季节优势种中不存在 1A 型，冬季由 1B 型和 2B 型构成；夏季和秋季以 2A 和 2B 为主。

两个海区秋季都有 *Theristus* sp. 3 为优势种，在黄厝海滨浴场沙滩优势度为 9.11%，大德记海滨浴场的优势度为 5.84%。两个海区出现的优势种相差较大，黄厝海滨浴场沙滩的物种数要高于大德记海滨浴场沙滩。总体而言，各季节海洋线虫的优势种发生较大的变化，与沉积物的粒径、有机质含量和海水温度等环境因子有关。

（四）不同季节各潮带海洋线虫群落的生物多样性指数分析

黄厝海滨浴场沙滩和鼓浪屿大德记海滨浴场沙滩 3 个季节共鉴定出海洋线虫 136 种，隶属于 111 属。不同季节海洋线虫种类和数量存在区别，不同沙滩差异也较大。采用 PRIMER 5 软件，计算出两个站位各潮带的物种总数（S）、物种丰富度指数（d）、均匀度指数（J'）、多样性指数（H'）和优势度数（λ）见表 4-3 和表 4-4。

表 4-3 黄厝海滨浴场沙滩海洋线虫群落的生物多样性指数

站位	季节	物种数（个）	丰富度指数 d	均匀度指数 J'	多样性指数 H'	优势度指数 λ
低潮位	夏季	23	3.98	0.52	1.64	0.30
	秋季	44	7.20	0.73	2.76	0.097
	冬季	33	7.03	0.84	2.94	0.083
中潮位	夏季	22	3.65	0.79	2.45	0.10
	秋季	23	4.67	0.81	2.53	0.11
	冬季	18	4.35	0.88	2.53	0.085

表 4-4 鼓浪屿大德记海滨浴场沙滩海洋线虫群落的生物多样性指数

站位	季节	物种数（个）	丰富度指数 d	均匀度指数 J'	多样性指数 H'	优势度指数 λ
低潮位	夏季	27	4.79	0.75	2.47	0.11
	秋季	28	5.65	0.71	2.35	0.22
	冬季	—	—	—	—	—
中潮位	夏季	25	4.41	0.65	2.10	0.23
	秋季	34	5.65	0.63	2.24	0.21
	冬季	10	2.34	0.86	1.99	0.15

从表 4-3、表 4-4 可以看出，秋季出现的物种数最多，均匀度指数（J'）最高值都出现在冬季中潮带，多样性指数（H'）相差不大。但黄厝海滨浴场比大德记海滨浴场沙滩出现物种数量更多。

第二节 厦门红树林湿地小型底栖动物及海洋线虫群落

选取厦门红树林湿地 4 个主要分布站位进行研究。厦门大桥红树林位于集美龙舟池外侧，泥沙质沉积类型，潮位偏低，优势树种为秋茄，伴有无瓣海桑生长，有大量藤壶附着在枝干和叶片上；海沧湾红树林为人工林，东邻海沧湾，西接海沧大道，优势种为秋茄和白骨壤，还伴有桐花树和红海榄等；下潭尾红树林湿地，面积约为 50 hm^2，是厦门最大的人造林，优势树种为秋茄，并有白骨壤、桐花树、木榄和拉贡木等；大嶝西堤红树林位于大嶝岛西侧大嶝大桥附近，主要树种为白骨壤和秋茄（林鹏 等，2005），现今该处互花米草与红树林伴生几乎占据了整个滩涂。

一、厦门主要红树林湿地小型底栖动物的类群组成及丰度

（一）不同红树林湿地小型底栖动物类群组成及丰度

夏季厦门湾主要红树林湿地共鉴定出 10 个小型底栖动物类群，包括海洋线虫、桡足类、

多毛类、寡毛类、纽虫、动吻类、端足类、等足类和螨类以及其他未鉴定类群（表 4-5）。其中，海洋线虫为绝对优势类群，占小型底栖动物总丰度的 93.6%～99.8%；桡足类都为第二优势种，占小型底栖动物总丰度的 0.13%～4.23%。

表 4-5 厦门主要红树林各类群每 10 cm² 小型底栖动物的平均丰度（个）及百分比（%）

类群	厦门大桥	海沧湾	下潭尾	大嶝西堤
线虫	354.82±420.97 (93.67)	905.18±651.68 (98.26)	577.11±295.39 (97.28)	1 072.93±310.22 (99.8)
桡足类	16.03±20.66 (4.23)	11.11±12.66 (1.21)	15.15±11.30 (2.55)	1.39±1.51 (0.13)
多毛类	3.66±2.92 (0.97)	2.52±2.45 (0.27)	0.50±0.75 (0.09)	0.50±0.99 (0.05)
寡毛类	0.25±0.59 (0.07)	0.13±0.44 (0.01)	0.38±0.94 (0.06)	—
纽虫	0.38±0.94 (0.1)	1.77±3.35 (0.19)	0.13±0.44 (0)	0.25±0.87 (0.02)
动吻类	2.90±5.19 (0.77)	0.25±0.59 (0.03)	—	—
端足类	0.13±0.44 (0.03)	0.13±0.44 (0.01)	—	—
等足类	0.38±0.94 (0.1)	0.13±0.44 (0.01)	—	—
螨类	0.13±0.44 (0.03)	—	—	—
其他	0.13±0.44 (0.03)	—	—	—

夏季 4 个站位每 10 cm² 小型底栖动物平均丰度为（727.51±322.69）个。每 10 cm² 小型底栖动物丰度由高到低排列为：大嶝西堤站位（1 075.08±309.92）个＞海沧湾站位（921.21±661.01）个＞下潭尾站位（593.27±299.17）个＞厦门大桥站位（378.81±440.22）个（图 4-13）。站位之间差异性分析表明，厦门大桥分别与大嶝西堤、海沧湾和下潭尾三者之间两两都有显著性差异（$P<0.05$）。

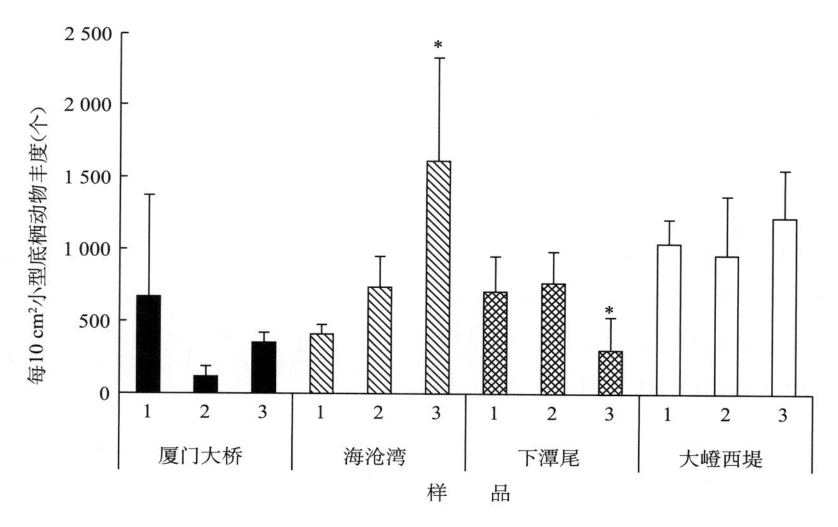

图 4-13 厦门湾主要红树林湿地小型底栖动物丰度的比较

不同种类的红树植物对小型底栖动物的聚集会产生不同的影响（郭玉清，2008）。大嶝西堤站位，优势红树植物为白骨壤，区域内互花米草入侵严重，其内小型底栖动物丰度达到了厦门主要红树林湿地中的最高值，每 10 cm^2 为 1 075.08 个；海沧湾站位，多种红树植物并存，以秋茄与白骨壤为优势种，其内小型底栖动物丰度每 10 cm^2 为 921.21 个。曹婧等（2011）在漳江口研究中，发现了白骨壤和互花米草生境中的小型底栖动物丰度达到较高值。Vanhove 等（1992）对肯尼亚（Gazi 湾）不同红树植物的研究中，也发现了白骨壤林中的小型底栖动物丰度含量是最高的。

（二）小型底栖动物丰度与沉积环境生态因子的关系

小型底栖动物的分布受物理、化学和生物的影响，如食物的可获得性、沉积物粒径、温度和盐度等（Giere，2009）。运用 SPSS 22.0 统计分析软件，对小型底栖动物总丰度、N/C（线虫与桡足类丰度之比）及主要类群丰度与沉积物理化因子（表 4－6）作 Pearson 相关分析，结果见表 4－7。

表 4－6　各站位沉积环境的生态因子

站位	底质类型	pH	盐度	底温（℃）	有机碳（%）	总氮（mg/g）	总磷（mg/g）
厦门大桥	泥沙质	6.5	25.30	31.85	1.35	1.90	0.30
海沧湾	泥质	6.6	32.15	31.17	2.13	1.85	0.33
下潭尾	泥质	6.5	28.95	31.10	2.43	2.04	0.46
大嶝西堤	泥质	6.5	33.45	32.33	5.82	1.56	0.46

表 4－7　小型底栖动物丰度与沉积物环境生态因子相关分析

环境生态因子	线虫	桡足类	多毛类	N/C	总丰度
pH	0.367	0.019	0.309	−0.270	0.379
盐度	0.989*	−0.833	−0.603	0.688	0.989*
底温（℃）	0.278	−0.668	−0.052	0.789	0.271
有机碳（%）	0.794	−0.952*	−0.713	0.979	0.786
总氮（mg/g）	−0.755	0.942	0.235	−0.929	−0.751
总磷（mg/g）	0.446	−0.495	−0.988*	0.565	0.436

注：* 表示相关性显著（$P<0.05$）。

结果表明，厦门湾红树林湿地 4 个站位中小型底栖动物总丰度，海洋线虫、桡足类和多毛类的丰度，以及（N/C）（线虫与桡足类丰度的比值）与盐度、总氮、有机碳和总磷的相关性较高。其中，盐度对小型底栖动物总丰度和线虫相关性显著（$P<0.05$）；有机碳的含量与桡足类的数量相关性显著（$P<0.05$）；而总磷含量与多毛类数量的关系为显著性相关（$P<0.05$）。pH 与各类群的丰度呈弱相关。另外，由于线虫占小型底栖动物总丰度的 93.6%～99.8%，所以线虫与环境因子的相关性程度基本上反映了小型底栖动物总丰度的变化趋势。

二、厦门主要红树林湿地海洋线虫的群落结构

（一）海洋线虫的种类组成

厦门湾主要红树林湿地鉴定出的海洋线虫隶属于10目、18科、48属。主要红树林湿地的线虫优势属及其百分比见表4-8，优势属分别为*Anoplostoma*、*Chromaspirina*、*Daptonema*、*Dorylaimopsis*、*Megadesmolaimus*、*Parodontophora*、*Ptycholaimellus*、*Sabatieria*和*Terschellingia*，优势度分别为7.10%、7.95%、7.88%、6.53%、8.30%、5.11%、15.05%、5.32%和8.59%。优势科分别为Anoplostomatidae、Axonolaimidae、Chromadoridae、Comesomatidae、Desmodoridae、Linhomoeidae和Xyalidae，优势度分别为7.10%、5.11%、18.31%、12.99%、8.09%、17.89%和13.13%。厦门湾不同红树林湿地中，海洋线虫优势属存在一定差异。没有发现4个站位共同存在的优势属。3个站位共有优势属分别是*Chromaspirina*、*Ptycholaimellus*和*Terschellingia*。

表4-8　厦门湾主要红树林湿地的线虫优势属及其百分比（%）

优势属	厦门大桥	海沧湾	下潭尾	大嶝西堤
Anoplostoma	16.25	—	10.30	—
Chromaspirina	—	10.78	14.24	6.25
Daptonema	—	—	5.76	17.33
Dorylaimopsis	—	24.53	—	—
Megadesmolaimus	—	—	—	32.95
Paracanthonchus	—	—	6.97	—
Paramonohystera	8.40	—	—	—
Parodontophora	—	—	6.36	10.51
Ptycholaimellus	26.33	6.74	25.45	—
Sabatieria	14.01	—	—	5.11
Sphaerolaimus	6.44	—	—	—
Spilophorella	—	10.51	—	—
Terschellingia	—	11.05	6.97	11.36
Trissonchulus	—	8.36	—	—

从图4-14中可以看出，厦门湾主要红树林湿地的优势属的优势度多集中在5%～10%的范围内；但在海沧湾站位，*Dorylaimopsis*的优势度达到了24.53%；大嶝西堤站位中，*Megadesmolaimus*和*Daptonema*的优势度分别达到了32.95%和17.33%；厦门大桥站位和下潭尾站位中，*Ptycholaimellus*的优势度都达到了20%以上。相对而言，这些属更具明显优势。

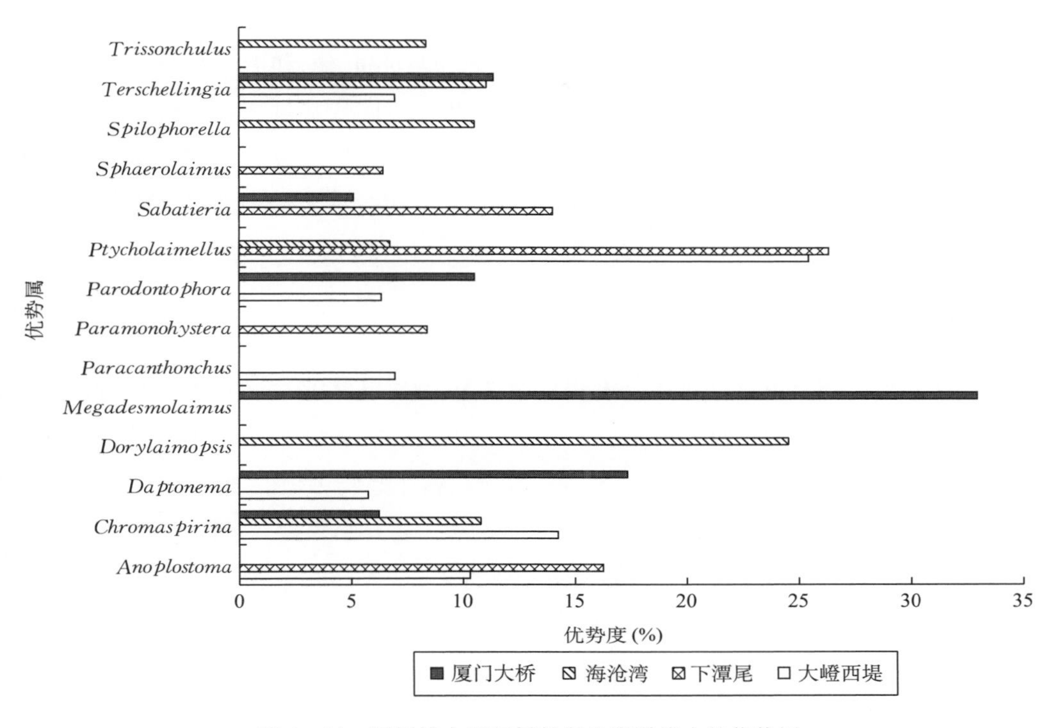

图 4－14　厦门湾主要红树林湿地海洋线虫的优势属

图 4－15 为厦门湾主要红树林湿地海洋线虫群落的聚类分析。图 4－15 中发现，优势红树植物为秋茄的下潭尾站位和厦门大桥站位聚合为一类，相似率在 48.48%；白骨壤为优势红树植物的海沧湾站位和大嶝西堤站位聚合为一类，相似率在 22.25%。似乎说明，红树林中优势红树植物的不同会对沉积物中线虫的群落结构组成产生一定的影响。

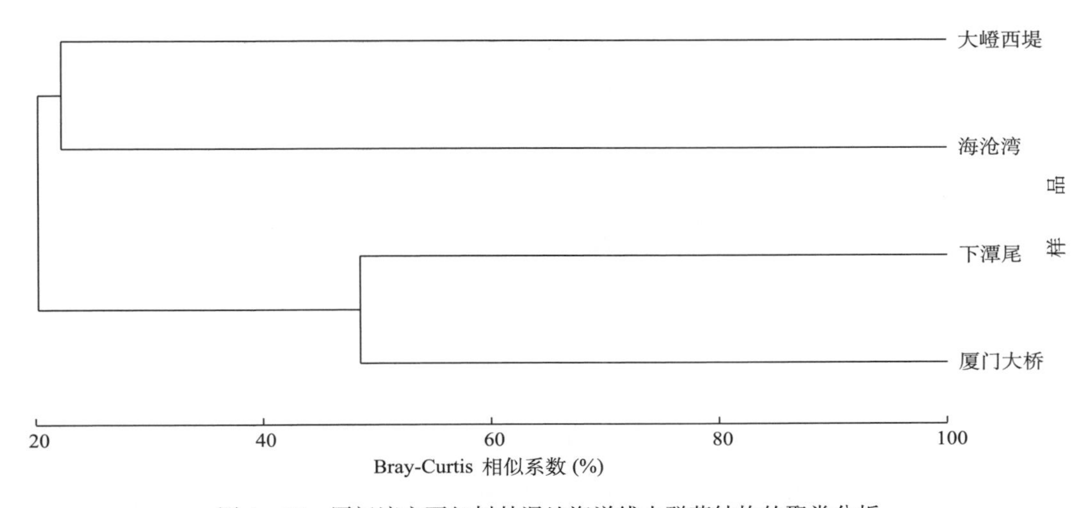

图 4－15　厦门湾主要红树林湿地海洋线虫群落结构的聚类分析

郭玉清（2008）研究厦门湾凤林红树林湿地线虫优势属为 *Sabatieria*、*Spilophorella*、

Terschellingia 和 *Viscosia*。常瑜（2014）对相同区域研究发现，其线虫优势属为 *Terschellingia*、*Sabatieria*、*Anoplostoma*、*Viscosia*、*Daptonema* 和 *Ptycholaimellus*。两者的研究结果相近。Ansari 等（2014）在印度南部两种不同优势红树植物湿地（分别为白骨壤和红茄苳）中共发现 56 种海洋线虫，白骨壤中的线虫物种数（52 种）高于红茄苳中的数值（44 种），两片红树林存在共同种 40 种，并且白骨壤湿地中的线虫丰度要高于在其他红树林中的丰度（Ólafsson et al.，2000；Somerfield et al.，1998）。

（二）海洋线虫群落的摄食类型

厦门湾主要红树林湿地线虫摄食类型分布见图 4－16，在鉴定出的线虫物种中，杂食者或捕食者（2B 型）和非选择性沉积食性者（1B 型）数量较多，分别占了总物种数的 33.33％和 31.25％；其次为底上食性者（2A 型），占了总物种数的 22.92％；选择性沉积食性者（1A 型）12.5％所占比例最小。如按物种丰度大小来说，底上食性者（2A 型）最占优势，占总数量的 38.33％；选择性沉积食性者（1A 型）最少，仅占 9.52％；非选择性沉积食性者（1B 型）和杂食者或捕食者（2B 型）分别占 36.48％和 15.67％。从以上统计结果看出，沉积食性者（1A＋1B）在数量上（46％）还是总物种数上（43.75％）都不占优势。

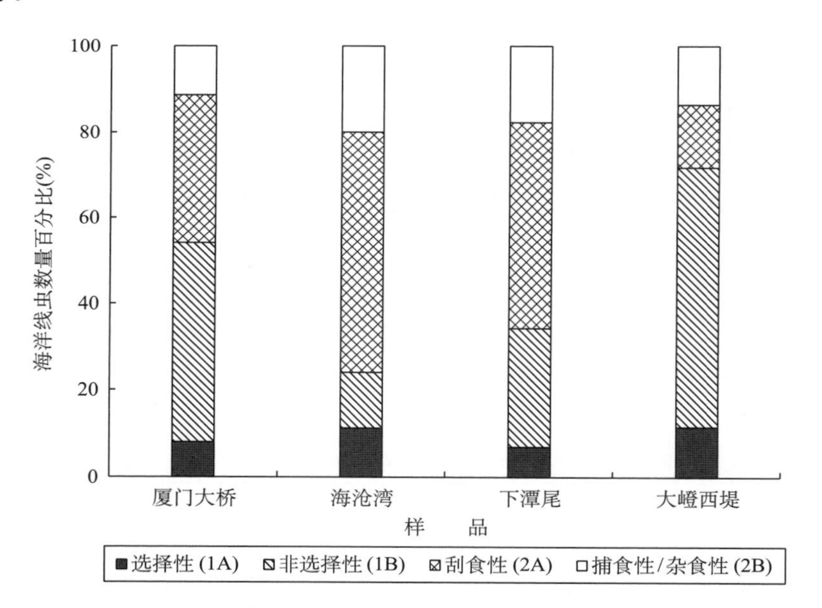

图 4－16　厦门湾主要红树林湿地海洋线虫摄食类型组成的比较

总体而言，厦门红树林湿地内从数量上说，线虫摄食类型以底上食性者 2A 型占有优势，其次是非选择性沉积食性者 1B 型和杂食者或捕食者 2B 型，相似的发现也出现在印度一些红树林区域内（Chinnadurai & Fernando，2006；Goldin et al.，1996）。沉积食性者（1A＋1B），在厦门大桥站位和大嶝西堤站位数量上分别占了 54.06％和 71.59％；而在海沧湾站位和下潭尾站位，却只有 23.99%和 34.35%。沉积食性者占优势时，可以推测该区域内沉积物粒径较细，可以提供较多的沉积有机物；而沉积物粒径较大时，杂食者或捕食者会占多数（Heip et al.，1985）。沉积物粒径的大小对有机物颗粒的积累具有促进作用。

（三）海洋线虫群落的年龄结构和性别比例

将线虫按幼体、成熟雄性个体（具有交接器）和成熟的雌性个体（有卵细胞或发育良好的卵巢）进行统计，可以简单地描述线虫群落的年龄结构和性别比例。厦门湾主要红树林湿地线虫的年龄结构及性别比例见图 4－17，研究表明线虫群落中，幼体占了线虫总量的 33.05%～61.36%，平均所占比例为 41.26%。厦门大桥站位，幼体所占比例为 33.05%，是 4 个站位中比例最小的，雌雄比为 1.11：1；海沧湾站位中，幼体所占比例为 37.20%，雌雄比为 0.96：1；下潭尾站位，幼体所占比例为 33.43%，雌雄比为 1.61：1；大嶝西堤站位，幼体所占比例为 61.36%，雌雄比为 0.97：1。

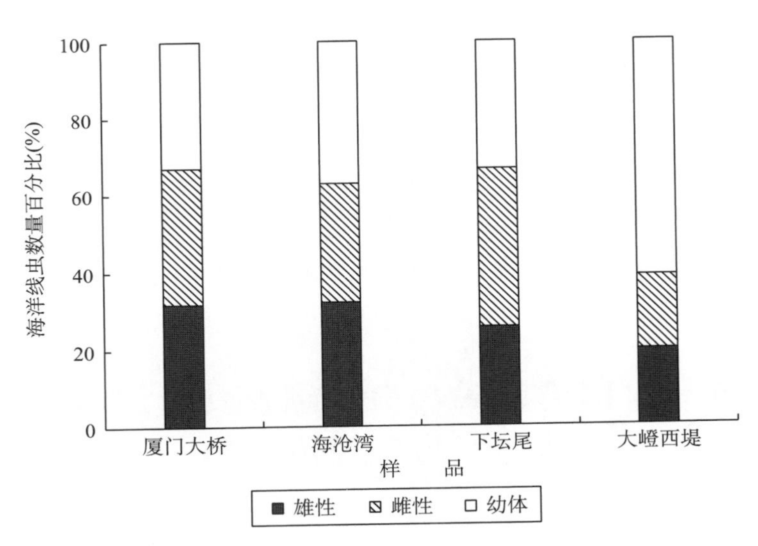

图 4－17 厦门湾主要红树林湿地海洋线虫的年龄结构及性比

（四）海洋线虫群落多样性指数及优势度的比较

厦门湾主要红树林湿地线虫群落生物多样性指数结果见表 4－9。厦门大桥站位的海洋线虫属的数量最多，达到 34 种；其他 3 个站位出现的物种数相近。多样性指数（H'）和优势度指数（λ）4 个站位相差不大。厦门大桥站位的丰富度指数（d）最高为 5.61。

表 4-9　红树林湿地线虫群落的生物多样性指数（基于属的水平）

站位	属数（个）	丰富度指数 d	均匀度指数 J'	多样性指数 H'	优势度指数 λ
厦门大桥	34	5.61	0.69	2.45	0.87
海沧湾	21	3.38	0.81	2.47	0.88
下潭尾	20	3.28	0.81	2.43	0.88
大嶝西堤	20	3.24	0.72	2.15	0.83

厦门湾主要红树林湿地线虫群落优势度曲线见图 4-18。厦门大桥、海沧湾和下潭尾 3 个站位海洋线虫的优势度差异不大，大嶝西堤站位具有较高的优势度。

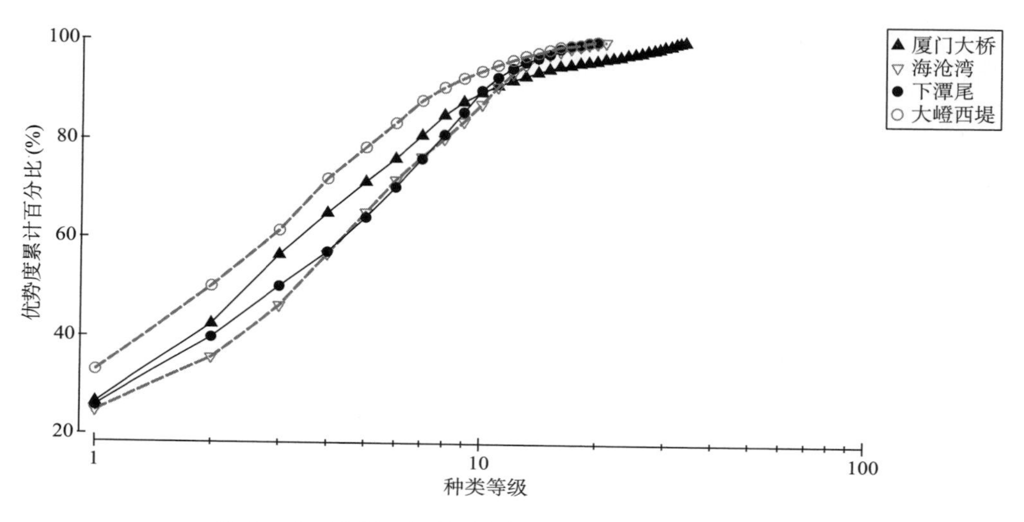

图 4-18　厦门湾主要红树林湿地海洋线虫的 K-优势度

第三节　厦门湾无人岛白哈礁及其周边海域小型底栖动物及海洋线虫群落

厦门湾为复合式港湾，围绕着厦门本岛，分布着厦门港、马銮湾、同安湾、九龙江河口区和东侧水道等，有包括大金门、小金门、大担、二担在内的小岛屿 29 个和造型迥异的岩礁 58 个（林桂兰 等，2003），其中之一的白哈礁（118°22′7″E，24°32′16″N）处于东部海域，是大嶝岛与大金门水道间的明礁，距离金门仅 1 800 m。白哈礁在高潮时仅仅有礁石露出，低潮时滩涂可以完全显露，在岛礁周围海底分布着珊瑚资源。对于厦门无居民海岛的研究，主要集中在海岛资源整合和生态恢复等方面（廖连招，2007），对小型底栖动物研究的报道没有出现。

一、厦门白哈礁及其周边海域小型底栖动物的类群组成、丰度及分布

1. 白哈礁潮间带小型底栖动物组成、丰度及分布

2014 年和 2015 年在白哈礁泥质潮间带 A 和 B 两个断面进行了 4 个季度的采样研究。两断面各季度小型底栖动物丰度见表 4-10、表 4-11。

表 4-10　断面 A 不同季节各类群每 10 cm² 小型底栖动物的丰度（个）及百分比（%）

类群	春季	夏季	秋季	冬季	年平均
线虫	1 356.16±554.15（92.11）	1 487.46±1 121.25（87.73）	605.89±147.17（89.49）	689.96±395.92（91.56）	1 034.87±451.31（90.02）
桡足类	26.54±16.81（1.8）	93.91±117.74（5.54）	20.95±15.98（3.09）	32.31±25.47（4.29）	43.43±33.97（3.78）
多毛类	29.72±21.09（2.02）	9.34±7.87（0.55）	19.69±5.98（2.91）	7.57±7.04（1.01）	16.58±10.26（1.44）
寡毛类	27.07±12.54（1.84）	41.40±43.76（2.44）	27.01±15.34（3.99）	11.87±11.15（1.57）	26.84±12.06（2.33）
纽虫	19.64±17.02（1.33）	1.51±2.35（0.09）	—	1.26±1.77（0.17）	5.60±9.38（0.49）
等足类	3.18±4.03（0.22）	19.94±28.41（1.18）	—	0.50±1.24（0.07）	5.91±9.46（0.51）
帚形动物	—	1.77±3.09（0.1）	—	0.50±1.24（0.07）	0.57±0.83（0.05）
介形类	3.72±5.84（0.25）	—	—	1.26±2.01（0.17）	1.24±1.75（0.11）
双壳类	4.25±6.26（0.29）	33.58±38.20（1.98）	3.53±3.91（0.52）	5.30±4.36（0.7）	11.66±14.63（1.01）
螨类	1.06±2.60（0.07）	2.02±2.28（0.12）	—	1.01±0.78（0.13）	1.02±0.82（0.09）
缓步类	—	—	—	0.76±0.83（0.1）	0.19±0.38（0.02）
其他	1.06±1.64（0.07）	4.54±8.35（0.27）	—	1.26±1.49（0.17）	1.72±1.96（0.15）
总计	1 472.40±549.17（100）	1 695.48±1 292.53（100）	677.08±159.43（100）	753.58±433.68（100）	1 149.64±510.65（100）

表 4-11　断面 B 不同季节各类群每 10 cm² 小型底栖动物的丰度（个）及百分比（%）

类群	春季	夏季	秋季	冬季	年平均
线虫	1 941.26±761.87（95.33）	603.03±270.21（83.34）	658.06±261.16（90.91）	827.04±381.02（94.08）	1 007.35±629.86（92.36）
桡足类	22.65±14.19（1.11）	62.95±47.21（8.7）	29.28±17.84（4.05）	19.52±11.74（2.22）	33.60±19.98（3.08）
多毛类	27.60±16.78（1.36）	5.55±10.52（0.77）	3.70±3.56（0.51）	2.19±2.94（0.25）	9.76±11.97（0.89）
寡毛类	29.02±14.98（1.42）	17.34±24.02（2.4）	21.88±12.97（3.02）	22.89±15.71（2.6）	22.78±4.81（2.09）
纽虫	11.68±4.5（0.57）	0.17±0.50（0.02）	—	0.34±0.67（0.04）	3.05±5.76（0.28）
动吻类	—	1.51±4.01（0.21）	0.84±1.54（0.12）	3.37±5.90（0.38）	1.43±1.43（0.13）
等足类	0.71±2.12（0.03）	2.19±3.31（0.3）	0.34±0.67（0.05）	—	0.81±0.96（0.07）
帚形动物	—	1.68±3.67（0.23）	3.53±5.67（0.49）	1.85±3.19（0.21）	1.77±1.44（0.16）
介形类	3.18±5.74（0.16）	9.59±10.58（1.33）	0.17±0.50（0.02）	0.50±1.07（0.06）	3.36±4.37（0.31）
双壳类	0.35±1.06（0.02）	17.84±13.71（2.47）	5.55±4.85（0.77）	0.84±2.52（0.1）	6.15±8.14（0.56）
螨类	—	0.34±1.01（0.05）	0.17±0.50（0.02）	—	0.13±0.16（0.01）
缓步类	—	0.34±0.67（0.05）	—	—	0.08±0.17（0.01）
其他	—	1.01±1.51（0.14）	0.34±1.01（0.05）	0.50±0.76（0.06）	0.46±0.42（0.04）
总计	2 036.45±750.40（100）	723.53±265.77（100）	723.87±291.85（100）	879.05±395.37（100）	1 090.72±634.72（100）

断面 A 的 4 个季度共出现小型底栖动物类群 12 种，包括海洋线虫、桡足类、多毛类、寡毛类、纽虫、等足类、帚形动物、介形类、双壳类、螨类、缓步类以及其他未鉴定类群。4 个季度中都以线虫为绝对优势类群，占小型底栖动物总丰度的 87.73%～

92.11%；其次为桡足类和寡毛类，年平均丰度分别占小型底栖动物的3.78%和2.33%。每10 cm^2 小型底栖动物年平均丰度为（1 149.64±510.65）个。相对而言，春季和夏季的小型底栖动物丰度较高，秋季和冬季的相对较少。丰度季度变化总趋势为夏季（1 695.48±1 292.53）个>春季（1 472.40±549.17）个>冬季（753.58±433.68）个>秋季（677.08±159.43）个，单因素方差分析表明，4个季度之间都没有显著性差异（$P>0.05$）。

断面B站位共出现小型底栖动物类群13种，包括海洋线虫、桡足类、多毛类、寡毛类、纽虫、动吻类、等足类、帚形动物、介形类、双壳类、螨类、缓步类以及其他未鉴定类群。4个季度中都以线虫为绝对优势类群，占小型底栖动物总丰度的83.34%～95.33%；其次为桡足类和寡毛类，年平均丰度分别占小型底栖动物的3.08%和2.09%。每10 cm^2 小型底栖动物年平均丰度为（1 090.72±634.72）个。相对而言，春季小型底栖动物总丰度最高，其他3个季度的丰度值比较接近。丰度季度变化总趋势为春季（2 036.45±750.40）个>冬季（879.05±395.37）个>秋季（723.87±291.85）个>夏季（723.53±265.77）个。进行的单因素方差分析表明，春季与夏季、秋季和冬季之间有显著性差异（$P<0.05$），其他3个季度之间无显著性差异（$P>0.05$）。

断面A周年各潮带每10 cm^2 平均丰度总趋势为：高潮带（752.98±208.51）个小于中潮带（1 546.29±921.91）个（图4-19），进行单因素方差分析（one-way ANOVA）可知，两者间存在显著性差异（$P<0.05$）。但对不同潮带间小型底栖动物丰度进行独立样本 t 检验，发现4个季度的中潮带和高潮带小型底栖动物丰度之间都没有显著性差异（$P>0.05$）。夏季中潮带小型底栖动物丰度达到周年各潮带小型底栖动物丰度的最高值，为（2 643.20±1 054.73）个；而冬季低潮带小型底栖动物丰度出现了最低值，为

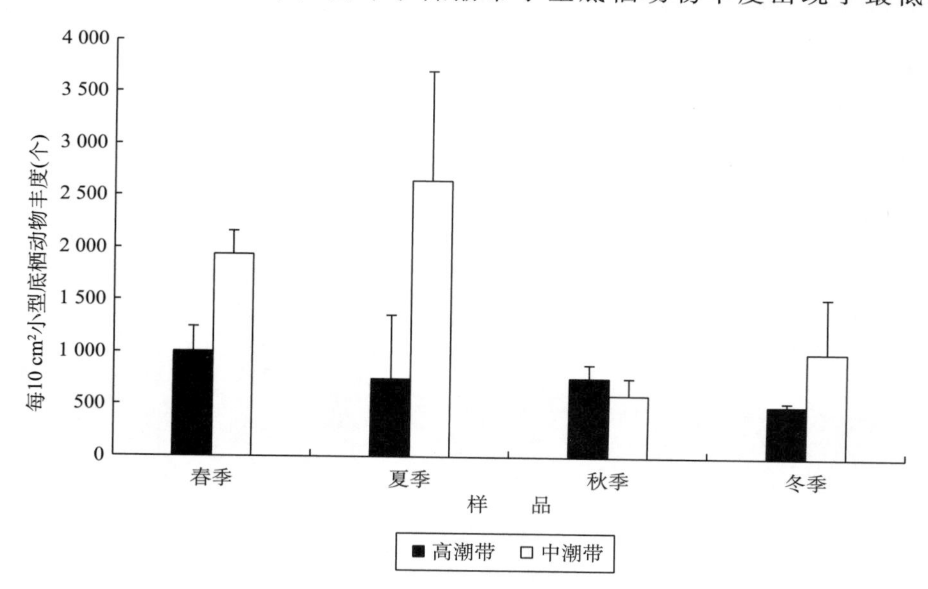

图4-19　白哈礁潮间带断面A小型底栖动物丰度的水平分布

(496.83±34.41)个。

断面B各潮带每10 cm²周年平均丰度变化的总趋势为：低潮带(1 202.53±939.45)个>高潮带(1 111.83±409.87)个>中潮带(957.81±606.36)个。由图4-20可以看到，该站位4个季度潮带之间的变化是明显的，春季小型底栖动物丰度要比夏季、秋季和冬季的高很多；夏季、秋季和冬季的各潮带小型底栖动物丰度的分布相对来说比较稳定。对周年不同潮带的小型底栖动物丰度情况运用单因素方差分析，3个潮间带的小型底栖动物丰度之间没有存在显著性差异($P>0.05$)。

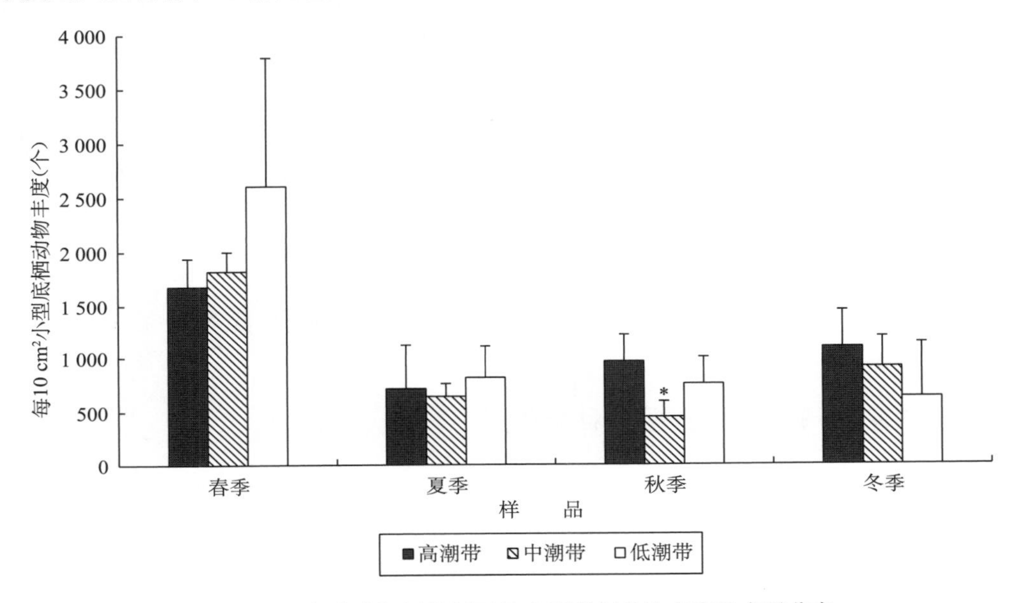

图4-20　白哈礁潮间带断面B小型底栖动物丰度的水平分布

2. 白哈礁潮下带不同站位小型底栖动物组成及丰度

白哈礁潮下带小型底栖动物的丰度及百分比见表4-12。白哈礁潮下带夏季共出现小

表4-12　白哈礁潮下带每10 cm²小型底栖动物的丰度(个)及百分比(%)

类群	站点1	站点2	站点3	站点4	站点5	站点6	平均丰度
线虫	75.74(81.08)	24.24(66.67)	80.79(78.82)	8.58(68)	116.63(75.74)	114.61(91.68)	70.1(80.8)
桡足类	2.02(2.16)	1.01(2.78)	2.52(2.46)	1.51(12)	29.28(15.37)	3.53(3.43)	6.65(7.66)
多毛类	6.56(7.03)	9.09(25)	14.14(13.79)	2.02(16)	4.04(8.89)	6.56(4.2)	7.07(8.15)
寡毛类	2.02(2.16)	0.5(1.39)	1.01(0.99)	—	—	1.01(0.69)	0.76(0.87)
纽虫	1.01(1.08)	—	—	—	—	—	0.17(0.19)
动吻类	0.5(0.54)	—	0.5(0.49)	—	—	—	0.17(0.19)
端足类	0.5(0.54)	—	—	—	—	—	0.08(0.1)
等足类	1.51(1.62)	0.5(1.39)	3.03(2.96)	0.5(4)	—	—	0.93(1.07)
帚形动物	—	1.01(2.78)	0.5(0.49)	—	—	—	0.25(0.29)
介形类	0.5(0.54)	—	—	—	—	—	0.08(0.1)
其他	3.03(3.24)	—	—	—	—	—	0.5(0.58)
总计	93.41(100)	36.35(100)	102.5(100)	12.62(100)	149.96(100)	125.72(100)	86.76(100)

型底栖动物类群 11 种，包括海洋线虫、桡足类、多毛类、寡毛类、纽虫、动吻类、端足类、等足类、帚形动物、介形类以及其他未鉴定类群。6 个站点中均以线虫为绝对优势类群，占小型底栖动物总丰度的 66.67%～91.68%；其次为桡足类和多毛类，平均丰度分别为 7.66%和 8.15%。小型底栖动物总丰度值相对较低，每 10 cm² 平均为（86.76±48.03）个，线虫丰度的范围也仅在 8.58～116.63 个。

张玉红等（2009）对台湾海峡及邻近海域夏季每 10 cm² 小型底栖动物丰度的研究结果是 46.96～1 110.30 个，海洋线虫丰度的变化范围为 3.03～957.82 个。相关性分析表明，水深、叶绿素和沉积物底质类型是影响小型底栖动物丰度及群落分布的主要因子。

白哈礁潮间带每 10 cm² 小型底栖动物平均丰度为（1 112.31±857.97）个。将潮间带和潮下带的小型底栖动物丰度通过独立样本 t 检验，可以知道两个不同生境的小型底栖动物丰度具有显著性差异（$P<0.05$）。

二、厦门白哈礁及其周边海域海洋线虫的群落结构

（一）白哈礁海洋线虫群落的种类组成

1. 潮间带海洋线虫的种类组成

断面 A 夏季出现的线虫属数目最多为 29 个；春季出现的线虫属数量最低，为 19 个；其他两个季度出现的线虫属数目都为 23 个。4 个季度共鉴定出的海洋线虫隶属于 47 属、23 科、11 目。优势属分别为 *Anoplostoma*、*Daptonema*、*Dorylaimopsis*、*Oncholaimus*、*Ptycholaimellus*、*Sabatieria* 和 *Viscosia*，优势度分别为 5.27%、6.02%、5.85%、6.80%、6.82%、19.19%和 15.13%。线虫优势科分别为 Anoplostomatidae、Chromadoridae、Comesomatidae、Oncholaimidae 和 Xyalidae，优势度分别为 5.27%、9.59%、27.21%、21.94%和 10.41%。不同季度的优势属存在差异，具体见表 4-13。*Sabatieria* 是白哈礁断面 A 站位中每个季度都存在的优势属。

表 4-13　断面 A 线虫优势属的季节变化及其百分比（%）

优势属	春季	夏季	秋季	冬季
Anoplostoma	—	6.21	—	7.42
Calyptronema	—	6.80	—	—
Chromaspirina	—	6.60	—	—
Daptonema	—	8.74	6.85	7.14
Dorylaimopsis	8.56	8.54	6.30	—
Oncholaimus	19.86	—	—	—

（续）

优势属	春季	夏季	秋季	冬季
Paracanthonchus	—	—	—	6.87
Paramonohystera	—	—	10.96	—
Parodontophora	—	—	5.75	—
Ptycholaimellus	—	6.41	—	16.48
Sabatieria	6.8	18.64	32.33	18.96
Sphaerolaimus	—	—	6.58	—
Spilophorella	—	5.8	—	—
Viscosia	42.81	—	—	9.89

断面B夏季出现的线虫属数量最多为29个，冬季的线虫属数目为20个。断面B的4个季度共鉴定出的海洋线虫隶属于37属、20科、10目。优势属分别为*Chromaspirina*、*Daptonema*、*Dorylaimopsis*、*Ptycholaimellus*、*Sabatieria*、*Sphaerolaimus*和*Viscosia*，优势度分别为6.09%、8.18%、17.51%、6.30%、10.16%、5.45%和12.95%。优势科分别为Chromadoridae、Comesomatidae、Desmodoridae、Oncholaimidae、Sphaerolaimidae和Xyalidae，优势度分别为10.74%、28.60%、6.24%、13.75%、5.45%和9.37%。不同季度的优势属存在差异，具体见表4-14。*Dorylaimopsis*和*Sabatieria*是白哈礁断面B站位中每个季度都存在的优势属。

表4-14　断面B线虫优势属的季节变化及其百分比（%）

优势属	春季	夏季	秋季	冬季
Anoplostoma	—	—	7.93	—
Chromaspirina	—	6.08	—	13.44
Daptonema	7.20	14.78	9.76	—
Dorylaimopsis	14.96	8.84	12.80	33.44
Enoplus	—	—	—	5.90
Oxyonchus	—	5.80	—	—
Paracanthonchus	—	—	5.18	—
Parodontophora	5.54	5.52	—	—
Ptycholaimellus	—	16.71	5.18	—
Sabatieria	8.31	9.12	17.99	5.25
Sphaerolaimus	—	—	11.28	—
Spilophorella	6.65	6.35	—	—
Terschellingia	—	—	—	12.79
Viscosia	35.18	—	7.32	5.57

2. 潮下带海洋线虫的种类组成

潮下带共鉴定出的海洋线虫隶属于81属、29科、12目。潮下带站位不同采样点线虫优势属及其百分比见表4-15。优势属分别为*Dorylaimopsis*、*Halalaimus*、*Hopperia*和*Neochromadora*，优势度分别为11.78%、5.44%、5.41%和7.37%。优势科分别为Chromadoridae、Comesomatidae、Desmodoridae、Oncholaimidae、Oxystominidae和Xyalidae，优势度分别为21.46%、20.12%、5.61%、5.41%、6.44%和19.46%。不同站点的优势属存在差异，没有出现所有站点的共有属，分布较广的优势属有*Dorylaimopsis*、*Halalaimus*、*Hopperia*、*Neochromadora*和*Paramonohystera*。

表4-15 潮下带站位不同采样点线虫优势属及其百分比（%）

优势属	站点1	站点2	站点3	站点4	站点5	站点6
Amphimonhystrella	—	5.13	—	—	—	—
Chromadorella	—	—	7.21	—	—	—
Daptonema	—	5.13	—	—	10.00	—
Dichromadora	—	5.13	—	—	—	—
Dorylaimopsis	15.15	12.82	10.81	15.00	—	16.30
Elzalia	—	—	—	5.00	—	—
Gnomoxyala	—	—	—	25.00	—	—
Halalaimus	4.04	10.26	6.31		—	8.89
Hopperia	8.08	7.69	—	5.00	—	5.93
Metoncholaimus	—	—	—	10.00	—	—
Neochromadora	—	—	8.11		23.13	7.41
Paracanthonchus	—	5.13	—		10.63	—
Paramonohystera	—	5.13	5.41	5.00	—	8.15
Pareudesmoscolex	—	—	—	5.00	—	—
Pseudosteineria	—	—	—	5.00	—	—
Ptycholaimellus	8.08	—	—	5.00	5.00	—
Quadricoma	13.13	—	—		—	—
Sabatieria	—	—	—	5.00	—	—
Spilophorella	—	—	—	10.00	—	6.67
Terschellingia	—	—	—		—	5.93
Viscosia	—	—	—	5.00	5.00	—

潮间带共同的优势属包括*Daptonema*、*Dorylaimopsis*、*Ptycholaimellus*、*Sabatieria*和*Viscosia*；潮间带与潮下带的共同的优势属只有*Dorylaimopsis*。蔡立哲等（2000，

2001）对台湾海峡南部和中北部海域海洋线虫群落研究中发现，*Dorylaimopsis* 的优势度为 11.7%。郭玉清和蔡立哲（2008）发现，*Dorylaimopsis variabilis* 在厦门东、西海域的优势度分别为 24%和 42%。*Dorylaimopsis* 属于联体线虫科 Comesomatidae，是泥质沉积物中的常见种（Coull & Chandler，1992）。

（二）白哈礁海洋线虫的摄食类型

1. 潮间带海洋线虫的摄食类型

断面 A 周年平均，线虫各摄食类型比例为：1B 型（36.42%）＞2B 型（36.22%）＞2A 型（25.74%）＞1A 型（1.62%）。杂食者或捕食者（2B 型）和非选择性沉积食性者（1B 型）所占的比例差异不大，其次为底上食性者（2A）。1A 型线虫所占的比例远远低于其他 3 个类型。4 个季度线虫摄食类型的变化如图 4－21 所示。1A 型所占比例总是较低；春季，2B 型所占比例为 70.55%，在其他 3 个季节比例维持在 21.10%～27.96%；秋季，1B 型数量达到最大值，为 55.07%。

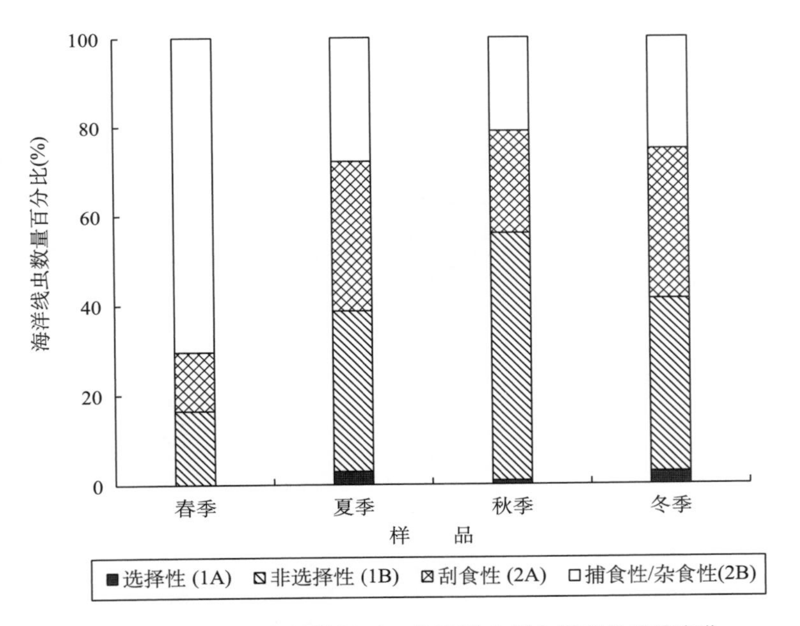

图 4－21　白哈礁潮间带断面 A 海洋线虫摄食类型的季节变化

断面 B 周年平均，线虫各摄食类型比例为：2A 型（37.37%）＞2B 型（31.04%）＞1B 型（25.63%）＞1A 型（5.96%）。2A 型所占比例最高，其次为 2B 型，沉积食性者（1A＋1B)相对较小。4 个季度线虫摄食类型的变化如图 4－22 所示。1A 型所占比例总是很低；2B 型在春季所占比例为 52.91%；2A 型和 1B 型在春季的比例偏少，夏季和秋季逐渐增多；冬季，2A 型达到最大值，为 51.80%。

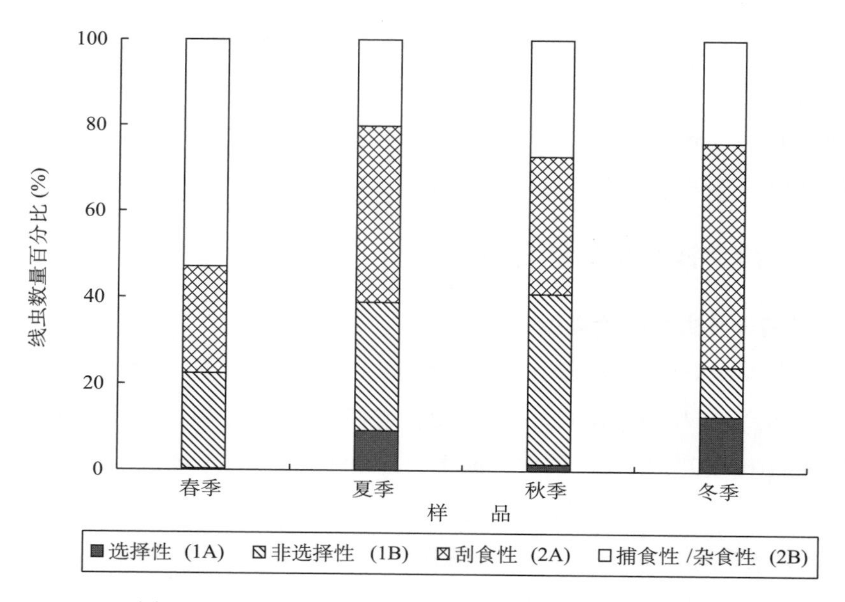

图 4-22 白哈礁断面 B 站位线虫摄食类型的季节变化

2. 潮下带海洋线虫的摄食类型

白哈礁潮下带站位 6 个不同采样点线虫各摄食类型分布如图 4-23 所示。平均线虫各摄食类型比例为：2A（44.57%）＞1B（25.76%）＞1A（18.90%）＞2B（10.77%）。潮间带与潮下带的线虫摄食类型相比可以得出，白哈礁周边线虫摄食类型都是以非选择性沉积食性者和底上食性者为主要优势摄食类型。潮下带，底上食性者所占比例较多，非选择性沉积食性者次之，杂食者或捕食者（2B）所占比例最少；潮间带，非选择性沉积食性者所占比例最少。

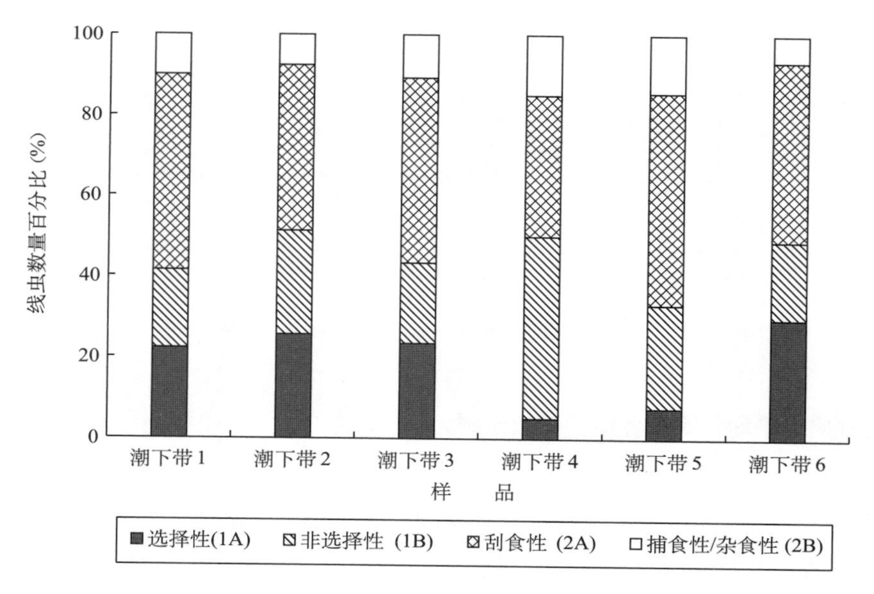

图 4-23 白哈礁潮下带站位不同采样点线虫各摄食类型分布

（三）海洋线虫的年龄结构和性别比例

1. 潮间带海洋线虫群落年龄结构和性别比例

断面 A 各季度海洋线虫的年龄结构及性别比例如图 4－24。幼体在群落中平均所占比例为 48.03%，雌性所占比例为 30.69%，雄性所占比例为 21.28%。从季度来看，春季，幼体所占比例为 68.52%，雌雄比为 2.07：1；夏季，幼体所占比例为 33.98%，雌雄比为 1.76：1；秋季，幼体所占比例为 36.71%，雌雄比为 1.16：1；冬季，幼体所占比为 51.92%，雌雄比为 1.19：1。

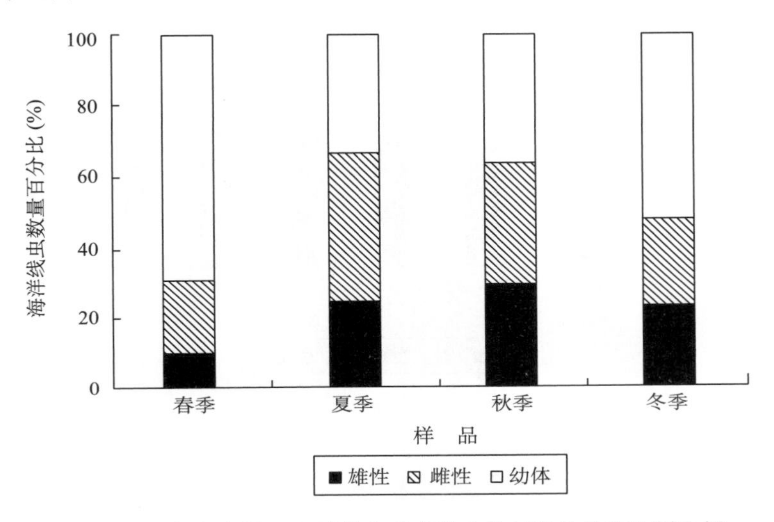

图 4－24　白哈礁断面 A 站位各季度线虫的年龄结构和性别比例

断面 B 各季度海洋线虫的年龄结构及性别比例如图 4－25。幼体 4 个季度平均在线虫群落中所占比例为 40.23%，雌性所占比例为 38.37%，雄性占比为 21.40%。从季度来看，春季幼体所占比例为 58.17%，雌雄比为 1.96：1；夏季幼体所占比例为 40.61%，

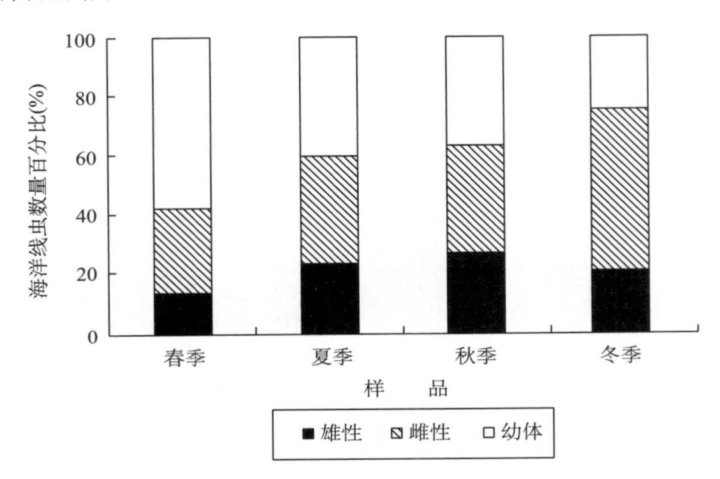

图 4－25　白哈礁断面 B 站位各季度线虫的年龄结构和性别比例

雌雄比为 1.54 : 1；秋季，幼体所占比例为 36.89%，雌雄比为 1.33 : 1；冬季，幼体所占比为 25.25%，雌雄比为 2.56 : 1。总之，春季，白哈礁潮间带两个断面 A 和 B 幼体所占比例都很高，其他 3 个季度的含量相对较低。

2. 潮下带海洋线虫群落年龄结构和性别比例

白哈礁潮下带海洋线虫群落的年龄结构及性别比例如图 4-26。成年雄性在群落中占有优势，平均比例为 43.06%；幼体占比例的 34.58%；雌性所占比例为 22.37%。与潮间带相比，潮下带的雄性数量比雌性更多。

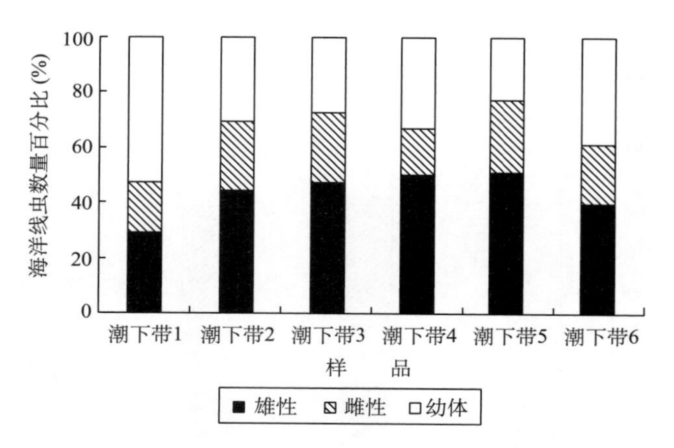

图 4-26　白哈礁潮下带站位各季度线虫的年龄结构和性别比例

(四) 海洋线虫群落结构的聚类分析

对白哈礁潮间带两个断面与潮下带 6 个采样点的海洋线虫群落做 CLUSTER 聚类分析，结果如图 4-27 所示。潮间带和潮下带的线虫群落结构的相似性较低，按 40%的相

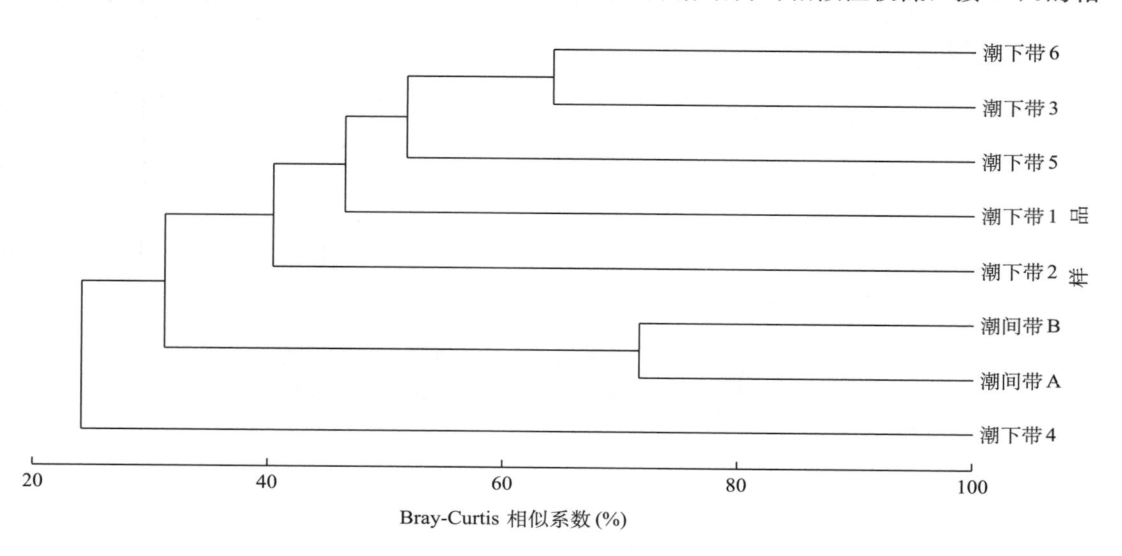

图 4-27　白哈礁各站位线虫群落的聚类分析

似度划分3组，第一组为潮间带的两个断面；潮下带站点4单独为第二组；潮下带其他5个点为第三组。进一步分析发现，造成差异的主要原因是 *Elzalia*、*Gnomoxyala*、*Pareudesmoscolex* 和 *Pseudosteineria* 属的种类只出现在站点4，而且站点4采到的样品数量偏少只有20条。

（五）海洋线虫群落多样性指数的比较

白哈礁海洋线虫群落的生物多样性指数见表4-16，从表4-16中可以看出，多样性指数（H'）在白哈礁潮下带4站点达到最低，在白哈礁潮下带1站点达到最高值，为3.10；丰富度指数（d）在白哈礁潮下带5站点最高，而在白哈礁断面B站位的值最小；均匀度指数（J'）在白哈礁潮下带2站点达到最高，为0.95，而最小值0.81出现在白哈礁潮下带5站点和白哈礁断面B站位；优势度指数（λ）在白哈礁潮下带4站点相对较少，最高值为0.95，出现在白哈礁潮下带3站点。对比白哈礁潮间带和白哈礁潮下带各站点的数值，发现潮下带的线虫群落多样性要比潮间带的高。我们把白哈礁潮间带和潮下带的线虫的多样性指数分成两类，通过独立样本 t 检验可知，多样性指数（H'）、丰富度指数（d）、均匀度指数（J'）和优势度指数（λ）在潮间带区域和潮下带虽然有差异，但是没有显著性差异（$P>0.05$）。

表4-16　白哈礁夏季各采样站位线虫群落的生物多样性指数（基于属的水平）

站位	属数（个）	丰富度指数 d	均匀度指数 J'	多样性指数 H'	优势度指数 λ
断面A	29	4.48	0.83	2.78	0.92
断面B	29	4.25	0.81	2.72	0.91
潮下带1	35	7.40	0.87	3.10	0.93
潮下带2	25	6.55	0.95	3.05	0.94
潮下带3	36	7.43	0.91	3.28	0.95
潮下带4	12	3.67	0.92	2.29	0.88
潮下带5	39	7.49	0.81	2.96	0.91
潮下带6	33	6.53	0.86	3.02	0.93

对各个采样点的海洋线虫优势度分析可以知道（图4-28），除了白哈礁潮下带4站点相比其他采样点有较高的优势度和比较低的多样性外，其他采样点的物种多样性要比潮间带的两个段面高；相对的，潮间带的优势度比潮下带站位的其他采样点要大。

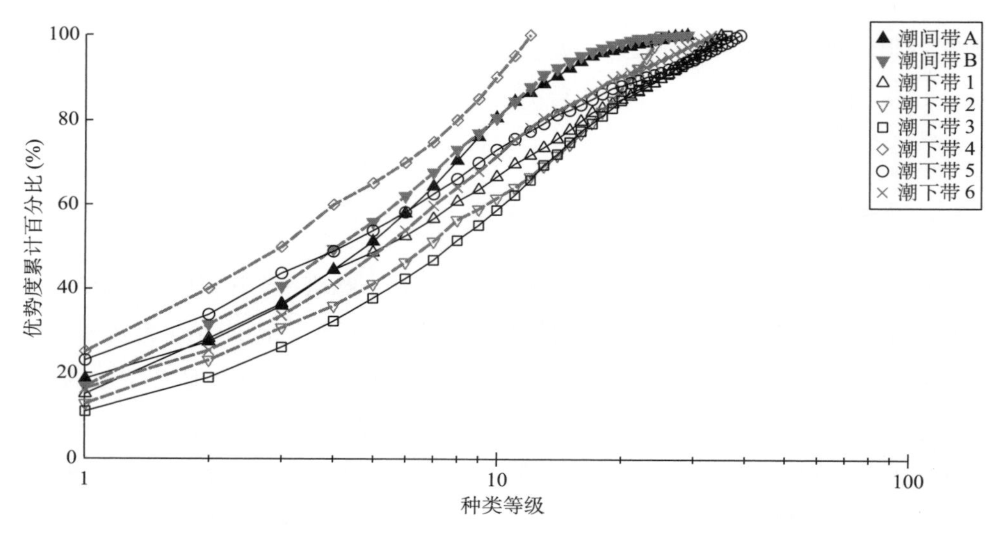

图 4-28　白哈礁潮间带和潮下带线虫群落的 K-优势度曲线

第四节　厦门虾池的小型底栖动物及海洋线虫群落

养殖池塘是一种人工生态系统，由于其生境易变、群落结构简单、系统本身的自动调节能力有限等特点，导致池塘的稳定性差。小型底栖动物是养殖生态系统的重要组成部分，是底栖食物链的一个重要环节，它不仅能成为养殖对象的动物性饵料，而且在保持水质环境稳定、提高物质转化效率以及促进能量的传递等方面具有一定的作用。于子山和张志南（1994）在山东黄岛对对虾生长周期内小型底栖动物数量逐月调查；蔡立哲和李复雪（1998）对厦门位于五通海堤内钟宅虾池（养长毛对虾）和马銮湾霞阳村（日本对虾和锯缘青蟹混养）内的小型底栖动物数量进行了初步研究。本节实验研究于2002—2003 年，选择位于厦门高崎露天土池（粗沙泥质底），养殖日本对虾，探讨在养殖过程中池塘沉积物中小型底栖动物和海洋线虫的组成与数量。实验在水深 120 cm，长宽分别为 42 m×16 m（1# 池）、42 m×21 m（2# 池）、45 m×18 m（3# 池）的 3 口池中进行，分别投入体长 1.7 mm 的日本对虾苗 111 万尾、114 万尾、113 万尾。在靠近出水口处设置一个 2 m×2 m 的围隔，围隔网的孔径为 2 mm，形成没有对虾活动的对照区。池中的供排水设施及增氧设施完善。采用沿虾池四周均匀投撒的投饵方式，并根据具体情况适当调整投饵量。体长 3 cm 以前，投饵量占虾体重 10%；3～6 cm 时占虾体重 7%；6 cm 以上占虾体重 5%。养殖前期每两周换水 1 次，每次换 20 cm 水深；后期每周换 1 次，每次换30 cm水深。每天 06:00 和 12:00 各开增氧机增氧 1 h。每次采样在各池的围隔内取3个重复样，代表对照区；在围隔外围的3个不同区域采样混合，代表养殖区。

一、虾池小型底栖动物的类群组成、丰度与分布

虾池小型底栖动物的主要类群为自由生活海洋线虫和桡足类，多毛类仅在少量样品中发现。3口池整个养殖期间养殖区和对照区中，每10 cm^2 线虫的平均密度为（590±261）个和（517±318）个；每10 cm^2 桡足类的平均密度为（60±62）个和（15±10）个。2#池的进水口、虾池中部、出水口和对照区4个采样站16个样品中，线虫的数量占56%～97%，桡足类的数量占3%～44%。

养殖区小型底栖动物丰度的变动：从2002年9月到2003年2月养殖期间，1#、2#和3#池，养殖区每10 cm^2 线虫的平均丰度分别为（331±237）个、（737±234）个和（701±312）个。从其数量变动趋势（图4-29）可以看出，在整个养殖期内，1#池内线虫数量呈现逐步增长趋势，3#池和2#池从养殖开始到2002年11月15日数量激增，之后基本保持在一定的数量范围内波动，且两者变动相关性较好（相关系数 $r=0.831$）。养殖期间，1#、2#和3#池，养殖区每10 cm^2 桡足类的平均数量为（33±25）个、（98±113）个和（48±47）个。从其数量变动趋势（图4-30）可以看出，从养殖开始到2002年11月15日，数量先急剧增加，之后又急剧减少，并以较低数量维持到2002年12月29日，之后数量快速增加，再回落。

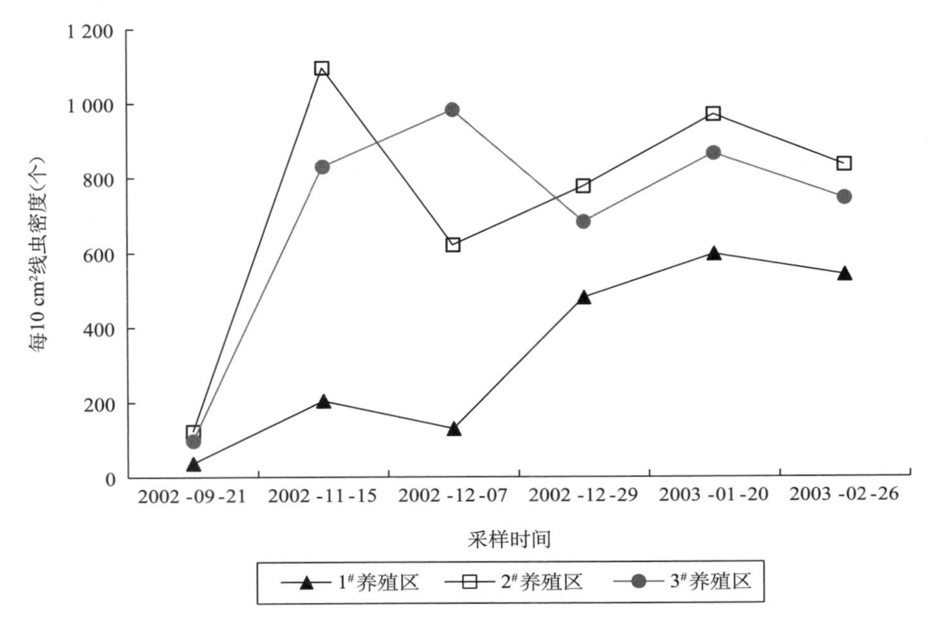

图4-29　养殖区海洋线虫丰度随养殖时间的变化

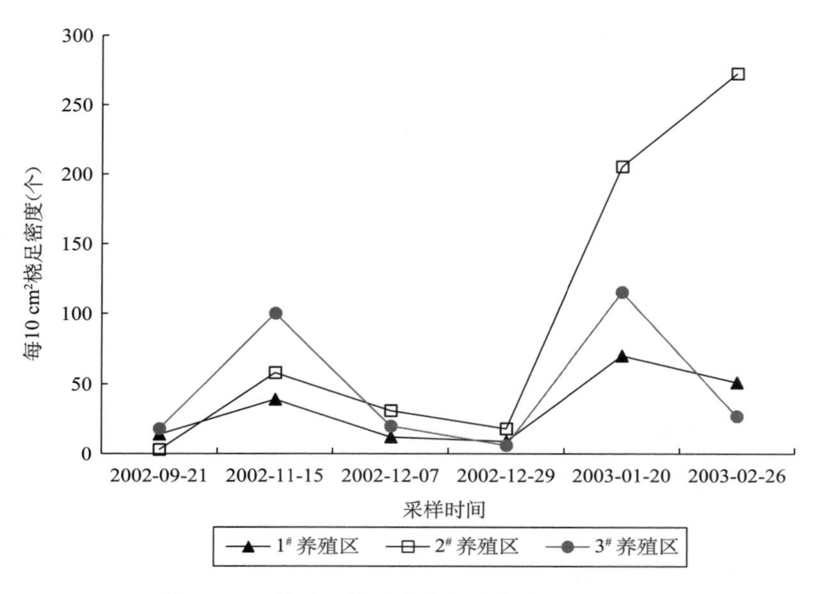

图 4－30　养殖区桡足类丰度随养殖时间的变化

对照区小型底栖动物丰度的变动：养殖期间，1#、2#和 3#池，对照区每 10 cm^2 线虫的平均数量分别为（304±222）个、(635±400）个和（593±332）个。变化规律为从养殖开始到 2002 年 12 月 29 日，基本表现为先增长，之后有下降的趋势。

水平分布：对 2#池的进水口、虾池中部、出水口和对照区 4 个采样点共 16 个样品进行线虫的水平分布分析表明，虾池中部线虫数量相对较多，其他 3 个区的差异并不明显（图 4－31）。桡足类在 4 个区域的水平分布与线虫的分布不同（图 4－32），它在虾池中部和对照区附近数量最多，对照区数量最少。

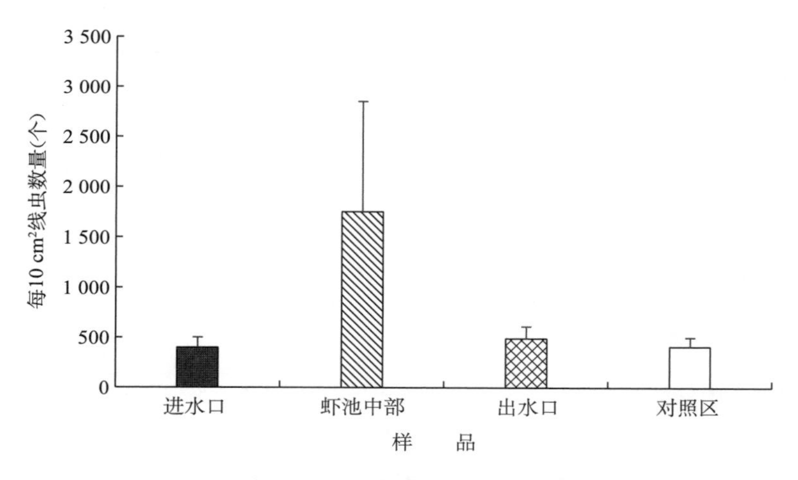

图 4－31　海洋线虫的水平分布

沉积物类型有差异，小型底栖动物组成也有差别，厦门钟宅虾池沉积物为粉沙质淤

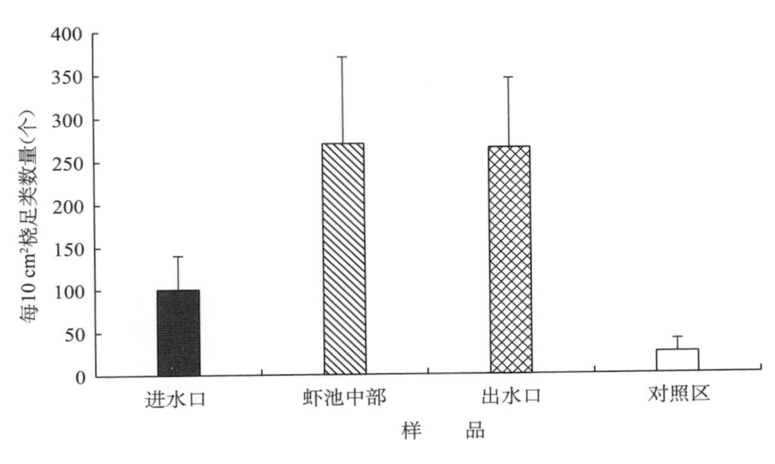

图 4-32 海洋桡足类的水平分布

泥，霞阳虾池为淤泥质粉沙。蔡立哲和李复雪（1998）的研究表明，多毛类的须稚齿虫和寡毛类分别为这两个虾池的常见种。青岛虾池沉积物类型为砾沙和分选好的细沙，小型底栖动物组成中出现了介形类。

二、虾池海洋线虫群落的多样性指数、优势属和摄食类型

在养殖区和对照区共鉴定出20个种或分类实体单元，表4-17给出了虾池中出现的种类数和线虫群落的物种多样性指数，包括物种丰富度指数（d）、Shannon-Wiener指数

表 4-17 虾池海洋线虫群落的物种多样性指数随养殖时间的变化

采样区域	时间	物种数（个）	丰富度指数 d	均匀度指数 J'	多样性指数 H'	优势度指数 λ
养殖池	2002-09-21	7	1.61	0.67	1.30	0.62
	2002-11-05	9	1.74	0.65	1.43	0.68
	2002-12-07	9	1.75	0.59	1.30	0.64
	2002-12-29	4	0.65	0.62	0.86	0.53
	2003-01-20	10	1.95	0.79	1.81	0.79
	2003-02-26	7	1.30	0.64	1.24	0.63
	平均值		1.50	0.66	1.33	0.65
对照池	2002-09-21	11	2.38	0.73	1.74	0.77
	2002-11-05	7	1.30	0.67	1.31	0.67
	2002-12-07	8	1.52	0.65	1.35	0.64
	2002-12-29	10	1.95	0.66	1.53	0.71
	2003-01-20	13	2.61	0.75	1.93	0.80
	2003-02-26	10	1.95	0.65	1.50	0.69
	平均值		1.95	0.69	1.56	0.71

(H')、均匀度指数(J')和优势度指数(λ)。从表 4-17 中可以看出,在养殖区养殖中期 2002 年 12 月 29 日,物种数只出现 4 种,和其他时间差异较大;对照区,养殖中期 2003 年 1 月 20 日出现种类最高值 13 种,除此之外,其他时间物种数和其他指数基本稳定。养殖区的各种指数的平均值略低于对照区。

养殖区和对照区,每 10 cm^2 线虫的平均密度分别为(701±312)个和(593±332)个。养殖区从开始到 2002 年 11 月 15 日数量激增,之后基本保持在一定的数量范围波动,养殖中期在 2002 年 12 月 2 日线虫的密度最少(曹英昆和郭玉清,2010)。造成线虫种类数量减少的原因很多,究竟由于线虫密度的减少造成种类数量减少的原因有多大,目前还不得而知。Nilsson 等(1993)利用褐虾进行的试验表明,在比较长的实验中,褐虾对小型底栖动物没有产生显著的影响,对虾主要捕食大型底栖动物的幼体,对于小型底栖动物而言,物理和化学因子对沉积物系统的影响比褐虾的捕食更重要。

优势度是表示物种在群落中生态重要性的指标。本节所指的优势度是个体数量占总体数量 10%以上的(包括 10%)物种。实验表明,本研究虾池中包括 *Desmodora* sp.、*Parodontophora* sp.、*Dichromadora* sp.、*Ptycholaimellus* sp.、*Chromadorita* sp. 和 *Axonolaimus* sp. 6 种。养殖区和对照区线虫群落的优势种及其优势度见表 4-18。

表 4-18 养殖区和对照区线虫群落的优势种及其优势度(%)

采样区域	时间	*Desmodora* sp.	*Parodontophora* sp.	*Dichromadora* sp.	*Dichromadora* sp.	*Chromadorita* sp.	*Axonolaimus* sp.
养殖池	2002-09-21	60	17	2	2	10	5
	2002-11-05	30	48	8	3	2	2
	2002-12-07	22	55	16	1	0	0
	2002-12-29	57	38	4	0	0	0
	2003-01-20	40	20	14	13	0	4
	2003-02-26	33	51	4	0	0	0
对照池	2002-09-21	35	10	40	0	1	3
	2002-11-05	46	32	13	4	0	0
	2002-12-07	22	55	8	6	0	0
	2002-12-29	40	36	8	3	0	0
	2003-01-20	38	12	6	2	2	22
	2003-02-26	19	52	10	11	0	0

从养殖区和对照区总体来看,*Parodontophora* sp. 为第一优势种,优势度为 36.7%;*Desmodora* sp. 为第二优势种,优势度为 35.1%;*Dichromadora* sp. 的优势度为 10.3%。此外,虾池中的常见种类还有 *Terschellingia* sp.、*Paracyatholaimus* sp.、*Sphaerolaimus* sp.、*Ptycholaimellus* sp.、*Axonolaimus* sp.、*Etalinhomoeus* sp.。从表 4-18 中看出,养殖区和对照区只表现在优势种丰度上的差异,说明了线虫群落结构的相对稳定。

但 Mirto 等（2002）在地中海西北部所进行的实验表明，养殖活动对线虫的密度、群落结构和个体大小都产生一定的影响，造成线虫密度的减少、多样性和均匀性的下降。而且在他们的实验中，根据多维尺度分析（MDS）所做的群落分析表明，养殖区和对照区，线虫形成了两个不同的群落类型。而且他们的试验还表明，*Setosabatieria*、*Latronema* 和 *Elzalia* 这些属的线虫对养殖环境中所形成的生物沉降十分敏感，相反，*Sabatieria*、*Dorylaimopsis* 和 *Oxystomina* 这些属在养殖环境中数量大量增加，因此，他们建议可以用 K-优势度曲线、生物成熟度指数来评价养殖环境。

Wieser（1953）根据线虫口腔的不同结构，划分自由生活海洋线虫为 4 个功能类群，他认为口腔形态上的差异代表了不同的摄食机制。本研究出现的 19 种线虫中，属于 2A 型（底上或硅藻捕食者）摄食类型为 8 种，而且，虾池中的 3 种优势种均为 2A 型即底上或硅藻捕食者，这些带小齿口腔的线虫，主要以单细胞藻类为食，待虫体捕获食物后，刺破细胞壁，吸取其中的细胞液为食。对于虾池这样比较浅的人工水体，水体的透明度较好，为底栖硅藻的大量繁殖创造了条件，这样也就为小型底栖动物提供了食物来源。同时，属于 1B 型（非选择性沉积食性者）摄食类型的线虫为 9 种，这类线虫有不具齿的杯型口腔，依靠食道的吸力和唇部、口腔前部的运动获得食物，这类型的食物主要包括养殖水体存在的大量颗粒有机物。

第五章 福建省自由生活海洋线虫的分类研究

第一节　自由生活海洋线虫概述

线虫属于不分节、无附肢、具假体腔、两侧对称、具完全消化道、神经系统和排泄系统的蠕虫状无脊椎动物。绝大多数线虫具长柱形虫体，两头略尖。自然界中线虫具有极高的多样性和数量，每 5 个后生动物（Metazoan）就有 4 个属于线虫（Lorenzen，1994），目前已报道的线虫大约有 27 000 种，很可能仅仅反映了其真实多样性的一小部分（Decraemer et al.，2014）。

线虫主要包括自由生活和寄生两种生活方式，几乎广泛分布在海洋、淡水和土壤生境中，也可寄生于动植物体内（Moens et al.，2013），在生态、经济和医学研究上具有重要的意义。动植物寄生线虫严重影响人体健康、食品安全等，已受到广泛关注，然而，具有更多数量的自由生活类群却相对研究不足（Heip et al.，1985）。近 50 年来，模式动物秀丽隐杆线虫（*Caenorhabditis elegan*）在科学中的广泛应用（Heip et al.，1985；Wu & Liang，1999），使自由生活线虫的研究日趋活跃。

自由生活海洋线虫，属于小型底栖动物的永久性成员，是小型底栖动物中的一个重要类群，占后生动物总数量的 60%～90%（McIntyre，1969），存在于从潮间带的潮上带到深海、从极地到热泉等绝大多数海洋生境中。线虫具有非常高的多样性，可以占据不同的营养级，促进营养物质的循环，刺激微生物的生产，加速有机质的降解，在底栖生态系统的能量流动和物质循环中发挥重要的作用（Heip et al.，1985；Schratzberger et al.，2000）。同时，它又具有短的生殖周期和持续的生殖能力：如 *Chromadora macrolaumoides* 的平均生殖周期为 22 d（Tietjen & Lee，1973），是评价底栖群落健康程度和环境变化的良好指示。目前，已经发现的海洋线虫约 7 000 种，据估计约 85%的海洋线虫未被报道，因此也被认为是最欠缺研究的类群之一（Appeltans et al.，2012）。

海洋线虫的基本形态结构见图 5－1，鉴定的重要形态结构特征包括：①生境；②角皮：结构及纹饰；③体刚毛；④头部结构：形态，头鞘，头刚毛的数目、长度和位置；⑤化感器：形态及位置：⑥口腔：形状，大小，齿或其他附属结构的有无、排列和结构；⑦食道：一般结构，辐射管和咽腺；⑧腹腺：位置和腹孔；⑨贲门：形状；⑩雄性生殖系统：精巢数目及其相对肠道的位置，交接器，引带，辅助结构；⑪雌性生殖系统：卵巢数目，卵巢形态（伸展或反折），阴门位置，德曼系统的有无，卵巢相对肠道的位置；⑫尾部：形态，尾腺及喷丝头；⑬体感器（Lorenzen，1981；张志南和周红，2003）。描述时还常用到德曼系数 a、德曼系数 b、德曼系数 c

和德曼系数 c'，其含义分别是“虫体的长度与最大体直径的比值”“虫体的长度与食道长度的比值”“虫体的长度与尾部长度的比值”和“尾部长度与泄殖孔所在体直径的比值”。

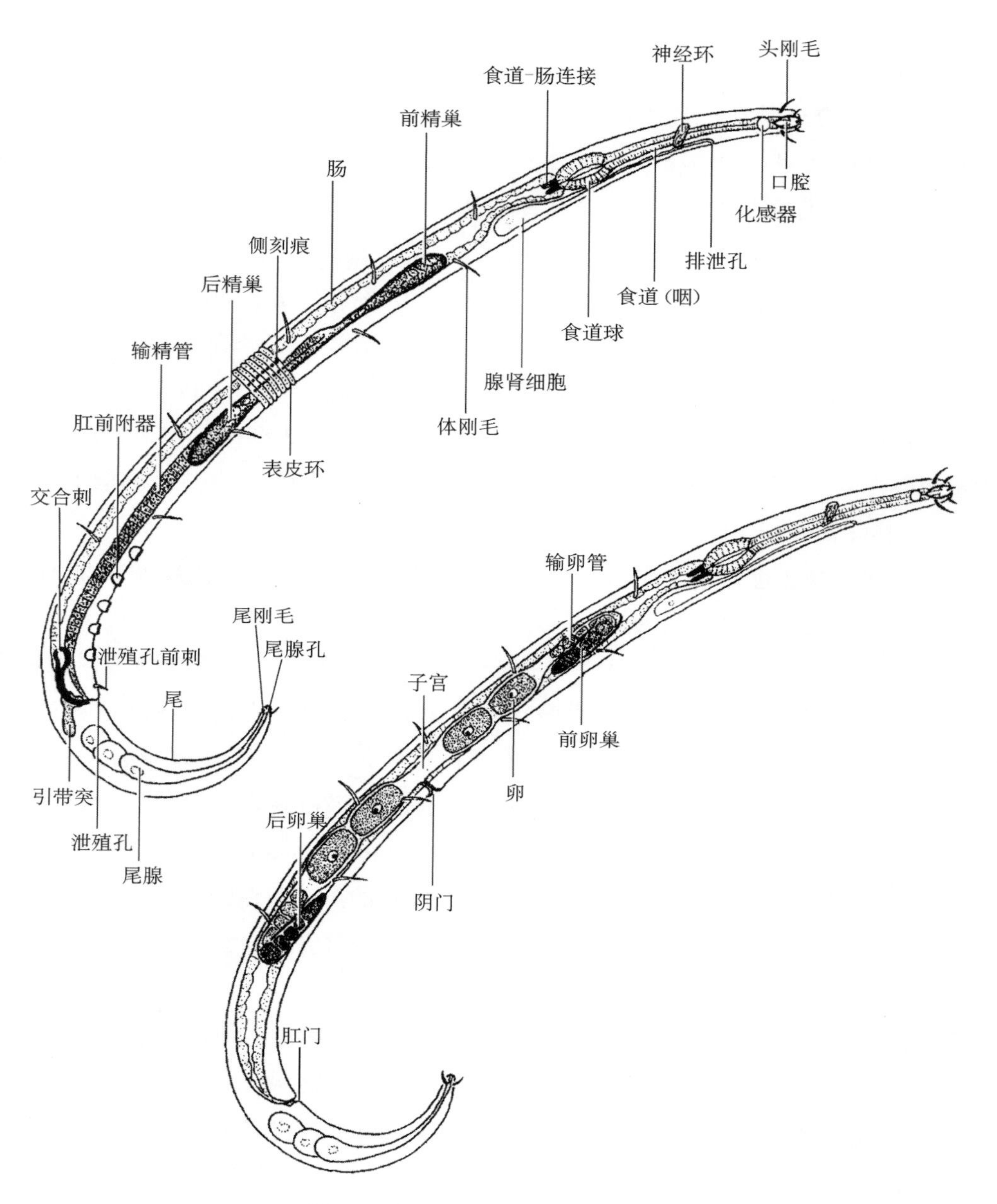

图 5-1　海洋线虫的基本形态结构

（Warwick，1998）

海洋线虫个体一般细小，传统形态学鉴定的方法耗时、耗力，同时，又需要研究者具有较强的专业技能。随着分子生物学 DNA 条形码技术在分类学中的应用，线虫分类进入了一个新的时期，尽管现在研究方法还不成熟，但已有104属的150个指名种的基因序列被在线数据库（GenBank）收录（Rodrigues Da Silva et al.，2010），已经引起海洋线虫分类系统产生了很多重要的改变（Bhadury et al.，2006a；Bhadury et al.，2006b；Fonseca et al.，2008；Hebert et al.，2003；Skantar & Carta，2004）。当前海洋线虫的分类鉴定仍主要基于形态学特征，每年大量的新种、新属和新科的发现，说明海洋线虫的分类学还处在发展阶段（张志南和周红，2003）。电子显微观察技术的引进为形态分类提供了更准确的依据。未来，传统光学显微观察和电子显微观察以及分子系统发育等的结合将是线虫分类学研究的发展趋势。

第二节　海洋线虫分类学研究概述

Bastaian被誉为线虫分类史上第一位杰出人物，1865年首次把自由生活线虫作为一个独立的类群进行研究，极大地推动了海洋线虫分类学研究。De Man创立了海洋线虫属和种描述的基本格式，是现代海洋线虫研究的开拓者，与他同时代的人物Cobb（1920）首创了线虫学"Nematology"一词，他对线虫特征的精确描述和绘图是里程碑式的工作。1918年Filipjev根据当时全部的已知种，应用线虫全部总的形态特征提出了第一个海洋线虫的分类系统，构成了海洋线虫系统分类学的框架，随后的众多线虫学家在此基础上进行了不断的修改和完善（表5-1）。Lorenzen（1981，1994）采用严格的分支系统学理论，

表5-1　线虫分类学阶元从纲到目的重要演变过程

（Heip et al.，1982）

作者	亚纲	下纲	目
Filipjey，1934			Enoplata
			Chromadorata
			Desmoscolecata
			Monhysterata
			Anguillulata
			Oxyurata
			Ascaridata
			Spirurata
			Filaria ta
			Dioctophymata
			Trichurata

（续）

作者	亚纲	下纲	目
Schuurmans - Stekhoyen，1935	Nematoda errantia		Enoploidea Chromadoroidea Araeolaimoidea Monhysteroidea Desmoscolecoidea
	Nematoda parasitlca		Anguilluloidea
Chitwood & Chitwood，1950	Aphasmidia		Chromadorida Enoplida
	Phasmidia		
De Coninck，1965	Adenophorea	Chromadoria	Araeolaimida Monhysterida Desmodorida Chromadorida Desmoscolecida
		Enoplia	Enoplida Dorylairmida
	Secernentea		
Hope & Murphy，1972	Adenophorea		Enoplida Chromadorida Desmodorida Desmoscolecida Monhysterida Araeolaimida
Gerlach & Riemann，1973，1974	Adenophorea		Araeolaimida Desmoscolecida Monhysterida Desmodorida Chromadorida Enoplida
Andrassy，1976	Torquentia（=Chromadoria）		Monhysterida Desmoscolecida Araeolaimida Chromadorida
	Penetrantia（=Enoplia）		Enoplida Dorylaimida
	(Secernentia)		
Lorenzen，1981	Adenophorea	Chromadorida	Chromadoria Monhysterida
		Enoplia	Enoplida Trefusiidae Dorylaimidae
	Secernentea		

对自由生活线虫的分类系统做了较大的修正，将泄腺纲（Adenophora）划分为 2 个亚纲、4 个目和 61 个科（不包括 Dorylaimida），引起线虫分类学界的广泛重视，虽然其分类系统中很多高级阶元的划分不被后来的分子系统发育所支持，但大部分科及以下阶元在现今的分类系统仍然被广泛沿用。

世界范围内更多的学者在特定地理区域内对海洋线虫分类做了非常有意义的基础工作，给出的二叉检索表直到现在对分类学研究仍然有着重要的意义。这些工作包括：Cobb（1920）对北美 100 多个线虫新种进行了描述；Chitwood（1951）描述了美国得克萨斯州附近海域的 3 个线虫新属和 33 个线虫新种；Timm（1952，1961）对美国马里兰州切萨皮克湾 44 个属的 78 个线虫种进行了详细的描述，此外，还对孟加拉湾的线虫进行了研究；Wieser（1956，1959）分别对智利和美国附近海域的线虫进行了调查及描述；Platonova（1971）对日本海线虫进行了研究；Decraemer 及 Gourbault 等对瓜德罗普岛和其他加勒比岛屿的线虫新种进行了系列研究，同时在新种描述的基础上对部分属进行了总结归纳（Decraemer，1986a；Decraemer，1986b；Decraemer & Gourbault，1987；Decraemer & Gourbault，1989；Decraemer & Gourbault，1990；Gourbault，1982；Gourbault & Decraemer，1987；Gourbault & Decraemer，1988；Gourbault & Vincx，1986）；Platt 等出版的《自由生活海洋线虫》列举了英国周围海域常见的线虫种类，并给出了相应属的简要区别特征及检索图形，其中所介绍的线虫基本结构、分类特征及一些研究方法对初学者非常有用（Platt &Warwick，1983；Platt & Warwick，1988；Warwick，et al.，1998）；Gagarin 研究发表了越南湄公河入海口和红河三角洲自由生活海洋线虫 60 余种（Gagarin，2012；Gagarin，2013a；Gagarin，2013b；Gagarin，2014；Gagarin & Gusakov，2013；Gagarin & Nguyen，2014；Gagarin & Thanh，2004；Gagarin & Thanh，2006a；Gagarin & Thanh，2006b；Gagarin & Thanh，2007；Gagarin & Thanh，2008；Gagarin & Thanh，2014；Gagarin et al.，2003；Gagarin et al.，2012；Rosli et al.，2014）；Leduc 对西南太平洋新西兰附近海域的线虫种类进行了研究。

分类学编目工作是海洋线虫分类研究的重要组成部分，它给出了线虫的分类阶元，提供了当时已知的属名录和种名录。这些专著包括 Stiles 和 Hassall（1905，1920）、Baylis 和 Daubney（1926）、Hope 和 Murphy（1972）及 Gerlach 和 Riemann（1973，1974）的工作成果。其中，Gerlach & Riemann（1973，1974）给出的目录按照当时普遍接受的 6 个目的划分，依次到科、亚科、属和种的水平，而且，书中每个分类条目，都添加了以时间排序的近乎完整的相关文献，对命名术语的变化、同物异名给出了详细的说明。从文献收集、整理分析的角度来看，Gerlach 和 Riemann（1973，1974）的工作是海洋线虫分类研究的里程碑。

第三节 我国海洋线虫分类研究概述

我国的海洋线虫分类研究起步较晚，中国海洋大学张志南教授1983年报道青岛湾海洋线虫三个新种（Zhang，1983），标志着我国海洋线虫分类学研究的开始，之后，他主要在渤海和黄海进行研究，发表一系列中国海域海洋线虫的新种（Zhang，1983；Zhang，1990；Zhang，1991；Zhang，1992；Zhang，2005；Zhang & Ge，2005；Zhang & Zhang，2006；Zhang & Zhou，2012），并在《中国海洋生物种类与分布》一书中列出了我国81种海洋线虫（黄宗国，1994）。在此基础上，聊城大学黄勇在《中国海洋生物名录》中列出了我国海洋线虫188种（刘瑞玉，2008），集美大学郭玉清等在《中国海洋物种和图集：上卷 中国海洋物种多样性》中列出了我国海洋线虫207种（黄宗国和林茂，2012a），给出了中国海洋线虫生物图集65种，其中东海有27种（黄宗国和林茂，2012b）。目前，中国海洋线虫的总目录还在不断充实和完善中，更多的年轻学者也在发表一些新种和新记录（Shi & Xu，2016）。

同时，作为我国海洋线虫分类的开拓者和奠基人，张志南也为我国小型底栖动物特别是海洋线虫的研究培养了一定数量的专业人才，最突出的是聊城大学的黄勇，他专长于自由生活海洋线虫的分类研究，在国际上建立了海洋线虫新属3个，发表新种60余个（Huang，2012；Huang & Li，2010；Huang & Sun，2011；Huang & Wu，2011a；Huang & Wu，2011b；Huang & Wu，2010；Huang & Xu，2013a；Huang & Xu，2013b；Huang & Zhang，2014；Huang & Zhang，2010a；Huang & Zhang，2010b；Huang & Zhang，2009；Huang & Zhang，2007a；Huang & Zhang，2007b；Huang & Zhang，2006a；Huang & Zhang，2006b；Huang & Zhang，2006c；Huang & Zhang，2006d；Huang & Zhang，2005a；Huang & Zhang，2005b；Huang & Zhang，2004）。

中国海洋线虫分类学的研究主要集中在黄海和渤海，对东海线虫的分类学研究尚少。邹朝中（1999）是较早对厦门岛海域海洋线虫分类学进行研究的学者，1996年到1999年间他对厦门岛潮间带沙滩和泥质滩进行了自由生活海洋线虫种类的研究，发现线虫种类约100种，对其中34种进行了详细的观察、测量、绘图和描述，并同世界其他地区报道的线虫进行对比。但仅对其中的5个，或确定到具体种，或进行命名并正式报道（表5-2），对大部分线虫未给出种名（邹朝中和孙冠英，2002）。黄宏靓（2002）于2000—2001年对厦门岛东南沙滩潮间带进行了自由生活海洋线虫种类的调查，发现线虫种类80余种，同时，对*Paracomesama xiamenensis*、*Comesoma* sp.、*Sabatieria mortenseni*、*Pomponema* sp.、*Pomponemximenensis*、*Marylynnia* sp.、*Pterygonema ornatum*、

表 5-2　东海现有详细描述的自由生活海洋线虫名录

序号	学名
1	*Parodontophora amoyensis* Zou，2000
2	*Axonolaimus spinosus* Butschli，1874
3	*Terschellingia longicaudata* De Man，1907
4	*Paracomesoma xiamenense* Zou，2001
5	*Dorylaimopsis variabilis* Vincx，1997
6	*Rhynchonema xiamenensis* Huang *et* Liu，2002
7	*Siphonolaimus bouchei*
8	*Sabatieria breviseta* Stekhoven，1935
9	*Sabatieria pulchra* Schneider，1906
10	*Sabatieria celtica* Southern，1914
11	*Cervonema deltensis* Hope *et* Zhang，1995
12	*Linhystera breviapophysis* Yu et al.，2014
13	*Linhystera longiapophysis* Yu et al.，2014
14	*Bathylaimus denticulatus* Chen *et* Guo，2014
15	*Oncholaimus minor* Chen *et* Guo，2014
16	*Oncholaimus xiamenense* Chen *et* Guo，2014
17	*Lauratonema macrostoma* Chen *et* Guo，2015
18	*Lauratonema dongshanense* Chen *et* Guo，2015
19	*Conilia unispiculum* Chen *et* Guo，2015
20	*Pheronous donghaiensis* Chen *et* Guo，2015
21	*Trissonchulus latispiculum* Chen *et* Guo，2015
22	*Hopperia sinensis* Guo et al.，2015
23	*Setosabatieria longiapophysis* Guo et al.，2015
24	*Metadesmolaimus zhanggi* Guo et al.，2016
25	*Anoplostoma tumidum* Li *et* Guo，2016
26	*Anoplostoma paraviviparum* Li *et* Guo，2016
27	*Parodontophora aequiramus* Li *et* Guo，2016
28	*Parodontophora irregularis* Li *et* Guo，2016
29	*Parodontophora huoshanensis* Li *et* Guo，2016
30	*Parodontophora microseta* Li *et* Guo，2016
31	*Parodontophora paramicroseta* Li *et* Guo，2016

Metachromadora sp.、*Desmoscolex xiamenensis*、*Leptolaimus xianenensis*、*Aponema xianenensis*、*Gammarinema ligiae*、*Daptonema xianenensis*、*Metadesmolaimus* sp.、*Rhynchonema xianenensis*、*Theristus nanus*、*Xyala xianenensis*、*Viscosia* sp. 等18个种进行了观察、测量、绘图和描述，对其中的12个种或确定到具体种或进行命名，但仅正

式报道了1个新种（黄宏靓和刘升发，2002）。黄宏靓（2002）在对厦门岛自由生活海洋线虫种类的调查中将其命名的线虫种名均定为“Xiamenensis”，同时在线虫鉴定过程中，对其中部分属或种的鉴定出现明显的错误。蔡立哲等（2001）给出了台湾海峡自由生活海洋线虫名录100种，但只鉴定到sp.。截至2016年年底，正式报道的详细记录有生境、产地、测量、绘图和特征描述的东海海域线虫仅31种，主要集中在厦门区域。东海现有详细描述的自由生活海洋线虫名录见表5-2（Chen & Guo，2014；Chen & Guo，2015a；Chen & Guo，2015b；Guo et al.，2015a；Guo et al.，2015b；Guo et al.，2016；Li & Guo，2016a；Li & Guo，2016b）。

第四节　福建省滨海湿地的海洋线虫物种

一、*Lauratonema* Gerlach，1953

1. *Lauratonema macrostoma* Chen & Guo，2015

Lauratonema macrostoma 的主要特征参数见表5-3，光学显微镜下的形态结构照片见图5-2，手绘形态结构见图5-3，标本采集地点漳州市东山岛的沙质潮间带。

表5-3　*Lauratonema macrostoma* 主要特征参数（μm）

特征	♂1	♂2	♂3	♂4	♂5	♀1	♀2	♀3
体长	1 615	1 760	1 638	1 541	1 723	1 592	1 606	1 643
头直径	13	13	13	14	14	13	13	13
外唇刚毛长度	13	14	15	16	15	14	15	17
头刚毛长度	10	10	10	12	11	11	10	9
口腔深度	15	14	13	14	15	15	13	16
口腔直径	6	6	6	7	7	6	6	7
化感器距离体前端的距离	11	11	12	11	12	11	11	13
化感器直径	5	5	5	6	5	5	5	5
化感器所在体直径	14	14	16	14	15	14	14	14
排泄孔距离体前端的长度	77	88	78	82	80	78	91	84
排泄孔所在体直径	22	22	22	22	22	23	22	25
神经环距离体前端的长度	135	137	138	141	146	138	125	131
神经环所在体直径	28	26	27	26	25	26	24	28

（续）

特征	♂1	♂2	♂3	♂4	♂5	♀1	♀2	♀3
食道长度	297	295	302	300	319	305	297	301
食道基部所在体直径	28	26	29	27	26	27	26	30
最大体直径	30	30	32	30	28	31	30	34
泄殖孔所在的体直径	29	26	27	26	25	28	26	31
尾长	139	138	147	131	144	138	138	141
德曼系数 c'	4.8	5.2	5.5	5.0	5.7	4.9	5.4	4.6
交接器弧长	16	14	15	15	16	—	—	—
德曼系数 a	53.0	59.3	51.2	51.9	60.9	51.6	54.0	47.9
德曼系数 b	5.4	6.0	5.4	5.1	5.4	5.2	5.4	5.5
德曼系数 c	11.6	12.8	11.1	11.8	11.9	11.5	11.6	11.6

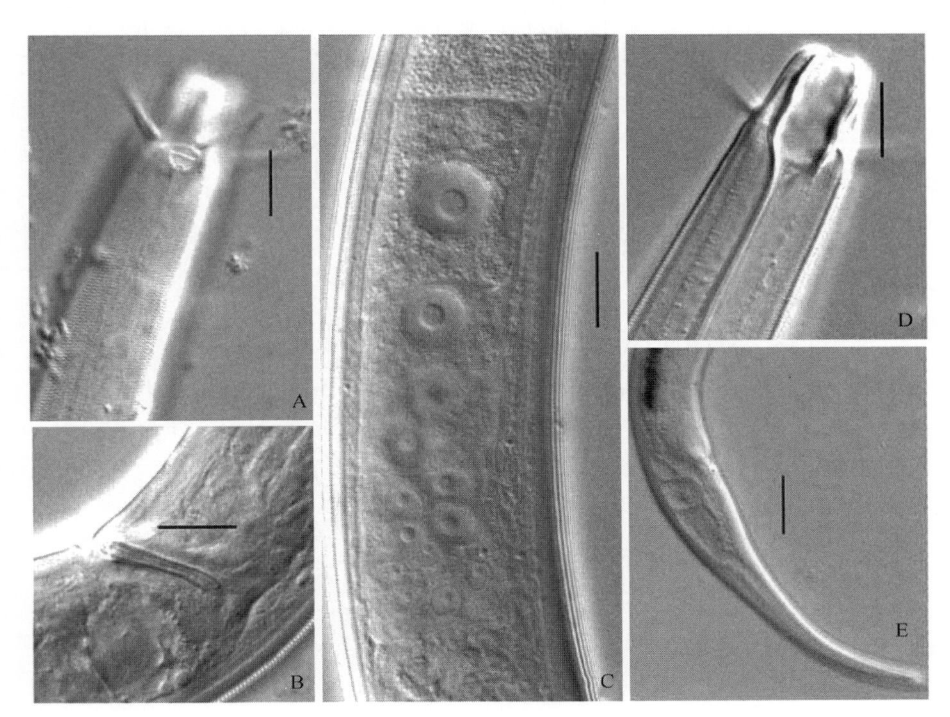

图 5－2　*Lauratonema macrostoma* 显微形态结构

A. 雄性头部　B. 雄性交接器　C. 雌性体内的卵　D. 雌性头部　E. 雄性尾部

比例尺：A～D=10 μm；E=25 μm

（Chen & Guo，2015a）

形态描述：虫体圆柱形，两端稍微变细。表皮从头刚毛基部到尾末端之间具有明显的细环纹，体表或多或少黏附着一些棒状的细菌。内唇刚毛不可见。6 根外唇刚毛和 4 根头刚毛围成一圈，分别长 13～17 μm 和 9～12 μm，位于口腔深度 2/3 的位置。口腔大，圆桶状，口腔内部角质化，在其大约 1/2 深度的位置稍微缢缩。化感器在一些标本中不清

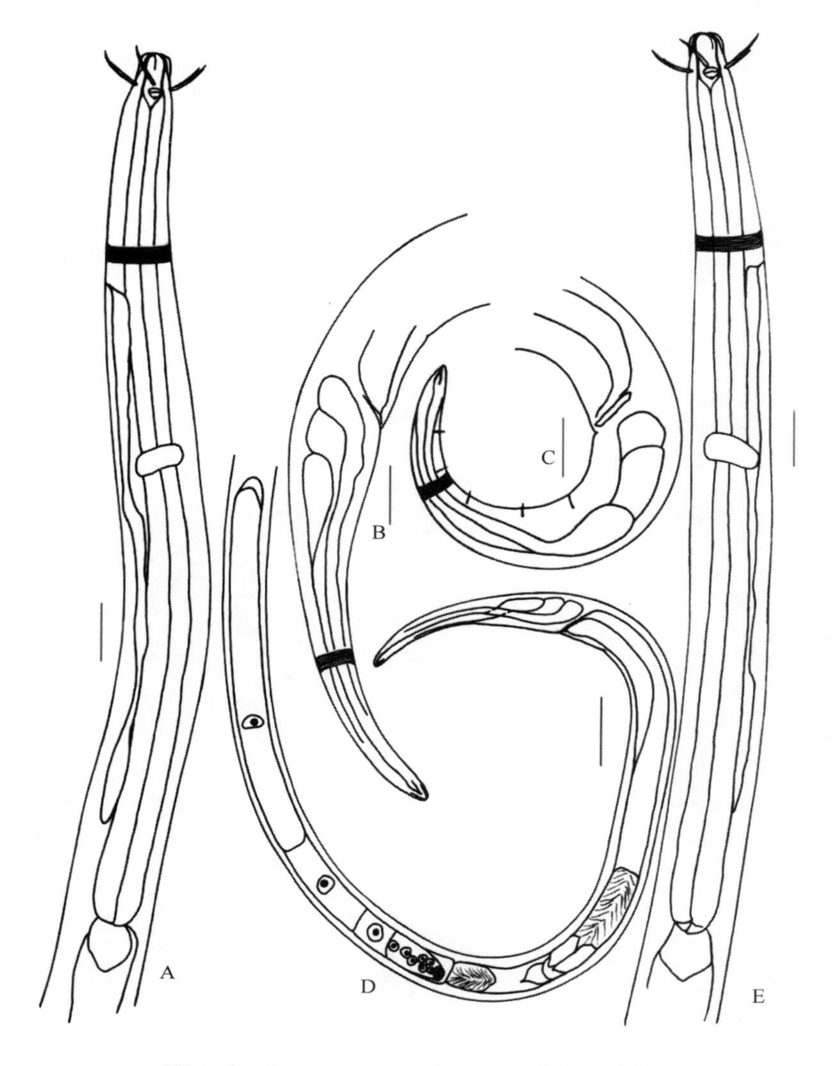

图 5-3 *Lauratonema macrostoma* 手绘形态结构

A. 雄性的虫体前部 B. 雌性的尾部 C. 雄性的尾部 D. 雌性的虫体后部 E. 雌性的虫体前部

比例尺：A、B、C、E=20 μm；D=50 μm

(Chen & Guo，2015a)

晰，但在一些标本中则清晰可见为杯形，位于外唇刚毛的基部之后，直径大约为化感器所在体直径的 1/3。食道基部体直径为 26～30 μm。食道-肠连接较大，近乎心形，周围被肠道组织包围。神经环位于食道长度的 42%～47%处。排泄孔开口距前端 77～91 μm，位于神经环前 49～65 μm 的位置。腹腺小，位于食道基部前大约 40 μm 的位置。尾部为长圆锥形，长度为泄殖孔所在体直径（以下简称 abd）的 4.6～5.7 倍。尾腺明显，尾末端无刚毛。喷丝头小，位于尾末端。

雄性具有双精巢串联，前精巢位于肠道的右边，后精巢位于肠道的左边。交接器成对，刀片状，近端闭合，长 0.55～0.65 abd。无引带。尾部的亚腹面具有两排刚毛。雌性的大部分特征与雄性相似，但尾部的亚腹面无刚毛。反折的单子宫位于肠道的右边。雌性生殖道与直肠连接形成泄殖腔。

2. *Lauratonema dongshanense* Chen & Guo，2015

Lauratonema dongshanense 的主要特征参数见表 5－4，光学显微镜下的形态结构照片见图 5－4，特征性结构绘图见图 5－5，标本采集地点漳州市东山岛的沙质潮间带。

表 5－4　*Lauratonema dongshanense* 的主要特征参数（μm）

特征	♂1	♂2	♂3	♀1	♀2
体长	1 547	1 542	1 372	1 495	1 515
头直径	14	13	14	14	14
外唇刚毛长度	10	10	9	8	10
头刚毛长度	7	6	6	5	6
口腔深度	7	6	6	6	6
口腔直径	6	5	6	6	6
化感器距离体前端的长度	9	—	8	9	10
化感器直径	6	—	4	5	5
化感器所在体直径	15	—	14	15	14
排泄孔距离体前端的长度	83	88	87	92	99
排泄孔所在体直径	23	21	23	24	22
神经环距离体前端的长度	146	—	148	166	153
神经环所在体直径	24	—	24	27	24
食道长	310	314	310	323	316
食道基部所在体直径	24	23	24	31	24
最大体直径	25	25	25	33	27
泄殖孔所在的体直径	24	22	23	30	24
尾长	126	123	125	137	141
德曼系数 c'	5.3	5.6	5.3	4.6	6.0
交接器弧长	14	15	14	—	—
德曼系数 a	61.2	61.3	54.4	44.7	56.1
德曼系数 b	5.0	4.9	4.4	4.6	4.8
德曼系数 c	12.3	12.5	11.0	10.9	10.7

形态描述：虫体圆柱形，两端稍微变细。表皮从化感器后边缘到尾末端之间具有明显的细环纹，体表或多或少黏附着一些棒状的细菌。内唇刚毛不可见。6 根外唇刚毛和 4 根头刚毛围成一圈，分别长 8～10 μm 和 5～7 μm，位于距离体前端 8～10 μm 的位置。口

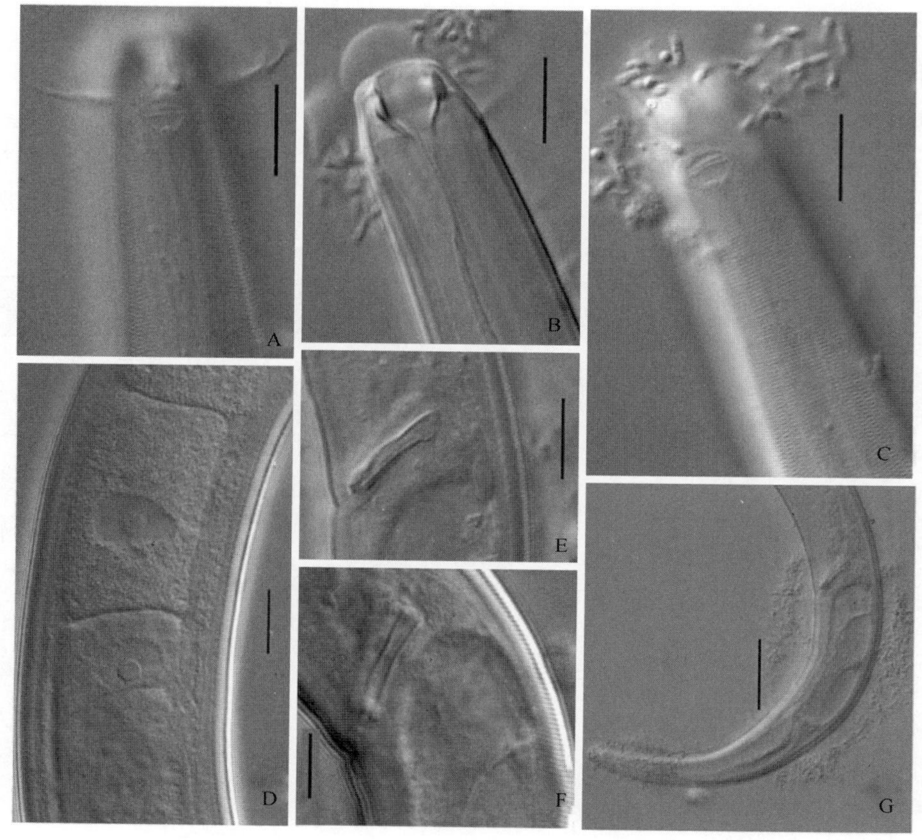

图 5-4 *Lauratonema dongshanense* 显微形态结构

A 化感器　B. 口腔　C. 化感器和黏附的细菌　D. 交接器　E. 交接器　F. 雌性体内的卵　G. 雌性尾部

比例尺：A～F=10 μm；G=25 μm

（Chen & Guo，2015a）

腔漏斗状，深度几乎与宽度相等，具有1个角质化的横带。化感器杯形，位于外唇刚毛基部之后，直径大约为化感器所在体直径的0.32～0.44倍。食道圆柱形，其基部体直径为23～31 μm。食道-肠连接较大，近乎心形，周围被肠道组织包围。神经环位于食道长度的47%～51%处。排泄管很短，排泄孔开口距体前端54～73 μm，腹腺位于神经环前40～50 μm的位置。尾腺发达。尾末端无刚毛。

雄性的尾部长圆锥形，长123～126 μm，5.3～5.6 abd，亚腹面具有两排刚毛。双精巢串联，前精巢位于肠道的右边，后精巢位于肠道的左边。交接器刀片状，短且直，0.58～0.67 abd。在3个被测量的标本中，其中1个标本的交接器近端不闭合（图5-4F），其他两个近端轻微头状（图5-4E）。引带不存在。泄殖腔前大约15 μm的位置有1个小的突起。雌性的大部分特征与雄性相似，但尾部较雄性长一些，尾长为137～

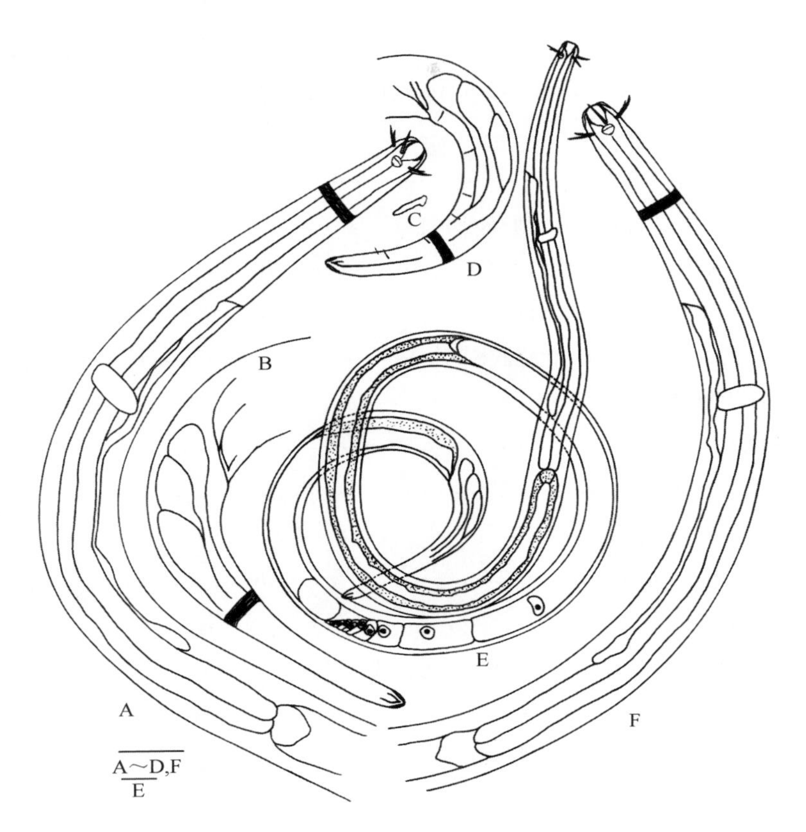

图 5－5　*Lauratonema dongshanense* 手绘形态结构

A. 雌性前端区域　B. 雌性尾部区域　C. 雄性交接器　D. 雄性交接器及尾部区域

E. 雌性侧面观，体现生殖系统　F. 雄性前端区域

比例尺：25 μm

（Chen & Guo，2015a）

141 μm，尾部的亚腹面无刚毛。反折的单子宫位于肠道的右边。雌性生殖道与直肠连接形成泄殖腔。

3. *Lauratonema* 属的检索

Hopper（1961）给出了包含 8 个种的二叉检索表，随后又有 3 个新种被描述，即：*L. obtusicaudatum* Murphy & Jensen，1961、*L. minutum* Platonova，1971 和 *L. juncta* Fadeeva，1989。但是 De Coninck（1965）将 *L. originale* 转移到 *Lauratonemoides* 属。Tchesunov（1984）给出了 Lauratonematidae 科的二叉检索表，将 *Lauratonema minutum* 转移到 *Lauratonemoides* 属，同时建立了 *Lauratonemella* 属，并将 *L. spiculifer* Gerlach，1959 转移到 *Lauratonemella* 属。因此，*Lauratonema* Gerlach，1953 属目前仍有 8 个种（Guilini et al.，2018；Horton et al.，2018）。作者根据口腔的大小、化感器的位置、头

刚毛及交接器的长度、腹部乳突的存在与否等特征，对 Hopper（1963）及 Tchesunov（1984）检索表进行了修订，给出了包括 2 个新种在内的 10 个种的二叉检索表。

Lauratonema 属的二叉检索表

1 口腔大，深度大于宽度 ………………………………………………………… 2
口腔小，深度等于或小于宽度 ………………………………………………… 4
2 化感器位于侧边外唇刚毛之前，在口腔水平的位置上 ……………… *L. mentulatum* Wieser，1959
化感器位于侧边外唇刚毛之后，在口腔之后 ………………………………… 3
3 口腔深度是宽度的 1.5 倍。化感器肾形 …………………… *L. reniamphidum* Hopper，1961
口腔深度是宽度的 2.1～2.3 倍。化感器杯形 ……………… *L. macrostoma* Chen & Guo，2015
4 外唇刚毛与头刚毛等长 ……………………………………… *L. adriaticum* Gerlach，1953
外唇刚毛与头刚毛不等长 ………………………………………………………… 5
5 雄性尾部的腹面具有乳突 ………………………………………………………… 6
雄性尾部的腹面无乳突 …………………………………………………………… 9
6 口腔内具有齿状结构 ………………………………………… *L. juncta* Fadeeva，1989
口腔内无齿状结构 ………………………………………………………………… 7
7 头部区域稍微缢缩，雄性具有 1 个肛前和 2 个肛后腹面乳突 ……………………
…………………………………………………… *L. obtusicaudatum* Murphy & Jensen，1961
头部区域无缢缩，雄性无肛前和肛后腹面乳突 ………………………………… 8
8 交接器纤细，略微 S 形弯曲。引带小且薄。雄性腹面具有 3～4 个肛后乳突 ………………
…………………………………………………………… *L. pugiunculus* Wieser，1959
交接器刀片状，短且直。无引带。雄性腹面具有 1 个小的肛前乳突 ……………………
…………………………………………………… *L. dongshanense* Chen & Guo，2015
9 体型较纤细，*a* 值大于 65；外唇刚毛长 8.5 μm ………………… *L. hospitum* Gerlach，1954
体型较胖，*a* 值小于 50；外唇刚毛长 11～15 μm ………………… *L. reductum* Gerlach，1953

二、*Metadesmolaimus* Schuurmans Stekhoven，1935

1. *Metadesmolaimus zhanggi* Guo et al.，2016

Metadesmolaimus zhanggi 的主要特征参数见表 5－5，光学显微镜下的形态结构照片见图 5－6，特征性结构见图 5－7。标本采集地点为漳州市东山岛的沙质潮间带。

表 5－5 *Metadesmolaimus zhanggi* 的主要特征参数（μm）

特征	♂1	♂2	♂3	♂4	♂5	♀1	♀2
体长	954	930	981	980	935	975	944
头直径	19	20	19	19	18	21	23

（续）

特征	♂1	♂2	♂3	♂4	♂5	♀1	♀2
唇刚毛长度	3	4	3	3	3	3	3
外唇刚毛长度	14	15	14	15	15	17	14
头刚毛长度	13	12	13	12	13	12	12
口腔深度	15	16	16	15	17	19	18
口腔直径	11	12	12	11	11	14	14
化感器距离体前端的长度	16	15	15	14	15	17	18
化感器直径	9	8	9	9	10	7	6
化感器所在体直径	24	30	26	25	25	28	28
排泄孔距离体前端的长度	86	—	85	72	89	78	85
排泄孔所在体直径	31	—	31	29	30	33	33
食道长	164	179	184	181	184	180	169
食道基部所在体直径	31	31	32	30	30	34	36
最大体直径	34	33	38	32	31	35	36
泄殖孔所在的体直径	21	23	24	22	23	20	21
尾长	112	115	115	103	98	125	134
德曼系数 c'	5.3	5.0	4.8	4.7	4.3	6.3	6.4
尾端刚毛长度	13	17	16	15	12	5	5
交接器弦长	23	23	25	23	21	—	—
交接器弧长	29	28	29	29	24	—	—
阴门距离体前端的长度	—	—	—	—	—	550	523
阴门所在的体直径	—	—	—	—	—	34	35
阴门距离体前端的长度占体长的百分比	—	—	—	—	—	56.4	55.4
德曼系数 a	28.1	28.2	25.8	30.6	30.2	27.9	26.2
德曼系数 b	5.8	5.2	5.3	5.4	5.1	5.4	5.6
德曼系数 c	8.5	8.1	8.5	9.5	9.5	7.8	7.0

形态描述：虫体棕黄色。表皮具环纹，虫体的前部大约每 10 μm 有 6.5 个环纹，后部大约每 10 μm 有 7～8 个环纹。头部与虫体的部分具有明显的界限。唇部高，6 根内唇刚毛分节，长 3～4 μm。6 根外唇刚毛和 4 根头刚毛围成 1 个圈。外唇刚毛粗且分节，长 14～17 μm；头刚毛较细，不分节，长 12～13 μm。在虫体侧面头刚毛与内唇刚毛之间的位置上存在 1～2 根刚毛状的结构。口腔梨形，具有 1 个明显向前延伸的圆柱形结构。雄性口腔深 15～17 μm、宽 11～12 μm；雌性口腔深 18～19 μm、宽 14 μm。整个食道区域具有许多长短不一的体刚毛，长 4～52 μm，体刚毛最长可达 1.5～1.6 倍于相应体直径。虫体其余部分零星散落着一些较短的体刚毛，长 5～11 μm。雄性化感器圆形或近乎圆形，

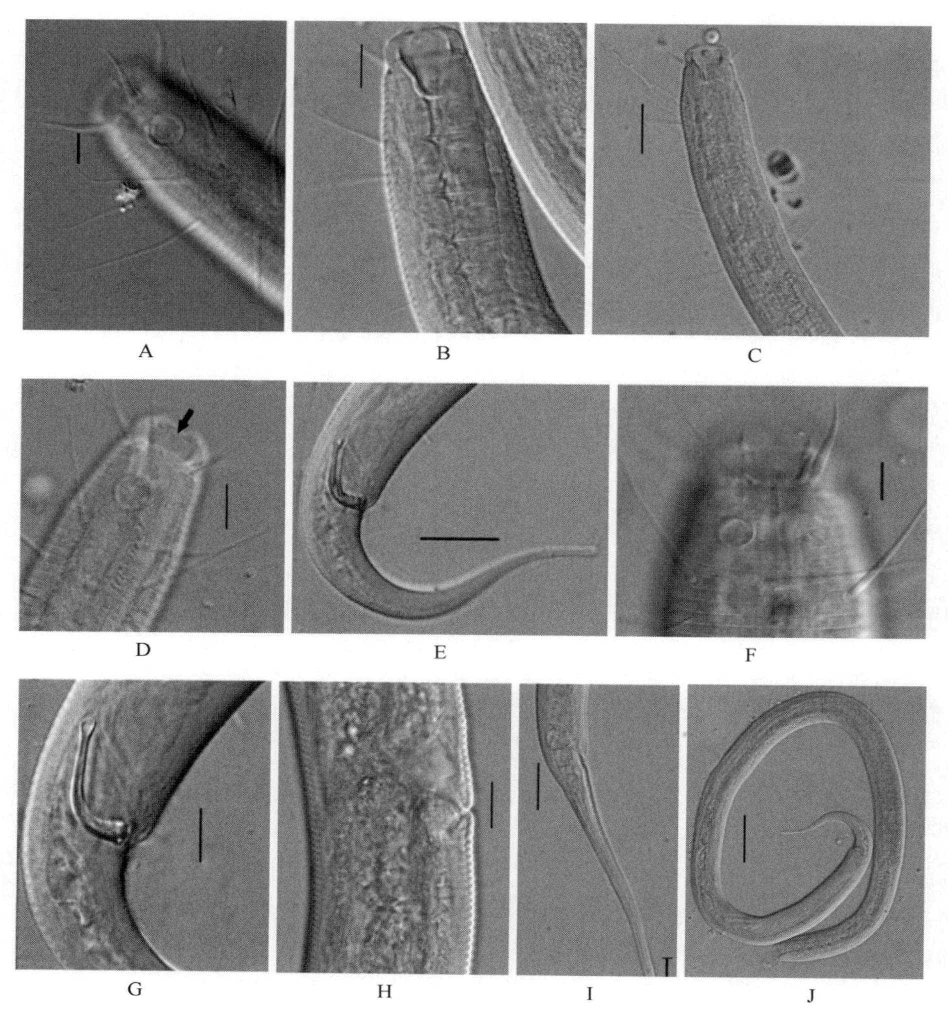

图 5－6　*Metadesmolaimus zhanggi* 显微形态结构

A. 雄性化感器和头刚毛　B. 雌性头部　C. 雌性体刚毛　D. 口腔延伸部分　E. 雄性尾部区域

F. 化感器和头刚毛　G. 雄性交接器　H. 雌性阴门　I. 雌性尾部区域　J. 整体图

比例尺：A、B、D、F、G、H＝10 μm；C、E、I＝25 μm；J＝50 μm

（Guo et al.，2016）

直径为 8～10 μm（0.30～0.40 倍于相应体直径），距离虫体前端距离为 14～16 μm；雌性化感器圆形或椭圆形，直径为 6～7 μm（0.21～0.25 倍于相应体直径），距离虫体前端距离为 17～18 μm。1 对长 3～4 μm 的刚毛恰好位于与化感器前端水平的位置上。食道长度为体长的 0.17～0.20 倍。神经环不是很清楚，大约在离虫体前端 80 μm 的位置上。未观察到排泄孔。尾部有些短的刚毛，纤细，圆锥—圆柱形。雄性尾端刚毛长 12～17 μm；雌性尾端刚毛长约 5 μm。

雄性交接器成对且等长，L 形，弧长 24～29 μm，1.0～1.4 倍于泄殖孔所在虫体的体

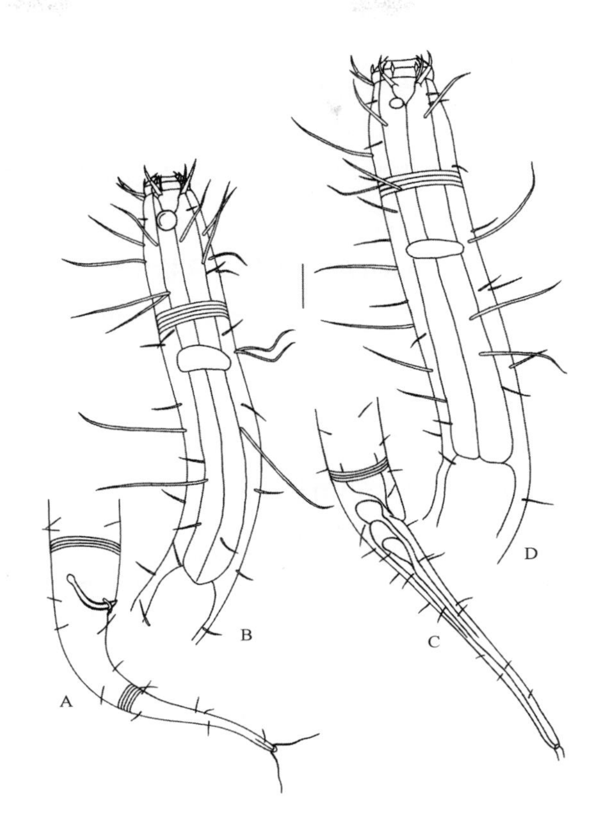

图 5-7　*Metadesmolaimus zhanggi* 手绘形态结构

A. 雄性尾部区域　B. 雄性头部区域　C. 雌性尾部区域　D. 雌性头部区域

比例尺：20 μm

(Guo et al.，2016)

直径，近端头状膨大，远端较稍尖。从侧面看，引带为 2 个环带，环绕着交接器的远端。未观察到引带突。精巢成对且反折。雌性卵巢单个且伸展，阴门位于体长 55.4%～56.4%的位置。

2. *Metadesmolaimus* 属的检索

Schuurmans Stekhoven 根据采集自比利时沙滩的 *M. labiosetosus* 的一个幼体建立了 *Metadesmolaimus* 属（Schuurmans - Stekhoven，1935）。该属与 *Daptonema* 属的区别在于该属虫体呈棕黄色，口腔具有 1 个向前延伸的结构，在虫体的侧面头刚毛与内唇刚毛之间存在刚毛状的结构（Warwick et al.，1998）。目前为止，该属有 16 个种，包括 15 个有效种和 1 个疑问种（Gagarin，2013b；Gerlach & Riemann，1973，1974；Venekey et al.，2014）。Platt 于 1983 年将当时该属 11 个有效种的鉴定特征进行了归纳（Platt & Warwick，1983）。随后该属又有 4 个新种被描述，即：*M. psammophilus*、*M. similis*、*M. communis*、*M. elegans*（Gagarin，2013b；Tchesunov，1990a；Tchesunov，1990b）。

Tchesunov（1990a）将 *Trichotheristus galeatus* 转移到 *Metadesmolaimus* 属，但到目前为止该种的归属关系仍存在争议。*M. labiosetosus* 仅仅对 1 个幼体进行描述，因此被认为是疑问种（Gagarin，2013b；Tchesunov，1990a；Tchesunov，1990b；Venekey，2014）。作者根据化感器的大小及位置；头刚毛及交接器的长度；体刚毛的存在与否、长短及覆盖范围等特征修订了该属的二叉检索表。

Metadesmolaimus 属的二叉检索表

1 交接器不等长 …………………… *M. heteroclitus* Lorenzen，1972
　交接器等长 …………………… 2
2 外唇刚毛小于 0.5 倍的头直径 …………………… *M. communis* Gagarin，2013
　外唇刚毛大于或等于 0.7 倍的头直径 …………………… 3
3 交接器较长，长度大于 2 倍的泄殖孔所在的体直径 …………………… 4
　交接器较短，长度小于或等于 2 倍的泄殖孔所在的体直径 …………………… 5
4 头刚毛及外唇刚毛共 10 根 …………………… *M. varians* Lorenzen，1972
　头刚毛及外唇刚毛共 12 根 …………………… *M. caniculus* Wieser & Hopper，1967
5 表皮有长的体刚毛，最长的体刚毛等于或大于 1 倍的相应体直径 …………………… 6
　表皮无长的体刚毛，最长的体刚毛等于或小于 0.6 倍的相应体直径 …………………… 12
6 化感器相对较大，直径大于 0.6 倍的相应体直径 …………………… *M. pandus* Lorenzen，1972
　化感器相对较小，直径小于 0.5 倍的相应体直径 …………………… 7
7 尾末端无刚毛 …………………… *M. hamatus* Gerlach，1956
　尾末端有刚毛 …………………… 8
8 外唇刚毛分节 …………………… 9
　外唇刚毛不分节 …………………… 12
9 长的体刚毛存在于化感器与神经环之间 …………………… *M. elegans* Gagarin，2013
　长的体刚毛存在于整个食道区域 …………………… *M. zhanggi* Guo et al.，2016
10 无清晰的引带 …………………… *M. psammophilus* Tchesunov，1990
　存在清晰的引带 …………………… 11
11 引带小，不成对，夹在两根交接器远端中间，无引带突 …………………… *M. aduncus* Lorenzen，1972
　引带成对，夹在两根交接器远端中间，引带的远端侧面成钩状 …………………… *M. gelana* Warwick & Platt，1973
12 化感器前端距虫体前端的距离大于 1.5 倍头直径 …………………… *M. coronatus* Schuurmans Stekhoven，1950
　化感器前端距虫体前端的距离等于或小于 1 倍头直径 …………………… 13
13 表皮具有细微的环纹，或环纹不可见 …………………… *M. aversivulva* Gerlach，1953
　表皮环纹间距较大且环纹十分清楚 …………………… 14
14 尾末端无刚毛 …………………… *M. tersus* Gerlach，1956
　尾末端有刚毛 …………………… 15

15 交接器弧长大于 35 μm，大于或等于 1.5 abd …………………………… *M. gaelicus* Platt，1983

交接器弧长小于 35 μm，小于 1.5 abd …………………………… *M. similis* Tchesunov，1990

三、*Conilia* Gerlach，1956

1. *Conilia unispiculum* Chen & Guo，2015

Conilia unispiculum 的主要特征参数见表 5－6，光学显微镜下的形态结构照片见图 5－8，特征性结构见图 5－9。标本采集地点为漳州市东山岛的沙质潮间带。

表 5－6 *Conilia unispiculum* 的主要特征参数（μm）

特征	♂1	♂2	♂3	♂4	♂5	♂6	♀1	♀2
体长	2 122	2 399	2 101	2 141	2 141	1 956	2 080	1 883
头直径	26	26	25	25	26	25	29	33
外唇刚毛长度	17	20	20	20	18	17	20	22
头刚毛长度	8	8	9	10	9	8	9	8
口腔深度	42	37	37	43	37	38	45	40
神经环距离体前端的长度	152	155	150	164	156	147	167	160
神经环所在体直径	29	28	29	28	28	28	32	32
食道长	390	423	390	420	393	380	444	397
食道基部所在体直径	29	30	32	30	30	29	37	35
最大体直径	34	34	35	36	34	33	48	41
泄殖孔所在的体直径	24	24	25	22	22	25	24	24
尾长	134	121	123	125	120	112	126	136
德曼系数 c'	5.6	5.0	4.9	5.7	5.5	4.5	5.3	5.7
交接器弦长	87	76	79	83	76	80	—	—
交接器弧长	99	100	100	90	90	87	—	—
肛前附器数量	1	1	1	1	1	1	—	—
副交接器长度	28	25	25	25	28	27	—	—
引带长度	18	20	—	19	20	22	—	—
阴门到体前端的长度	—	—	—	—	—	—	1 179	1 015
阴门所在处直径	—	—	—	—	—	—	44	40
阴门到体前端长度占体长的百分比	—	—	—	—	—	—	56.7	53.9
德曼系数 a	62.4	70.6	60.0	59.5	63.0	59.3	43.3	45.9
德曼系数 b	5.4	5.7	5.4	5.1	5.4	5.1	4.7	4.7
德曼系数 c	15.8	19.8	17.1	17.1	17.8	17.5	16.5	13.8

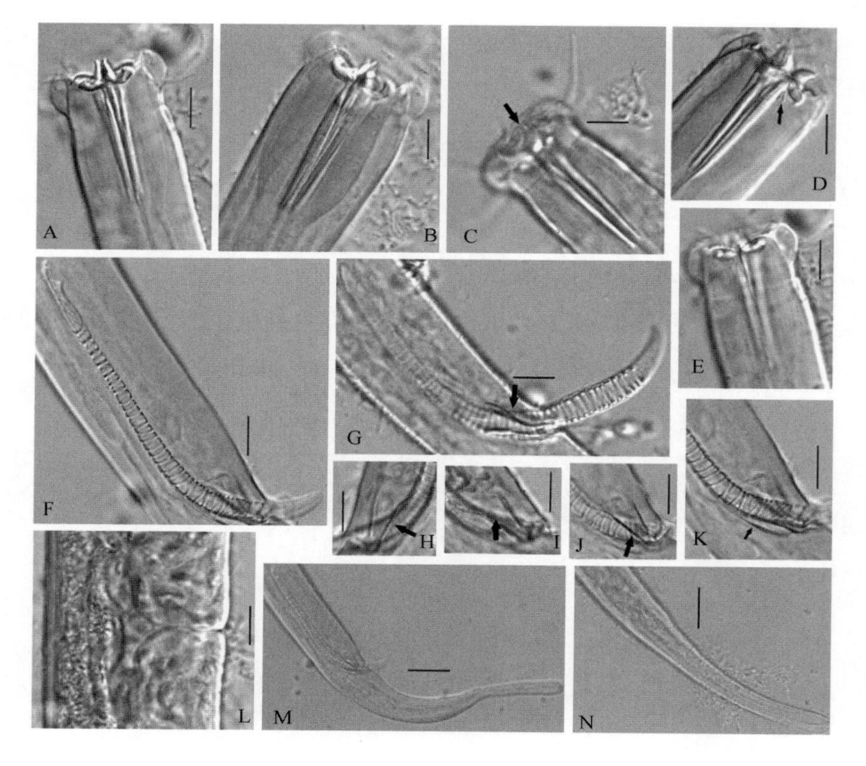

图 5－8　*Conilia unispiculum* 显微形态结构

A. 雄性头部　B. 雌性头部　C. 唇部褶皱　D. 幼体替换齿　E. 雄性交接器　F. 副交接器
G. 口腔小齿　H～J. 副交接器　K. 引带　L. 雌性阴门　M. 雄性尾部区域　N. 雌性尾部
比例尺：A～L＝10 μm；M、N＝25 μm
（Chen & Guo，2015b）

形态描述：虫体细长。头端钝平。唇区膨大，外壁具有一些褶皱（图 5－7 F、G）。6 个内唇刚毛乳突状，6 根外唇刚毛和 4 根头刚毛粗且钝，围成一圈。1 个宽约 4 μm 的环带将头部区域与虫体剩余部分分隔开来。口腔的杯形部分深 5～12 μm，管状结构长 29～31 μm。3 个几乎等大的爪状实齿位于口腔杯形部分和管状结构的交接处，在其中的 2 个标本中，其 3 个齿中有 1 个齿似乎稍微有点双尖。口腔杯形部分的前边缘有 1 排小齿。化感器未观察到。食道长度为体长的 0.18～0.21 倍，前端围绕口腔的部分具有明显的膨大。神经环位于食道长度 37%～40%的位置上。尾部圆锥—圆柱形，长 4.5～5.7 abd，向腹部弯曲，在尾部中间的腹面部位有 1 个小的突起。3 个尾腺延伸到泄殖腔前。喷丝头小。体表光滑，大部分均被一些棒状的细菌黏附在上面。在 1 个较少细菌黏附的标本上，可以观察到在尾部区域的亚腹面具有 2 排体刚毛，有 2 根靠近泄殖腔。

雄性双精巢串联，位于肠道的右边。交接器只有 1 个，管状，弧长 87～100 μm，3.5～4.2 abd，具有横向或略微倾斜的角质化横纹。副引带成对，长 25～28 μm，翼状，前腹侧及背后侧具有角质化的脊，近端似乎可变（图 5－8 G、H、I、J；图 5－8 C、D、E），远端为

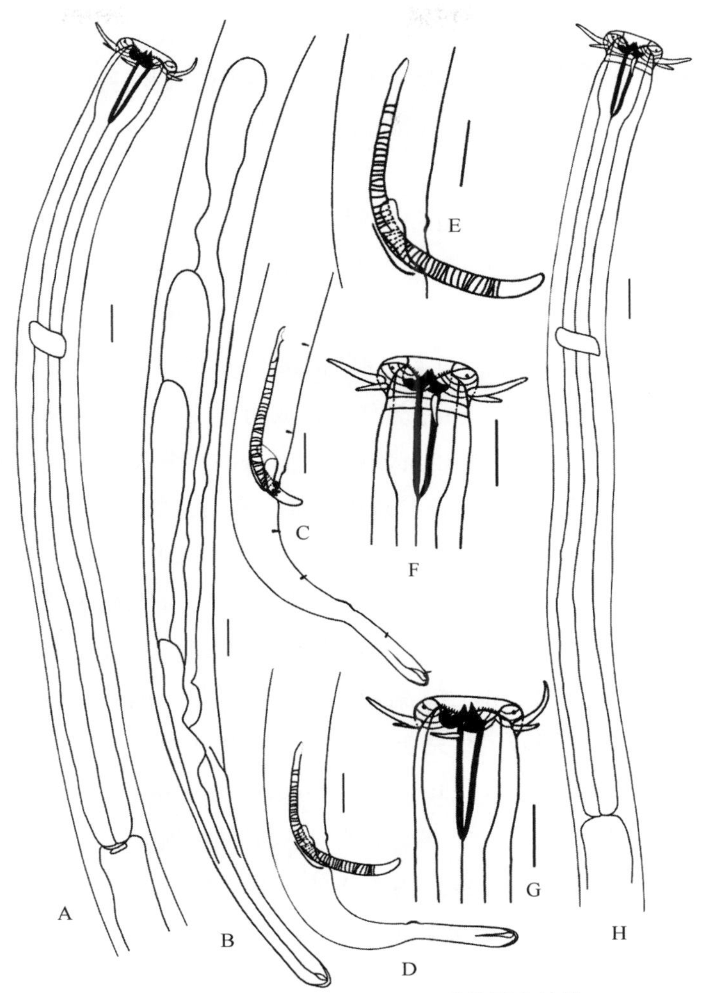

图 5-9 *Conilia unispiculum* 手绘形态结构

A. 雌性前端区域 B. 雌性后端区域 C、D. 雄性尾部区域 E. 雄性生殖器官

F. 雄性头部区域 G. 雌性头部区域 H. 雌性前端区域

比例尺：20 μm

(Chen & Guo，2015b)

两个钩状结构。引带为 1 个稍微弯曲的薄带，长 18～22 μm。肛前附器为一个腹部突起。雌性的大部分特征与雄性相似。但虫体较胖，虫体中段略微膨大，最大体直径为 41～48 μm。头直径为 29～33 μm；头部区域与虫体剩余部分无明显界限。口腔的管状结构较长，35～36 μm。尾部直，无刚毛或突起。双卵巢。阴门位于体长 53.9%～56.7%的位置。

2. *Conilia* 属的检索

De Man 于 1876 年建立了 Ironidae 科，并将 Ironus bastian，1865 放入该科作为其模式属，Chitwood 在 1960 年对该科进行了修订（Gerlach & Riemann，1973，1974）。Ironidae 科的特征是口腔分为两部分：第一部分为一个杯形的结构，第二部分为一个强烈角质化的管状结构，在第一部分和第二部分的交接处具有大齿（Platonova & Mokievsky，1994）。Ironidae 科的分类学地位仍然存在争议，该科中的属和种多次被修订（Gerlach & Riemann，1973，1974；Platonova & Mokievsky，1994；Tahseen & Mehdi，2009）。目前，该科有 9 个属。

Gerlach（1956）根据模式种 *Conilia divina* 建立了 *Conilia* 属。目前，该属仅报道了 2 个种，该属的一些分类特征仍存在争议（Gerlach & Riemann，1973，1974；Platonova & Mokievsky，1994；Aryuthaka，1989）。一般可以根据雄性生殖器官的结构，将 *Conilia* 属与 Ironidae 科的其他属分离开来。根据 Gerlach 对该属及 *C. divina* 的原始描述，该属雄性生殖器官包括三个部分：第一部分短且成对存在，其近端漏斗状，远端弯曲形成两个钩状结构；第二部分是一个窄片状结构，比第一部分长；第三部分是一个具有略微倾斜的角质化横纹的长管状结构，连接着第一部分和第二部分（Gerlach，1956）。与第三部分相似的结构在 *Mesacanthion diolechna*（Southern，1914）中首次被发现，但其被描述为交接器，Schuurmans Stekhoven（1935）怀疑其可能为输精管。Gerlach（1954）认为，这三个部分分别为交接器、引带和交接器的附属器。Aryuthaka（1989）认为，第三部分为管状的交接器，而第一部分为引带。Keppner & Tarjan（1989）则认为第一部分和第二部分为不对称的交接器。在关于 *C. divina* 的描述中，生殖器官的第三部分可以将其 2/3 伸出泄殖腔外（Gerlach，1956）。在 *Conilia unispiculum* 中，第三部分也能伸出泄殖腔（图 5－8G，图 5－9E），而第二部分则从未伸出泄殖腔外。第三部分更有可能是输精管，因此，我们将第三部分描述为单根的管状交接器，将第一部分描述为短且成对的副引带。*Conilia* 属的图画检索表如图 5－10。

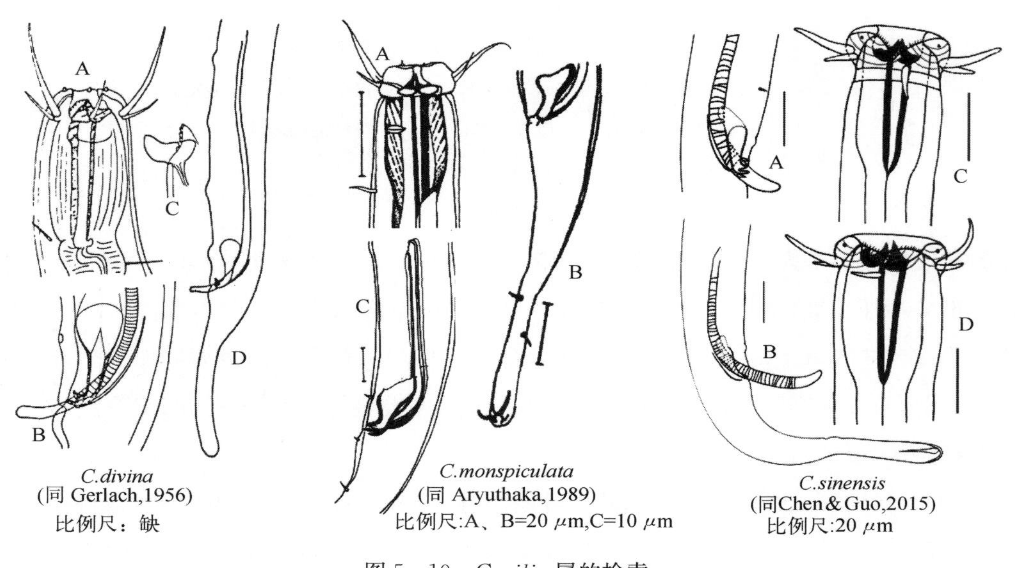

图 5－10　*Conilia* 属的检索
（Chen & Guo，2015b）

四、*Pheronous* Inglis，1966

1. *Pheronous donghaiensis* Chen & Guo，2015

Pheronous donghaiensis 的主要特征参数见表 5－7，光学显微镜下的形态结构照片见图 5－11，特征性结构绘图见图 5－12。标本采集地点为厦门黄厝和漳州市东山岛的沙质潮间带。

表 5－7　*Pheronous donghaiensis* 的主要特征参数（μm）

特征	♂1	♂2	♂3	♀1	♂4	♂5	♂6	♂7	♂8	♀2	♀3
体长	2 188	2 024	2 080	1 932	1 427	1 322	1 293	1 300	1 374	1 417	1 332
头直径	26	26	27	28	24	22	22	21	22	22	22
口腔深度	63	61	63	61	41	41	43	38	38	43	43
化感器距离体前端的长度	12	11	11	13	10	8	8	8	7	8	8
化感器直径	18	17	19	17	15	15	15	14	15	14	15
化感器所在体直径	29	29	31	31	21	20	19	20	20	21	20
神经环距离体前端的长度	144	140	142	151	101	104	99	95	103	105	100
神经环所在体直径	47	48	49	43	34	34	37	41	35	33	40
食道长	340	321	331	333	246	216	226	213	241	250	229
食道基部所在体直径	52	55	55	47	35	35	38	41	38	35	41
最大体直径	55	60	59	50	37	36	40	43	41	36	42
泄殖孔所在的体直径	34	33	37	29	29	24	30	29	26	24	25
尾长	96	81	88	117	64	57	60	57	63	84	76
德曼系数 c'	2.8	2.5	2.4	4	2.2	2.4	2	2	2.4	3.5	3
交接器弦长	44	41	41	—	35	31	33	32	32	—	—
交接器弧长	46	44	44	—	38	33	36	34	34	—	—
引带长度	25	26	27	—	17	16	18	18	20	—	—
阴门到前端的长度	—	—	—	1 162	—	—	—	—	—	786	794
阴门所在处直径	—	—	—	46	—	—	—	—	—	33	38
阴门到体前端长度占体长的百分比	—	—	—	60.1	—	—	—	—	—	55.5	59.6
德曼系数 a	39.8	3.7	35.3	38.6	38.6	36.7	32.3	30.2	33.5	39.4	31.7
德曼系数 b	6.4	6.3	6.3	5.8	5.8	6.1	5.7	6.1	5.7	5.7	5.8
德曼系数 c	22.8	25	23.6	16.5	22.3	23.2	21.6	22.8	21.8	16.9	17.5
标本采集自 XM 站位					标本采集自 DS 站位						

形态描述：虫体表皮光滑，零星散落着几颗乳突状结构。头部具有明显的缢缩。内唇感觉器很小，6 个外唇刚毛和 4 个头部刚毛围成一圈，粗且钝，位于头区的基部。外唇刚毛比头部刚毛略大。化感器口袋状，直径为化感器所在体直径（以下简称 cbd）的 0.59～0.62 倍，化感器前边缘恰好位于头部缢缩缝隙的后边缘。口腔分为杯形的部分和强烈角质化

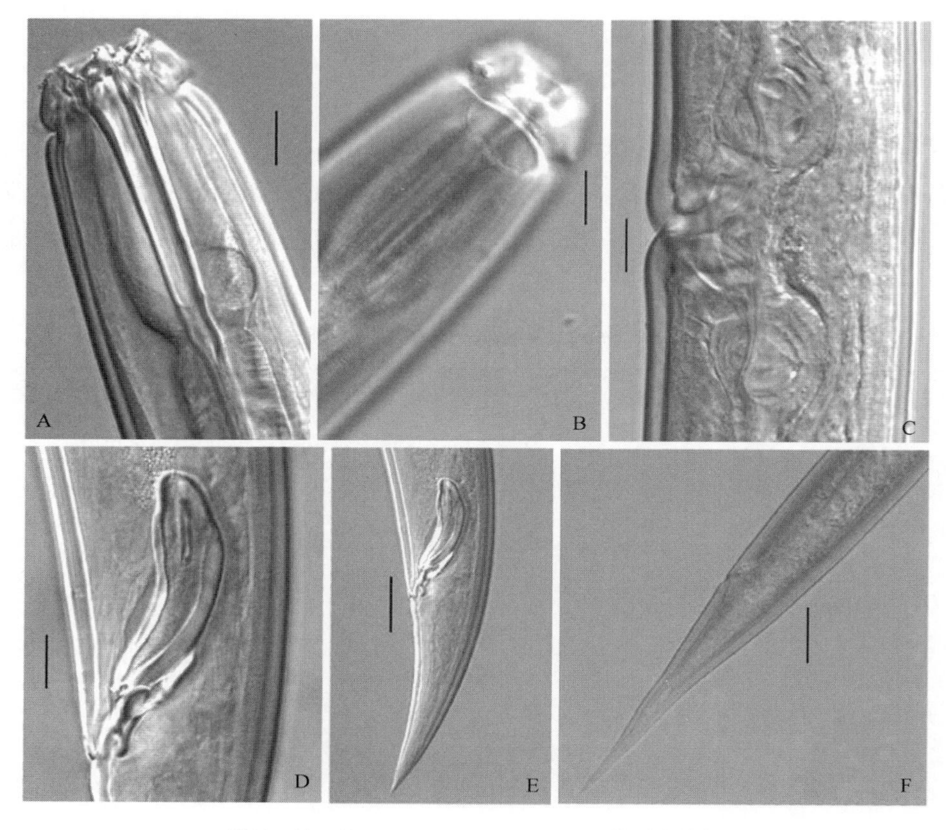

图 5-11　*Pheronous donghaiensis* 显微形态结构

A. 雌性头部区域　B. 头部感觉器和化感器　C. 雌性阴门　D. 雄性生殖器　E. 雄性尾部区域　F. 雌性尾部区域

比例尺：A～D=10 μm；E、F=25 μm

（Chen & Guo，2015b）

的管状部分，分别长 5～8 μm 和 55～56 μm。杯形部分的内壁有许多小齿。1 个较小的背齿和 2 个较大的亚腹齿镶嵌在口腔两个部分的交界处。食道约为体长的 0.16 倍，前端围绕口腔的部分轻微膨大。食道-肠连接处为钝圆锥形，周围被肠道组织包绕。排泄孔开口在唇区，介于内唇感觉器和头部感觉器之间。腹腺位于食道之后。尾部为尖锐的圆锥形，两列对称或者不对称的乳突状结构存在于泄殖腔尾部区域的亚腹面，每列包含 3 个乳突。泄殖腔前的尾部区域亚腹面也存在两列乳突状结构，每列包含 8～9 个乳突。这些乳突状结构在表皮上表现为突起，在表皮下则表现为细管状。尾腺不存在。

雄性的双精巢串联，位于肠道的右边。交接器成对，粗壮，近端中间具有一个隔膜。引带相对较短，近端相对较薄，远端较厚，分成两个钩状结构。雌性的大部分特征与雄性相似。但虫体较短（1 932 μm 对 2 024～2 188 μm），化感器相对较小（0.55 相应虫体的直径对 0.59～0.62 相应虫体的直径），食道较长（*b* 5.8 对 6.3～6.4），尾部较长（*c′* 4.0

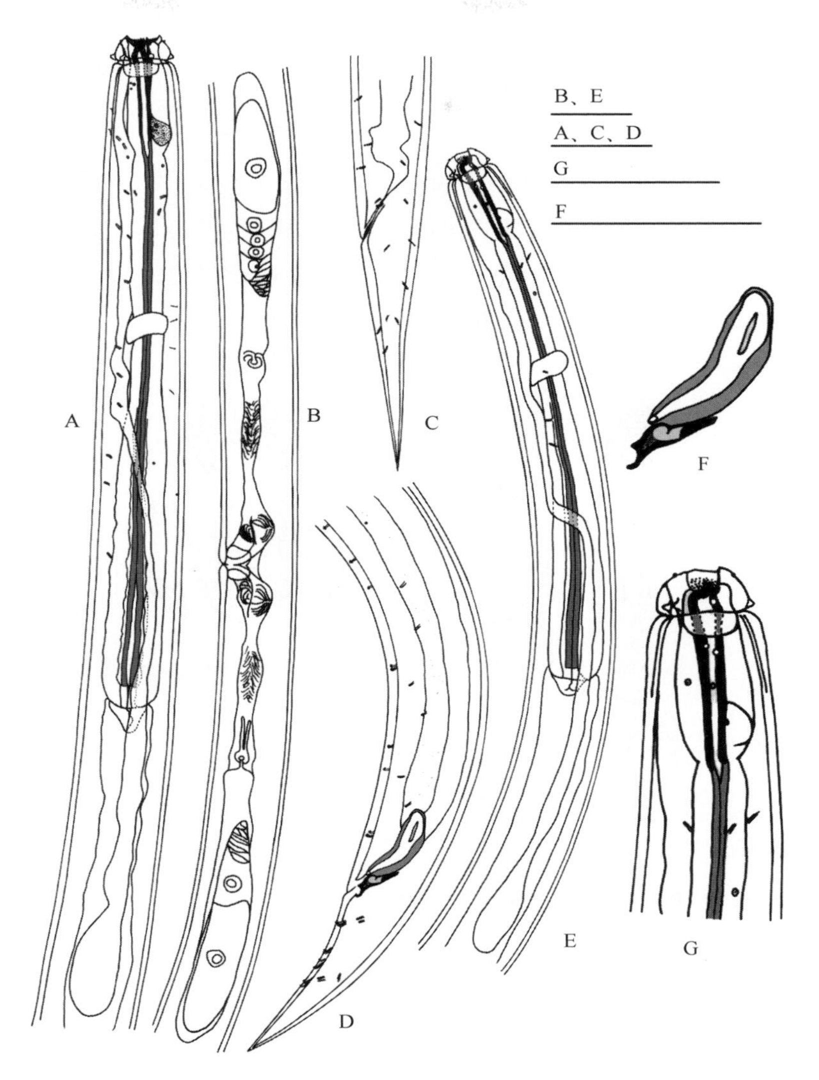

图 5-12　*Pheronous donghaiensis* 手绘形态结构

A. 雌性前端区域　B. 雌性生殖系统　C. 雌性尾部区域　D. 雄性后端区域　E. 雄性前端区域

F. 雄性生殖器官　G. 雄性头部区域

比例尺：50 μm

（Chen & Guo，2015b）

对 2.4～2.8；*c* 16.5 对 22.8～25.0），尾部有一些排列不规则的乳突状结构，但雄性尾部泄殖腔前及泄殖腔后均存在的排列较规则的乳突状结构在雌性中不存在。生殖系统为双卵巢，反向折叠，位于肠道的右边。阴门位于体长 60.1%的位置上。

该种采自东山岛的标本与厦门的标本相似，但体型很小（雄性 1 293～1 427 μm 对 2 024～2 188 μm；雌性 1 332～1 417 μm 对 1 932 μm）；化感器相对较大（0.67～0.79 相应虫体的直径对 0.59～0.62 相应虫体的直径）；雌性尾部相对较短（*c*′ 3.0～3.5 对 4.0；

c 16.9～17.5对 16.5)，雄性食道相对较长（*b* 5.7～6.1 对 6.3～6.4)；雄性泄殖腔前的乳突状结构相对较少（3～4 对 8～9)。

2. *Pheronous* 属的检索

Inglis 于 1966 年根据 *Pheronous ogdeni* 建立了 *Pheronous* 属。该属与 Ironidae 科的其他属的区别在于头部感觉器乳突状，尾部尖，无尾腺等（Inglis，1966；Platt & Warwick，1983)。目前，该属仅有 1 个种（Gerlach & Riemann，1973，1974）本文给出了 *Pheronous ogdeni* 及新种的图画检索如图 5－13。

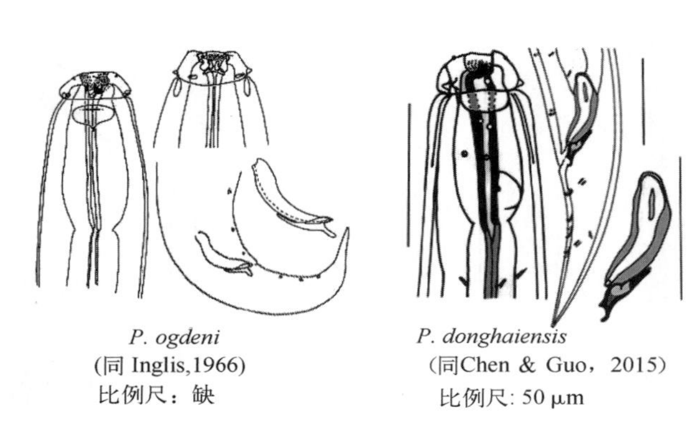

图 5－13　*Pheronous* 属的检索

（Chen & Guo，2015b)

五、*Trissonchulus* Cobb，1920

1. *Trissonchulus latispiculum* Chen & Guo，2015

Trissonchulus latispiculum 的主要特征参数见表 5－8，光学显微镜下的形态结构照片见图 5－14，特征性结构见图 5－15。标本采集地点为泉州洛阳河口的红树林湿地。

表 5－8　*Trissonchulus latispiculum* 的主要特征参数（μm)

特征	♂1	♂2	♂3	♂4	♂5	♀1	♀2
体长	3 734	3 643	3 560	4 123	4 120	3 352	4 545
头直径	25	26	25	27	27	28	27
口腔深度	66	68	68	64	68	81	70
化感器距离体前端的长度	10	13	14	12	14	15	14
化感器直径	12	12	11	10	12	10	10
化感器所在体直径	28	28	30	30	30	32	30
神经环距离体前端的长度	191	215	246	—	252	191	239
神经环所在体直径	63	69	69	—	65	82	72

（续）

特征	♂1	♂2	♂3	♂4	♂5	♀1	♀2
食道长	551	576	571	544	570	465	572
食道基部所在体直径	75	94	79	95	75	91	95
最大体直径	77	95	80	96	76	92	95
泄殖孔所在的体直径	53	54	51	57	54	56	52
尾长	65	65	67	74	69	64	74
德曼系数 c'	1.2	1.2	1.3	1.3	1.3	1.3	1.4
交接器弦长	65	69	71	66	64	—	—
交接器弧长	77	84	77	76	75	—	—
引带长度	30	30	24	25	25	—	—
阴门到体前端的长度	—	—	—	—	—	1 631	2 232
阴门所在处直径	—	—	—	—	—	73	84
阴门到体前端长度占体长的百分比	—	—	—	—	—	48.7	49.1
德曼系数 a	48.5	38.3	44.5	42.9	54.2	36.4	47.8
德曼系数 b	6.8	6.3	6.2	7.6	7.2	7.2	7.9
德曼系数 c	57.4	56.0	53.1	55.7	59.7	45.3	61.4

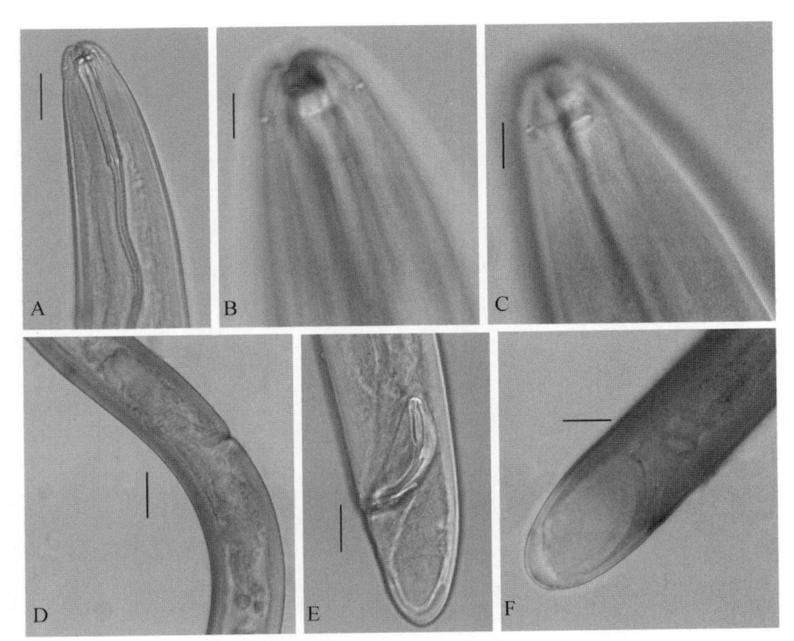

图 5-14　*Trissonchulus latispiculum* 显微形态结构

A. 雄性头部区域　B. 头部感觉器　C. 化感器　D. 雌性生殖系统　E. 雄性尾部及生殖器　F. 雌性尾部区域

比例尺：A、E、F=25 μm；B、C=10 μm；D=50 μm

（Chen & Guo，2015b）

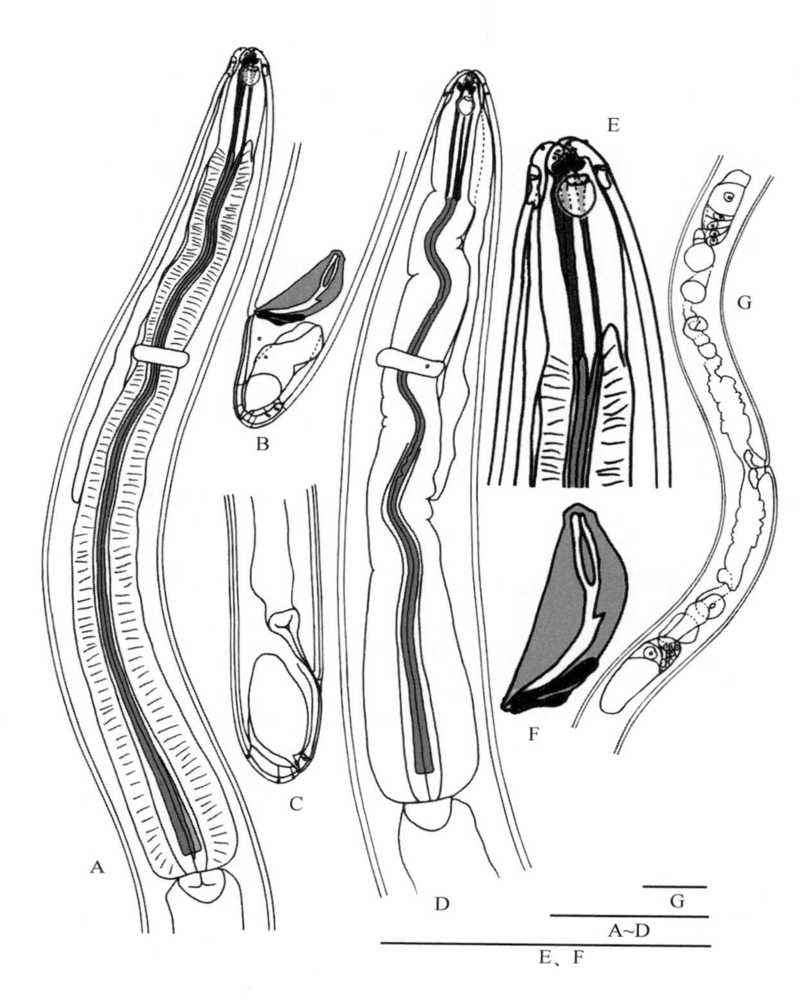

图 5-15 *Trissonchulus latispiculum* 手绘形态结构

A. 雄性前端区域 B. 雄性后端区域 C. 雌性后端区域 D. 雌性前端区域

E. 雄性头部区域 F. 雄性生殖器官 G. 雌性生殖系统

比例尺：100 μm

(Chen & Guo，2015b)

形态描述：虫体表皮光滑无其他纹饰。头部圆锥形，无缢缩。6 个内唇刚毛小，乳突状。6 个外唇刚毛及 4 个相对较大的头部刚毛围成一圈。化感器小袋状，直径约 0.31～0.43 cbd，位于侧边外唇刚毛之后。口腔为角质化的管状结构，同时具有一个前庭，长度分别为 54～57 μm 和 10～12 μm。1 个相对较大的背齿和 2 个几乎等大但较背齿小的爪状实齿镶嵌在管状结构及前庭的交界处。口腔前庭内壁上有许多小齿。食道为虫体长度的 0.13～0.16 倍。食道-肠连接处近乎心形，被肠道组织环绕。神经环不是很清晰，大概位于食道长度的 35%～44%处。排泄孔开口在唇部区域，大概位于内唇感觉器和头刚毛的中间位置。腹腺小，位于食道长度55%～60%的位置。尾部短，钝圆，有一些乳突存在。喷丝头开口在腹面。

雄性具双精巢反向折叠，前精巢位于肠道左边，后精巢主要位于肠道右边，前精巢较后精巢长。交接器成对，宽，中间具有一个隔膜，近端稍微头状。交接器中间区域向虫体侧边拱起。引带很短，近端相对较薄，远端较厚。

雌性的大部分特征与雄性相似。但尾部更圆且较雄性长（c' 1.23～1.31 对 1.32～1.42 比较），口腔长度较雄性长（雌性：长 70～81 μm 对雌性：长 64～68 μm 比较）。具双卵巢方向折叠，位于肠道的右边。阴门位于体长 49.0%的位置。卵巢扭曲，两个卵巢不对称。

2. *Trissonchulus benepapillosus* Schulz，1935

Trissonchulus benepapillosus 的主要特征参数见表 5-9，光学显微镜下的形态结构照片见图 5-16，特征性结构见图 5-17。标本采集地点为漳州市东山岛的沙质潮间带。

表 5-9　*Trissonchulus benepapillosus* 的主要特征参数（μm）

特征	♂1	♂2	♂3	♀1
体长	1 600	1 490	1 669	1 841
头直径	24	21	24	24
口腔深度	43	37	42	44
化感器距离体前端的长度	9	10	11	10
化感器直径	13	14	14	13
化感器所在体直径	21	19	22	21
神经环距离体前端的长度	115	103	118	123
神经环所在体直径	35	34	39	38
食道长	266	214	269	284
食道基部所在体直径	36	35	44	45
最大体直径	38	37	47	46
泄殖孔所在的体直径	30	27	33	32
尾长	65	56	76	73
德曼系数 c'	2.2	2.1	2.2	2.3
交接器弦长	35	31	36	—
交接器弧长	37	33	38	—
引带长度	16	15	17	—
阴门到体前端的长度	—	—	—	1 026
阴门所在处直径	—	—	—	44
阴门到体前端长度占体长的百分比	—	—	—	55.7
德曼系数 a	42.1	40.3	35.5	40.0
德曼系数 b	6.0	7.0	6.2	6.5
德曼系数 c	24.6	26.6	22.9	25.2

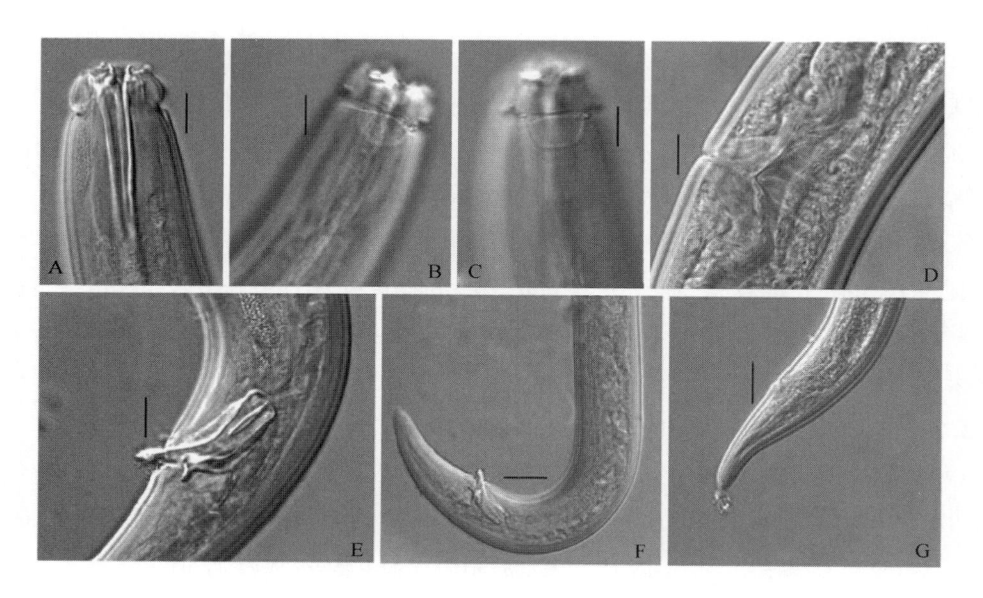

图 5-16 *Trissonchulus benepapillosus* 显微形态结构

A. 雄性头部 B. 头部感觉器 C. 化感器 D. 雄性阴门 E. 雄性生殖器 F. 雄性尾部区域 G. 雌性尾部区域

比例尺：A～E=10 μm；F、G=25 μm

（Chen & Guo，2015b）

形态描述：虫体表皮光滑，颈部区域具有几颗乳突。头部显著缢缩，6 个内唇感觉器小，乳突状。6 个外唇刚毛和 4 个头部刚毛粗短，为 2～3 μm。外唇刚毛明显较头刚毛粗。化感器口袋状，直径为 0.62～0.74 cbd，其前端边缘位于头部缢缩之后。口腔包括 1 个杯形部分和 1 个角质化的管状结构，长度分别为 4～6 μm 和 36～39 μm。1 个相对较小的背齿和 2 个几乎等大，但较背齿大的爪状实齿镶嵌在杯形部分与管状结构的交界处。食道为虫体长度的 0.16～0.17 倍，其前端围绕口腔的部分稍微膨大。食道-肠连接处近乎半圆形，被肠道组织环绕。神经环位于食道长度的 43%～48%处。排泄孔开口在唇部区域，介于内唇感觉器和头刚毛之间。腹腺长花瓶状，具有 1 个明显的细胞核，位于食道后。整个排泄系统充斥着细小的颗粒状物质。尾部钝圆锥形，3 对对称的乳突排成 2 列，散落在泄殖腔后尾部的亚腹面部位。泄殖腔前也有 2 列，每列有 3 个乳突，但 2 列不对称。这些乳突状结构在表皮上表现为突起，在表皮下则表现为细管状。尾腺细长，喷丝头开口于尾部端点。

雄性具双精巢反向折叠，位于肠道左边。交接器成对，宽，近端宽，远端钝，中间具有 1 个隔膜。引带相对较短，近端相对较薄，远端较厚，具有 1 个短的引带突。雌性的大部分特征与雄性相似。但虫体较长（1 841 μm 对 1 490～1 699 μm 比较），尾部区域无乳突。生殖系统为双卵巢，反向折叠，位于肠道的右边。阴门位于体长 55.7%的位置上。

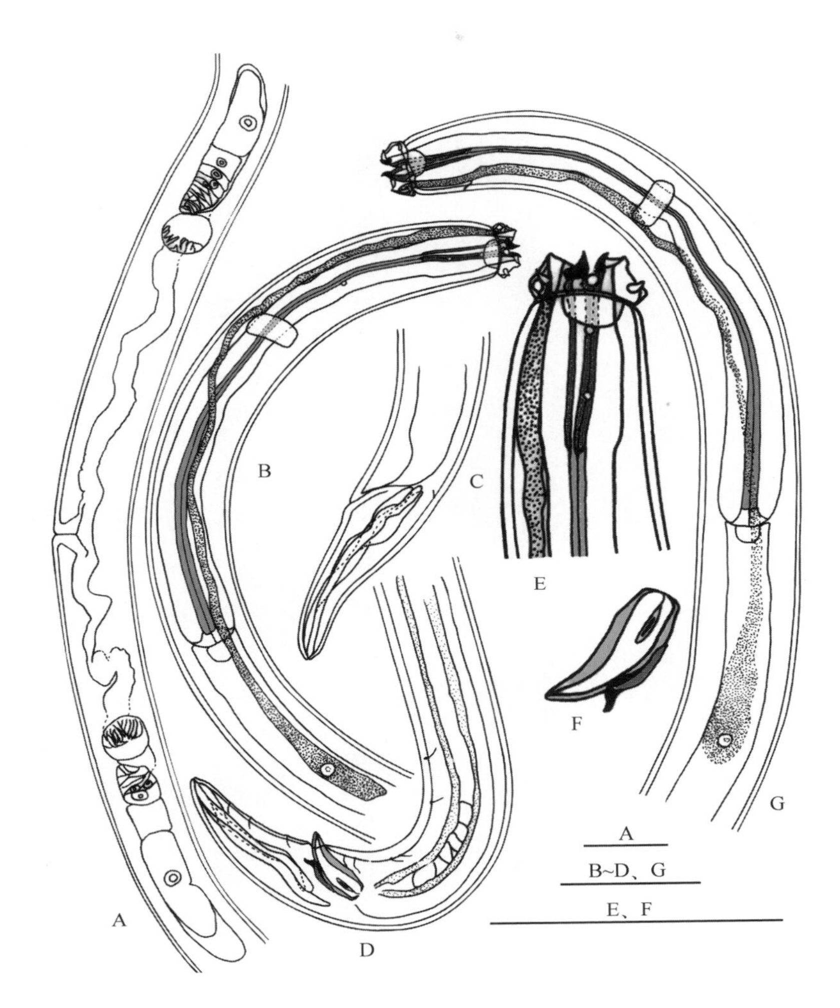

图 5-17　*Trissonchulus benepapillosus* 手绘形态结构

A. 雌性生殖系统　B. 雄性前端区域　C. 雌性后端区域

D. 雄性后端区域　E. 雄性头部区域

F. 雄性生殖器官　G. 雌性后端区域

比例尺：50 μm

（Chen & Guo，2015b）

3. *Trissonchulus oceanus* Cobb，1920

Trissonchulus oceanus 的主要特征参数见表 5-10，光学显微镜下的形态结构照片见图 5-18，特征性结构见图 5-19。标本采集地点为漳州市东山岛的沙质潮间带。

表 5-10 ***Trissonchulus oceanus*** 的主要特征参数（μm）

特　征	♂1	♂2	♂3	♂4	♂5	♀1	♀2
体长	2 673	2 273	2 640	2 343	2 587	2 668	2 492
头直径	25	23	22	24	24	24	25
口腔深度	47	47	46	48	47	49	47
化感器距离体前端的长度	9	9	9	10	10	9	8
化感器直径	11	10	10	11	10	9	10
排泄孔距离体前端的长度	30	30	36	30	40	35	31
排泄孔所在体直径	34	34	30	32	35	33	35
神经环距离体前端的长度	145	136	153	135	141	145	141
神经环所在体直径	45	50	36	39	41	42	51
食道长	319	286	324	321	325	329	317
食道基部所在体直径	49	51	40	41	43	43	56
最大体直径	51	55	42	42	48	54	59
泄殖孔所在的体直径	38	42	36	38	38	38	42
尾长	55	53	57	53	59	49	53
德曼系数 c'	1.4	1.3	1.6	1.4	1.6	1.3	1.3
交接器弦长	41	44	39	41	42	—	—
交接器弧长	42	46	41	43	43	—	—
引带长度	21	24	20	20	19	—	—
阴门到体前端的长度	—	—	—	—	—	1 320	1 183
阴门所在处直径	—	—	—	—	—	48	54
阴门到体前端长度占体长的百分比	—	—	—	—	—	49	47.5
德曼系数 a	52.4	41.3	62.9	55.8	54.0	49.4	42.2
德曼系数 b	8.4	7.9	8.1	7.3	8.0	8.1	7.9
德曼系数 c	48.6	42.9	46.3	44.2	43.8	54.4	47.0

形态描述：虫体表皮光滑。头部显著缢缩，6 个内唇感觉器、6 个外唇感觉器和 4 个头部感觉器均为乳突状。化感器小袋状，直径为 0.38～0.46 倍 cbd，其前端边缘位于头部缢缩的缝之后。口腔包括 1 个杯形部分和 1 个角质化的管状结构，长度分别为 7～10 μm 和 37～41 μm。3 个几乎等大的爪状实齿，镶嵌在杯形部分与管状部分的交接处。口腔杯形部分内壁上有许多小齿。食道为虫体长度的 0.12～0.14 倍，其前端围绕口腔的部分稍微膨大。神经环位于食道长度的 42%～48%处。排泄孔开口距离虫体前端 30～40 μm，未观

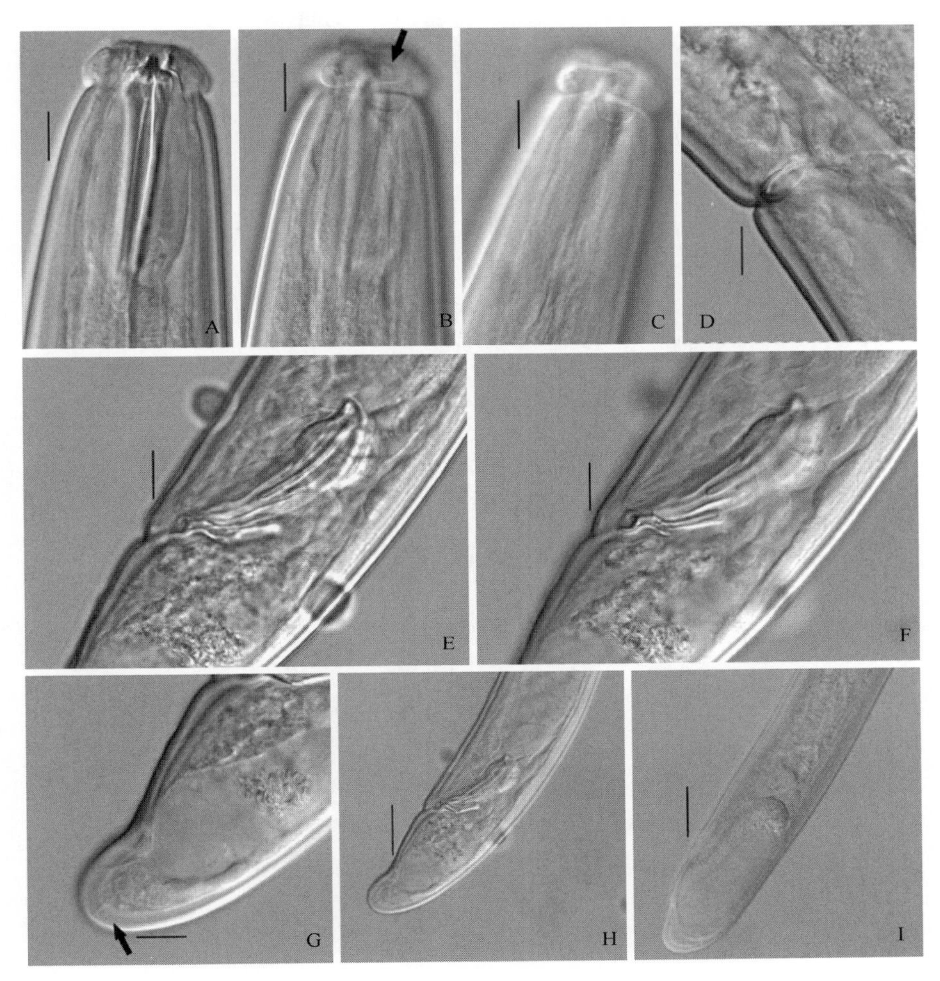

图 5-18　*Trissonchulus oceanus* 显微形态结构

A. 雄性头部区域　B. 头部感觉器和化感器　C. 化感器　D. 雌性阴门　E. 雄性交接器

F. 雄性引带　G. 雄性尾部乳突　H. 雄性尾部区域　I. 雄性尾部区域

比例尺：A～G=10 μm；H、I=25 μm

（Chen & Guo，2015b）

察到腹腺。尾部钝圆，稍微向腹面弯曲，有 3 对乳突散落在尾部的侧面。喷丝头开口于腹面。泄殖腔前有 1 个小突起。

雄性尾部具有 2～4 对肛前及 1～2 对肛后乳突。这些乳突状结构在表皮上表现为突起，在表皮下则表现为细管状。双精巢反向排列。交接器成对，较宽，近端头状，中间具有 1 个隔膜。引带相对较短，具有 1 个短的引带突。雌性的大部分特征与雄性相似。但尾部更圆，无肛前或肛后乳突，尾部侧面也存在 3 对乳突。前卵巢退化，后卵巢发育良好，反折。阴门位于体长 47.0%～49%的位置上。

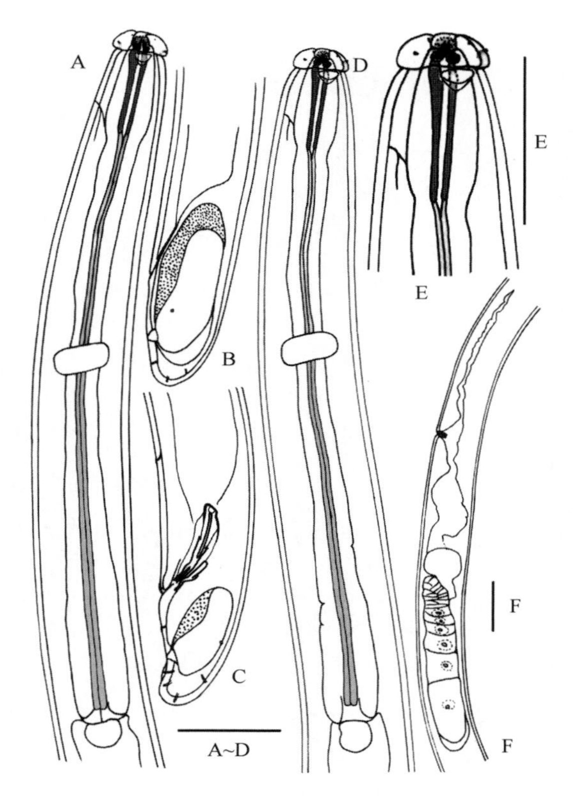

图 5-19 *Trissonchulus oceanus* 手绘形态结构

A. 雌性前端区域 B. 雌性后端区域 C. 雄性尾部区域和生殖器官

D. 雄性前部区域 E. 雄性头部区域 F. 雌性生殖系统

比例尺：50 μm

(Chen & Guo，2015b)

4. *Trissonchulus* 属的检索

Cobb（1920）根据 *T. oceanus* 建立了 *Trissonchulus* 属。目前，该属的分类地位仍不确定，该属的鉴别特征及属内一些种被多次修订（Chitwood，1960；Gerlach，1954；Gerlach & Riemann，1974；Schuurmans Stekhoven，1943；Wieser，1953）。但一般可以根据头部感觉器很短或乳突状、无食道球、尾部较短等特征将 *Trissonchulus* 属与 Ironidae 科的其他属区分开来（Keppner & Tarjan，1989；Platt & Warwick，1983）。截至目前为止，该属有 15 个种，它们大部分是从 *Dolicholaimus* De Man，1888 或 *Syringolaimus* De Man，1888 转移过来的（Gagarin，2012；Gerlach & Riemann，1973，1974；Orselli & Vinciguerra，1997）。由于 *T. nudus* 仅根据 1 个雌性标本进行描述，Gerlach 和 Riemann（1973，1974）认为它与 *T. oceanus* 为同物异名种；*T. reversus* 和 *T. acutus* 分别根据幼体和雌性标本进行描述。因此，目前该属有 14 个种，包括 12 个有效种和 2 个疑问种（Platonova & Mokievsky，1994；Schuurmans Stekhoven，1943）。在前人工作基础

上，作者给出 *Trissonchulus* 属包括 12 个有效种及新描述种的检索表，如图 5－20 所示。*Trissonchulus* 属中各个种的鉴别特征如表 5－11（Bresslau & Schuurmans Stekhoven，1940；Chitwood，1960；Gagarin，2012；Gerlach，1967；Inglis，1961；

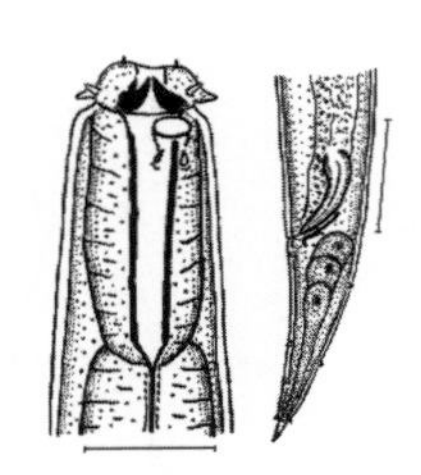

T.acuticaudatus
(同Gagarin et al,2012)
比例尺:头=20 μm
尾=40 μm

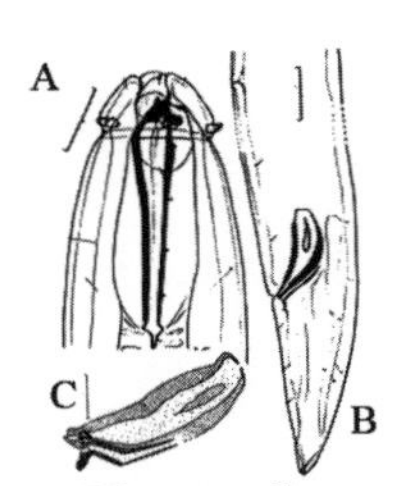

T.benepapillosus
(A、B同wieser,1959; C同Bussau,1990)
比例尺:A=20 μm;B=30 μm;C=10 μm

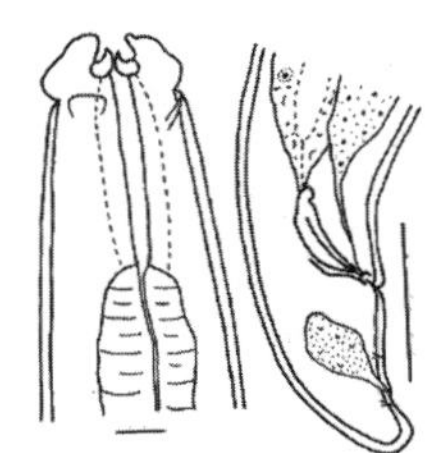

T.dubius
(同Orselli & Vinciguerra,1997)
比例尺:头部=10 μm
尾部=50 μm

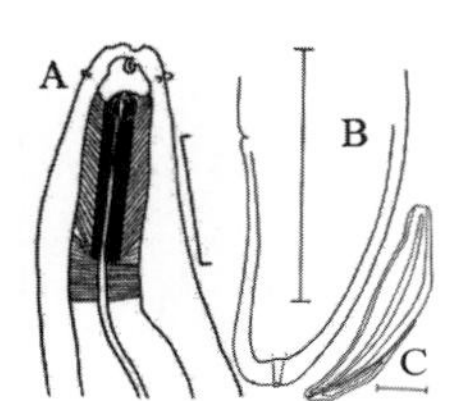

T.janetae
(同Inglis,1961)
比例尺:A=50 μm;
B=100 μm;C=20 μm

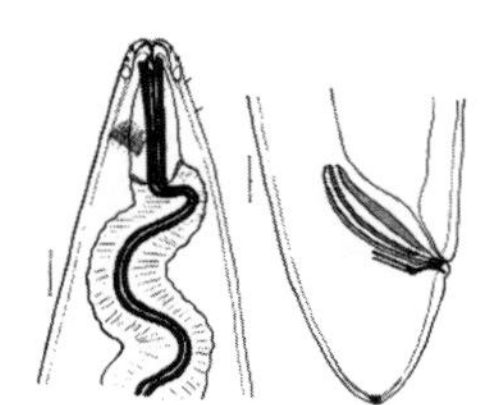

T.latus
(同Wieser,1953)
比例尺:头部=40 μm
尾部=40 μm

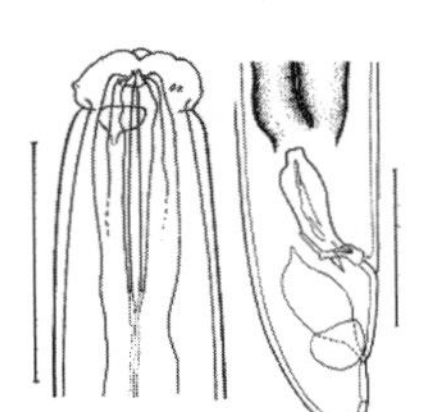

T.littoralis
(同Yeates,1967)
比例尺:头部=50 μm
尾部=50 μm

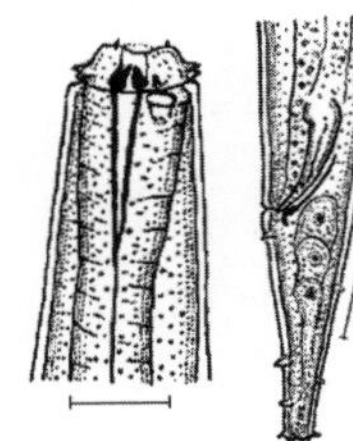

T.minor
(同Gagarin et al,2012)
比例尺:头部=15 μm
尾部=40 μm

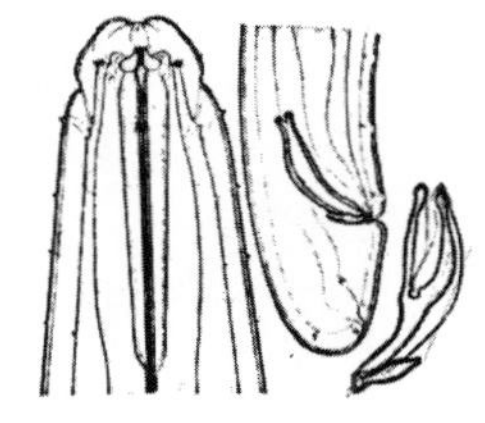

T.obtusus
(同Bresslau & Schuurmans Stekhoven,1935)
比例尺:缺

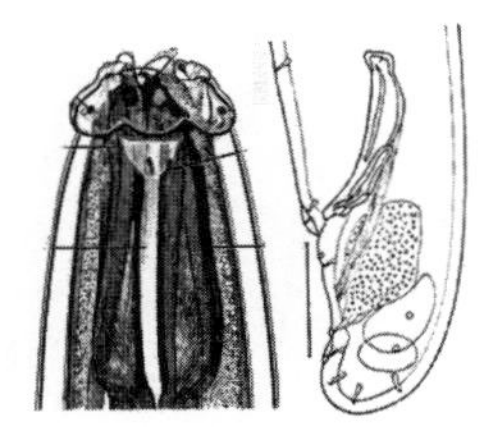

T.oceanus
(头部同Cobb,1920
尾部同Gerlach,1967)
比例尺:头部缺
尾部=40 μm

T.provulvatus
(同Orselli & Vinciguerra,1997)
比例尺:头部=10 μm
尾部=50 μm

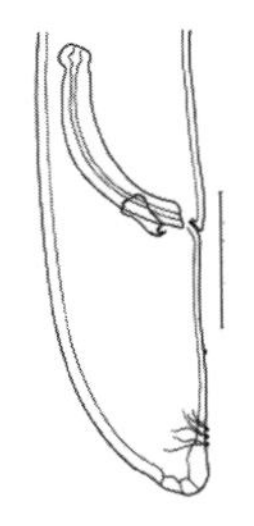

T.quinquepapillatus
(同Yeates,1967)
比例尺: 尾部=50 μm

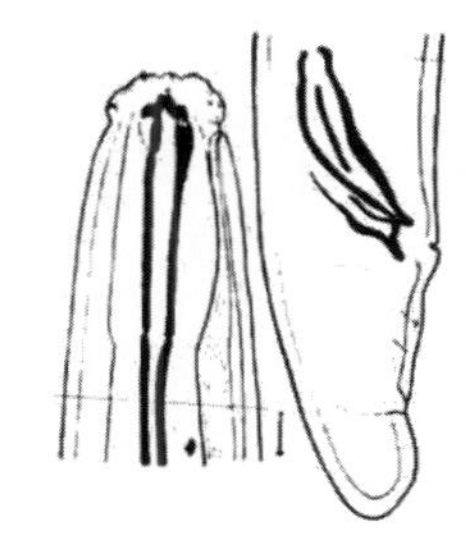

T.raskii
(同Chitwood,1960)
比例尺: 头部和尾部=10 μm

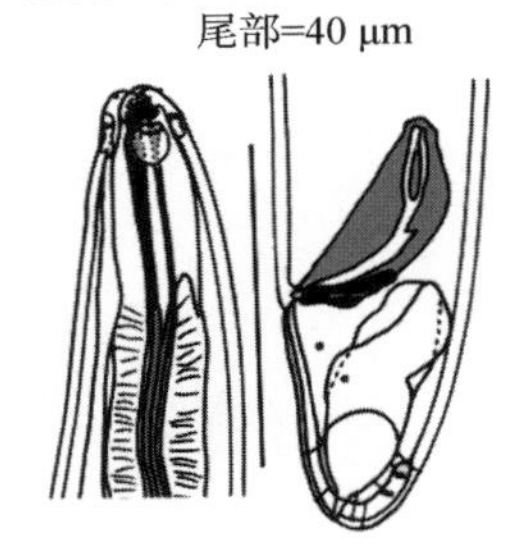

T.latispiculum
(同Chen & Guo,2015a)
比例尺: 头部和尾部=10 μm

图 5－20 *Trissonchulus* 属的检索表

(Chen & Guo，2015b)

表 5-11 *Trissonchulus* 属的雄性个体特征（μm）

种名	Sn	L	Hd	Bl	abd	Tl	c′	Sc	Gl	a	b	c	Tn	Hs	So	Cg
T. acuticaudatus Gagarin et al, 2012	4	1 203～1 425	19～20	38～43	23～26	59～68	2.6～2.8	31～32	—	48～53	5.4～6.0	20.4～21.0	4	Y	T	Y
T. benepapillosus (Schulz 1935) Wieser，1959	1	2 630	32	60	48	84	1.75	50	30*	37.6	8.7	33.0	3	Y	T	Y
T. dubius Orselli & Vinciguerra，1997	2	2 000～2 475	30*	36～37	36～40*	58～65	1.6	32～37	—	47～52	7.2～7.9	34.7～38.1	3	Y	V	Y
T. janetae Inglis，1961	6	3 550～4 680	32～36	87～98	60～77	110～143	1.6～2.0	93～104	47～62	39.2～48.7	4.9～6.0	28.7～34.2	4	N	D	Y
T. latus Wieser，1953	1	4 920	50	114	137	123	0.9	137	68	22.2	5.8	44.3	3	—	T	—
T. littoralis Yeates，1967	13	2 230～3 070	25*	45～49	24～46	54*	1.4～1.5	41～45	16～21	52～69	7.2～9.3	42～59	3	Y	V	Y
T. minor Gagarin et al，2012	3	1 283～1 521	19～20	35～38	23	58～63	2.5～2.8	32～33	—	58～61	5.5～5.9	22.4～24.1	4	Y	T	Y
T. obtusus Bresslau & Schuurmans Stekhoven，1935	2	40	—	—	—	—	1.2	—	—	64～65	6	49～50	4*	Y	V	Y
T. oceanus (Cobb 1920) Gerlach，1967	1	3 247	31	70	50	65	1.3	60	27	42	8.6	50	3	Y	V	Y
T. provulvatus Orselli & Vinciguerra，1997	1	3 570	29*	50	58	58	1.0	50	23	68	8.7	62	3	Y	V	Y
T. quinquepapillatus Yeates，1967	7	5 550～7 750	—	—	56*	102*	1.8*	50～100	—	100～134	4.9～7.1	65～87	3	Y	A	N
T. raskii Chitwood，1960	6	2 860～3 200	28	57～62	40*	60*	1.5*	47～53	22～26	60～68	8.5～10.2	45～53	—	Y	V	Y
T. latispiculum Chen & Guo, 2015.	5	3 560～4 123	25～27	64～68	51～57	65～74	1.2～1.3	65～71	24～30	38.3～54.2	6.2～7.6	53.1～59.7	3	N	V	Y

注：* 表示数据来源与图片；—表示数据缺失。

Sn：雄性标本的数量；L：体长；Hd：头直径；Bl：口腔深度；abd：泄殖腔所在体直径；Tl：尾长；Sc：交接器弧长；Gl：引带长度；Tn：口腔中大齿的数量；Hs：头部缢缩（Y）、头部无缢缩（N）；So：喷丝头缺失（A）、喷丝头开口在尾尖（T）、喷丝头开口在腹面（V）、喷丝头开口在背面（D）；Cg：尾腺存在（Y）、尾腺缺失（N）。

Orselli & Vinciguerra，1997；Wieser，1953；Wieser，1959b；Yeates，1967）。

Trissonchulus latispiculum 头部无缢缩，尾部钝圆，口腔具小齿，喷丝头开口在腹面；交接器宽，近端头状；雌性双卵巢等。该种与 *Trissonchulus latus* 最相似。但与 Wieser（1953）对 *T. latus* 的原始描述相比较，该新种虫体较纤细（*a* 36.4～54.2 和 22.2 比较）；尾部较短（*c* 45.3～61.4 和 44.3；*c*′ 1.2～1.3 和 0.9 比较）；喷丝头开口在腹面（*T. latus* 的喷丝头开口在尾部顶端）；交接器形态不同（Platonova & Mokievsky，1994；Wieser，1953）。

六、*Anoplostoma* Bütschli，1874

1. *Anoplostoma tumidum* Li & Guo，2016

Anoplostoma tumidum 的主要特征参数见表 5－12，光学显微镜下的形态结构照片见

表 5－12　*Anoplostoma tumidum* 的主要特征参数（μm）

特征	♂1	♂2	♂3	♂4	♂5	♀1	♀2
体长	1 727	1 503	1 725	1 739	1 659	1 647	1 689
头直径	7	7	7	7	8	7	7
外唇刚毛长度	6	7	7	6	7	6	6
头刚毛长度	4	4	4	4	5	3	3
口腔长度	12	11	12	11	11	12	12
口腔直径	4	4	4	4	4	4	4
化感器到前端的距离	23	19	22	22	22	20	21
化感器所在体直径	15	15	15	14	15	15	15
化感器大小	4×8	3×6	4×8	3×7	3×6	3×7	3×7
神经环到前端的距离	142	129	138	137	135	136	141
神经环所在体直径	34	32	32	38	38	35	41
食道长度	269	252	261	261	259	276	287
食道基部所在体直径	43	43	41	47	46	48	53
最大体直径	48	45	44	51	48	52	56
泄殖孔所在的体直径	23	20	22	24	22	22	25
尾长	194	194	208	201	213	230	208
德曼系数 *c*′	8.4	9.7	9.5	8.4	9.7	10.5	8.3
交接器弦长	93	98	92	99	99	—	—
交接器弧长	97	101	94	100	100	—	—
引带长度	26	28	25	27	26	—	—
后泄殖孔体刺长度	5	4	4	4	4	—	—
阴门所在处直径	—	—	—	—	—	43	49
阴门到体前端的长度占体长的百分比	—	—	—	—	—	45.8	44.4
德曼系数 *a*	36.0	33.4	39.2	34.1	34.6	31.7	30.2
德曼系数 *b*	6.4	6.0	6.6	6.7	6.4	6.0	5.9
德曼系数 *c*	8.9	7.7	8.3	8.7	7.8	7.2	8.1

图 5-21，特征性结构见图 5-22。标本采集地点为集美凤林红树林湿地。

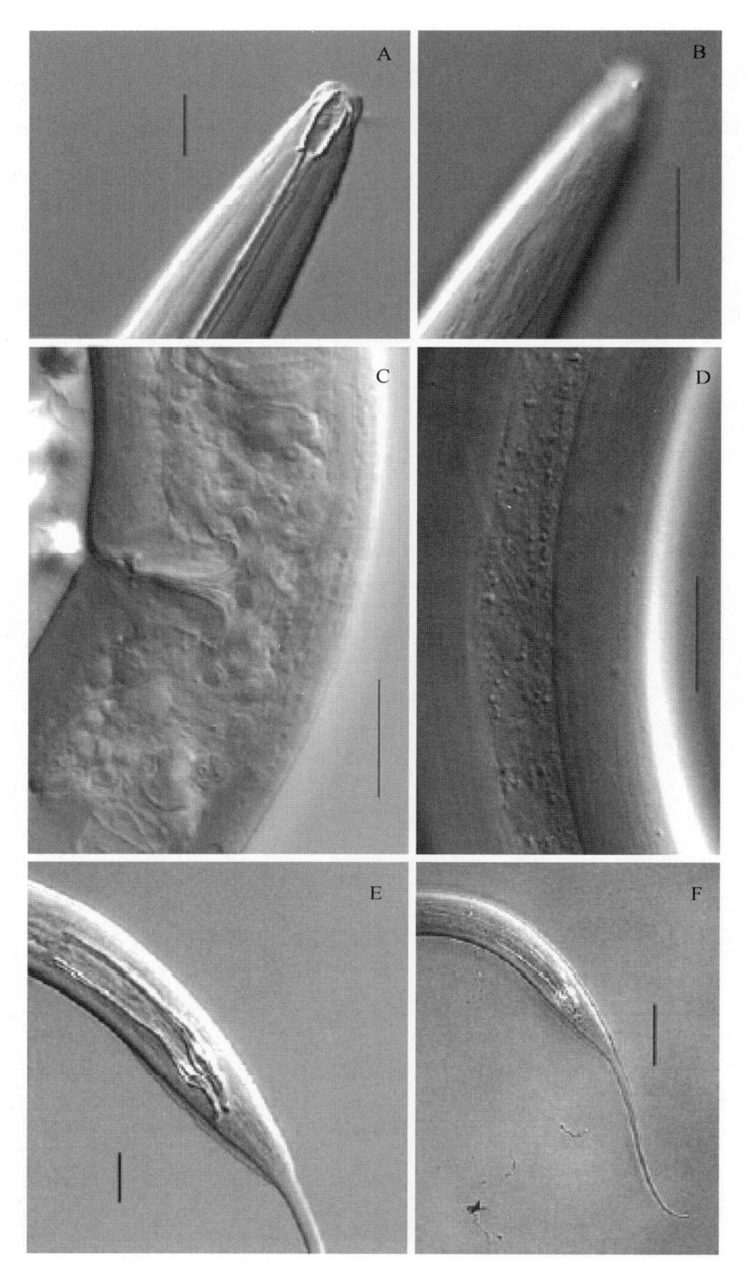

图 5-21 *Anoplostoma tumidum* 显微形态结构

A. 口腔 B. 化感器 C. 雌性阴门区域 D. 斜偏丝 E. 交接器 F. 雄性尾部

比例尺：A=10 μm；B～E=20 μm；F=50 μm

（Li & Guo，2016b）

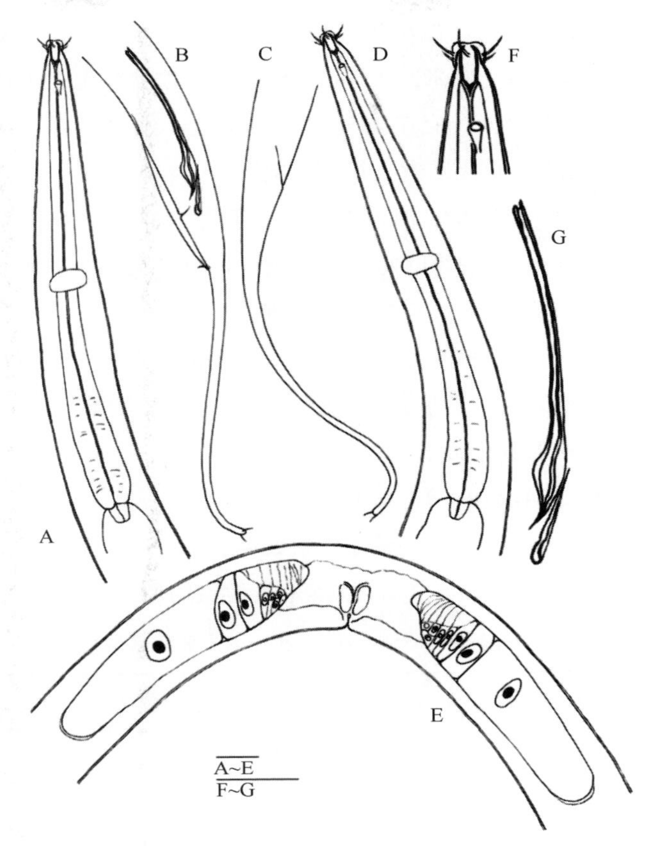

图 5 - 22　*Anoplostoma tumidum* 手绘形态结构

A. 雄性前端区域　B. 雄性侧视图，展示尾部和交接器　C. 雌雄尾部的侧视图　D. 雌性前端区域
E. 雌性生殖系统的侧视图　F. 雄性头部　G. 雄性生殖器

比例尺：20 μm

（Li & Guo，2016b）

形态描述：虫体纺锤形，两端明显变细。表皮光滑，没有环纹。口周围存在着 6 个不明显的内唇乳突。6 根略微弯曲的外唇刚毛（长度为 6～7 μm，头直径的 0.86～1.00 倍）和 4 根更短的头刚毛围成一圈。在距离虫体前端 1/3 口腔长度的位置，有 3 个明显的角质化结构（muniments）。头部在头刚毛位置，有明显缢缩。斜偏丝（loxometanemes）可见，但是准确长度测量不出。化感器［大小（3～4）μm×（6～8）μm］位于距离虫体前端 19～23 μm 处（头直径的 2.7～3.3 倍），外形为延伸的杯状，前端有横向卵形开口。平行的口腔由具有明显的角质化口腔壁和末端圆锥形两部位组成，口腔基部没有被咽部肌肉组织包裹。食道由前端到基部，其宽度逐渐变大，内腔有轻微的角质化，无食道球存在。食道—肠连接处较小，心形，周围被肠组织包围。神经环位于食道长度的 49%～53%处。排泄孔和腺肾细胞不明显。尾部长度 194～230 μm，圆锥—圆柱形，2 尾刚毛（长度为 4～6 μm）。尾腺和喷丝头不明显。

雄性生殖系统具有 2 个精巢，都位于肠的左侧。交接器细长，弧长为 94～101 μm，远端尖锐且明显膨大。引带长度为 25～28 μm，楔形。1 对泄殖孔后体刺（长度 4～5 μm）位于尾部圆锥和圆柱部的连接处。交接器囊包围泄殖孔，发育良好，从泄殖孔后体刺处向前延伸到交接器近端附近。交接器囊上没有乳突。

雌性在个体形态上与雄性基本相似。生殖系统双卵巢结构，都位于肠的左侧，反向折叠，长度为 183～188 μm。阴门开口处没有角质化，也不突出于体表，位于虫体长度的 44.4%～45.8%处。阴道短，壁薄，与虫体纵向轴线垂直。

该种的主要特征包括相对较短的外唇刚毛（头直径的 0.86～1.00 倍）；相对较长的尾部（c 7.2～8.9，c′8.3～10.5）；交接器靠近远端的部分明显的膨大（交接器弧长为 94～101 μm）；发育良好的交接器囊上没有泄殖孔前、后乳突。

2. *Anoplostoma paraviviparum* Li & Guo，2016

Anoplostoma papaviviparum 的主要特征参数见表 5 - 13，光学显微镜下的形态结构照片见图 5 - 23，特征性结构见图 5 - 24。标本采集地点为厦门大桥红树林湿地。

表 5 - 13 *Anoplostoma papaviviparum* 的主要特征参数（μm）

特征	♂1	♂2	♂3	♂4	♂5	♀1	♀2
体长	1 510	1 637	1 538	1 366	1 692	1 227	1 473
头直径	9	9	9	8	9	8	8
外唇刚毛长度	10	10	11	9	11	9	9
头刚毛长度	6	5	6	5	6	4	4
口腔长度	14	14	14	12	14	13	13
口腔直径	5	5	5	4	5	4	4
化感器到前端的距离	28	29	28	25	29	20	21
化感器所在体直径	17	17	18	16	17	17	17
化感器大小	3×8	4×8	3×8	4×8	3×9	3×6	3×6
神经环到前端的距离	146	158	139	129	158	104	122
神经环所在体直径	33	35	34	31	37	30	30
食道长度	285	303	277	243	285	239	259
食道基部所在体直径	40	45	41	36	45	35	40
最大体直径	44	49	43	37	45	37	43
泄殖孔所在的体直径	22	23	22	19	22	21	21
尾长	225	206	188	168	198	187	210
德曼系数 c'	10.2	9.0	8.6	8.8	9.0	8.9	10.0
交接器弦长	67	61	54	44	58	—	—
交接器弧长	69	62	61	46	60	—	—
引带长度	14	14	15	11	15	—	—
后泄殖孔体刺长度	6	4	5	4	5	—	—
阴门所在处直径	—	—	—	—	—	35	42
阴门到体前端的长度占体长的百分比	—	—	—	—	—	45.4	42.8
德曼系数 a	34.3	33.4	35.8	36.9	37.6	33.2	34.3
德曼系数 b	5.3	5.4	5.6	5.6	5.9	5.1	5.7
德曼系数 c	6.7	7.9	8.2	8.1	8.5	6.6	7.0

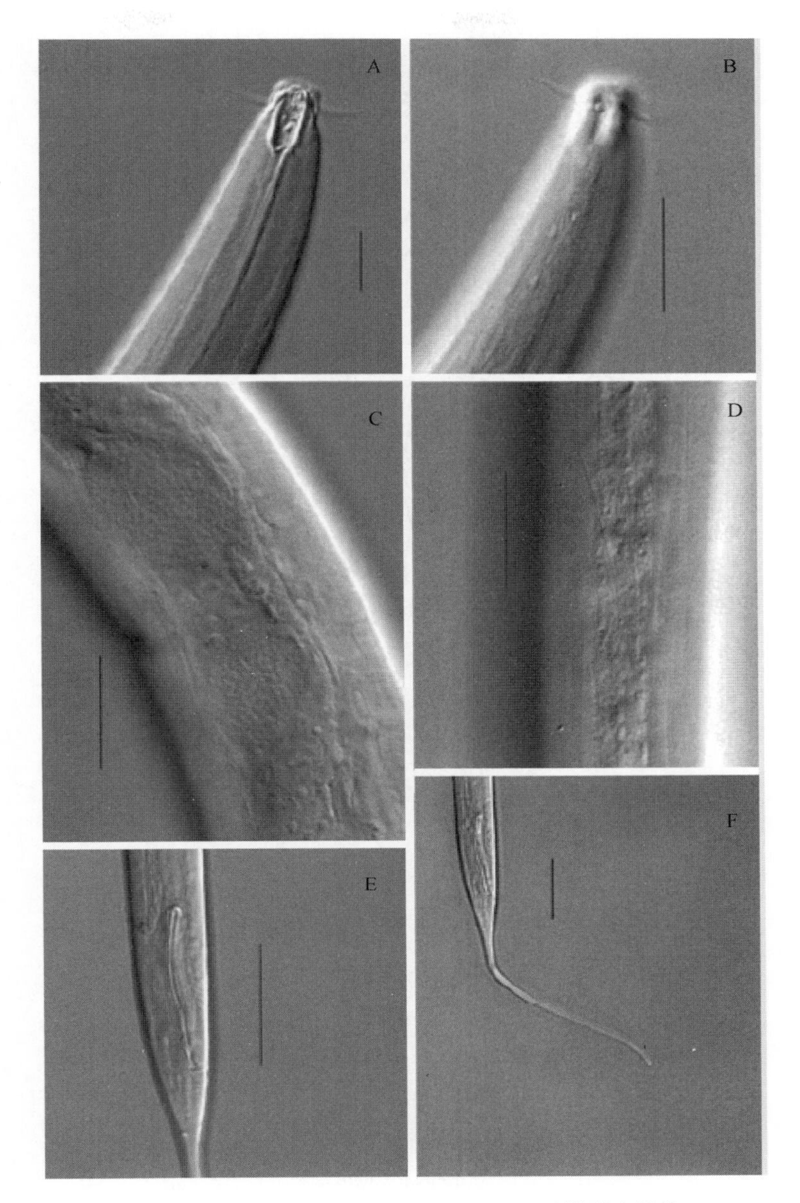

图 5－23　*Anoplostoma paraviviparum* 显微形态结构

A. 口腔　B. 化感器　C. 雌性阴门区域　D. 斜偏丝　E. 交接器　F. 雄性尾部

比例尺：A＝10 μm；B～D＝20 μm；E～F＝50 μm

（Li & Guo，2016b）

形态描述：虫体纺锤形，表皮光滑，没有环纹。口周围存在着 6 个不明显的内唇乳突。6 根外唇刚毛和 4 根更短的头刚毛围成一圈。另外，在距离虫体前端 1/3 口腔长度的位置，有 3 个明显的角质化结构（Muniments）。头部在头刚毛偏后位置有明显缢缩。斜偏丝（Loxometanemes）可见。化感器［大小（3～4）μm×（6～8）μm］外形为延伸的杯状，前端有横向卵形开口，位于距离虫体前端 20～29 μm 处（头直径的 2.5～3.2 倍）。

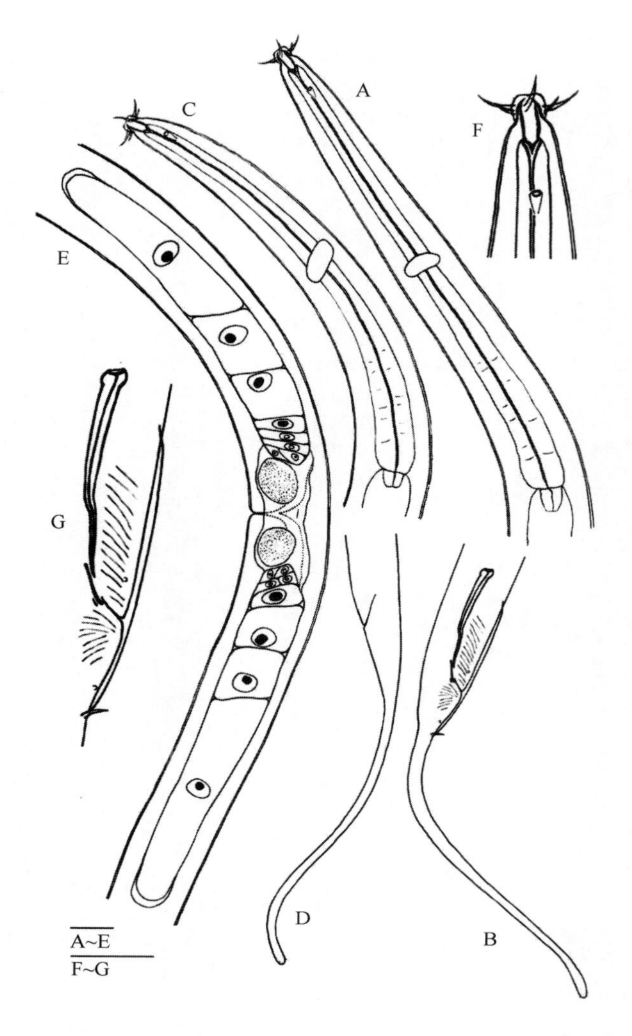

图 5-24 *Anoplostoma paraviviparum* 手绘形态结构

A. 雄性前端区域 B. 雄性侧视图，展示尾部和交接器 C. 雌雄尾部的侧视图

D. 雌性前端区域 E. 雌性生殖系统的侧视图 F. 雄性头部 G. 雄性生殖器

比例尺：20 μm

（Li & Guo，2016b）

口腔长度为 12～14 μm，由具有角质化的平行口腔壁和圆锥形后端两部位组成。口腔基部没有被咽部肌肉组织包裹。食道的前端到基部，宽度逐渐变大，内腔有轻微的角质化，无食道球存在。食道—肠连接处较小，心形，周围被肠组织包围。神经环位于食道长度的 44%～55%处。排泄孔和腺肾细胞不明显。尾部长度 168～225 μm，圆锥—圆柱形，末端没有刚毛。尾腺和喷丝头不明显。

雄性的生殖系统具有 2 个精巢均位于肠的左侧。交接器细长，弧长为 46～69 μm，近端为明显的瘤状，远端尖锐。引带长 11～15 μm，为条状，无引带突起。1 对泄殖孔后体刺（长度 4～6 μm）位于尾部圆锥部和圆柱部的连接处。交接器囊发育良好，从泄殖孔后体刺的位置向前延伸，到交接器的近端附近，包围泄殖孔。在交接器囊上，泄殖孔前乳突和后乳突各 1 对。交合肌肉不明显。

雌性个体形态上与雄性相似。生殖系统双卵巢结构，反向折叠，均位于肠的左侧，长度为 237～242 μm。阴门开口处没有角质化，也不突出于体表，位于虫体长度的 42.8%～45.4%。阴道短，壁薄。在子宫里有 2 个发育良好的受精卵（大小分别为 21 μm×19 μm 和 26 μm×20 μm）。

该种的主要特征包括了相对较长的外唇刚毛（头直径的 1.11～1.22 倍）；相对较长的（c 6.6～8.5，c′8.6～10.2）；交接器细长，有瘤状突起的近端和尖锐的近端（弧长为 46～69 μm）；条状的引带（长度为 11～15 μm）；发育良好的交接器囊具有前泄殖孔乳突和后泄殖孔乳突；头部具有明显的缢缩。

七、*Parodontophora* Timm，1963

1. *Parodontophora aequiramus* Li & Guo，2016

Parodontophora aequiramus 的主要为特征参数见表 5－14，光学显微镜下的形态结构照片见图 5－25，特征性结构见图 5－26。标本采集地点为厦门湾白哈礁的泥质潮间带。

表 5－14　*Parodontophora aequiramus* 的主要特征参数（μm）

特征	♂1	♂2	♂3	♂4	♂5	♀1	♀2
体长	1 616	1 645	1 636	1 432	1 642	1 832	1 771
头直径	12	12	12	10	12	12	11
头刚毛长度	3	4	4	4	4	4	4
亚头刚毛长度	2	2	3	2	3	3	3
口腔长度	24	24	22	25	24	23	23
口腔直径	4	5	5	4	5	4	4
化感器到前端的距离	6	6	7	6	6	6	6
化感器所在体直径	15	15	14	14	14	15	14
化感器背支长度	11	11	11	12	12	12	11
化感器腹支长度	11	11	11	12	12	12	11
排泄孔到前端的距离	13	11	11	12	13	12	11
排泄孔所在体直径	15	14	14	13	14	14	14
神经环到前端的距离	141	137	139	133	142	150	153
神经核环所在体直径	36	35	34	31	33	44	37
食道长度	212	214	220	211	223	234	236
食道基部所在体直径	39	42	44	37	40	58	45
腹腺长度	32	41	39	26	34	42	40
最大体直径	61	62	61	46	56	90	66
泄殖孔所在的体直径	42	43	42	37	43	50	43

（续）

特征	♂1	♂2	♂3	♂4	♂5	♀1	♀2
尾长	154	154	159	147	158	159	158
德曼系数 c'	3.7	3.6	3.8	4.0	3.7	3.2	3.7
交接器弦长	46	47	42	44	43	—	—
交接器弧长	55	59	52	55	51	—	—
引带长度	12	14	14	14	12	—	—
引带突起长度	16	17	15	17	16	—	—
阴门所在处直径	—	—	—	—	—	89	63
阴门到体前端的长度占体长的百分比	—	—	—	—	—	52.6	51.6
德曼系数 a	26.5	26.5	26.8	31.1	29.3	20.4	26.8
德曼系数 b	7.6	7.7	7.4	6.8	7.4	7.8	7.5
德曼系数 c	10.5	10.7	10.3	9.7	10.4	11.5	11.2

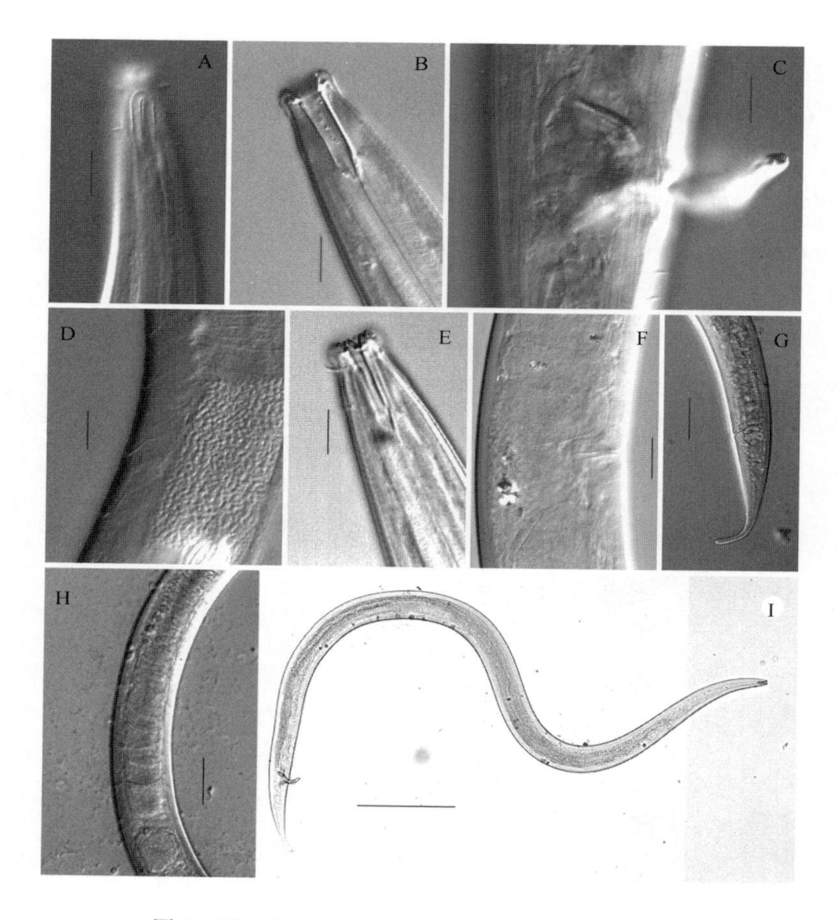

图 5-25 *Parodontophor aequiramus* 显微形态结构

A. 化感器 B. 口腔 C. 交接器远端 D. 肛前附器 E. armilliths F. 阴门 G. 雌性尾部 H. 卵巢 I. 雄性体长

比例尺：A～E=10 μm；F=25 μm；G、H=50 μm；I=200 μm

（Li & Guo，2016a）

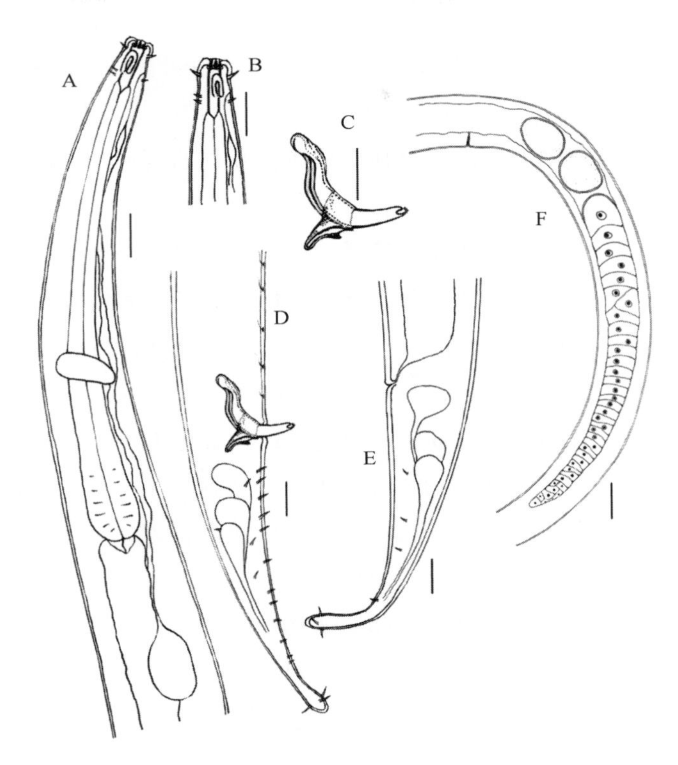

图 5-26 *Parodontophora aequiramus* 手绘形态结构

A. 雄性前端区域 B. 雌性头部 C. 雄性生殖器官侧视图 D. 雄性尾部 E. 雌性尾部 F. 雌性生殖系统侧视图

比例尺：A～E=20 μm；F=60 μm

(Li & Guo，2016a)

形态描述：表皮只有不明显的细环纹。唇部饱满，近似半球形，分布有 6 个外唇乳突。4 根头刚毛长度 3～4 μm（占头直径的 25%～40%），到前端距离为 6～7 μm。头部在头刚毛偏后的位置有明显的缢缩。亚头刚毛长度为 2～3 μm，排列模式为 1 对亚背侧纵向排列的刚毛和 1 根亚腹侧的刚毛，即 2（2D～1 V）（D 指亚背侧，V 指亚腹侧，以下同）。体刚毛分散排列，长度为 2～3 μm。口腔长度为 22～25 μm，宽度为 4～5 μm，由明显的角质化口腔壁和圆锥形后端两部分构成。口腔前端有 6 个分叉的前端尖、基部宽的齿。Armilliths 比较小，圆形。倒 U 形的化感器距离虫体前端 6～7 μm，化感器的长度为口腔长度的 0.46～0.52 倍，背支和腹支长度相同。食道的前端到基部逐渐变宽。食道—肠连接较小，圆锥形，被肠组织所包围。腺肾细胞位于食道基部的后面，长椭圆形，长度为 26～42 μm。神经环位于食道长度的 63%～67%。排泄孔位于口腔位置的中部体表。尾部长度 147～159 μm，圆锥—圆柱形，末端明显膨大，有 3 根长度为 5～6 μm 的尾刚毛，尾腺明显。

雄性尾部具有 12 对亚腹侧位刚毛，一些不规则的刚毛位于尾部的圆锥形部分，长度为 3～6 μm。生殖系统有两个精巢，反向伸展。前端的精巢位于肠的右侧，后面的位于肠的左侧。一对等长弓形的交接器，长度为 51～59 μm，两侧有轻微角质化的翼状结构，近端变大增厚，远端为 V 形的带有 3 个小突起的开口。引带突起长度为 16～17 μm，背—尾指向。大约有 16 个纤维状的肛前附器存在，从泄殖孔往前延伸到 302～343 μm 处，占体长的 18%～22%。

雌性在形态上与雄性相似。尾部没有成对的刚毛。生殖系统具双卵巢，反向伸展。虫体前端的卵巢位于肠的右侧，后面位于肠的左侧。阴门在体中间稍后一点的位置。阴道短，其壁薄，与虫体纵向轴线垂直。子宫中发现了 2 个受精卵。

该种的主要特征包括相对较短的头刚毛（头直径的 0.25～0.40 倍）；化感器的背支和腹支等长且化感器的末端没有延伸超过口腔的基部（口腔长度的 0.46～0.52 倍）；亚头刚毛排列式为 2（2D～1 V）；排泄孔位于口腔的中部；Armilliths 存在，圆形；相对较小的腺肾细胞占食道长度的 12%～19%；有大约 16 个纤维状的肛前附器，向体前延伸 302～343 μm；交接器的远端具有带 3 个小突起的 V 形开口。

2. *Parodontophora irregularis* Li & Guo，2016

Parodontophora irregularis 的主要特征参数见表 5－15，光学显微镜下的形态结构照片见图 5－27，特征性结构见图 5－28。标本采集地点为漳州市火山岛的沙质潮间带。

表 5－15 *Parodontophora irregularis* 的主要特征参数（μm）

特征	♂1	♂2	♂3	♂4	♂5	♀1	♀2
体长	1 266	1 334	1 355	1 281	1 088	1 266	1 319
头直径	12	11	12	12	13	13	12
头刚毛长度	4	4	5	4	4	4	4
亚头刚毛长度	2	2	3	2	2	2	2
口腔长度	28	30	27	30	28	28	28
口腔直径	5	5	4	6	5	5	5
化感器到前端的距离	3	3	2	3	3	3	3
化感器所在体直径	19	21	18	23	18	18	20
化感器背支长度	10	11	11	12	11	10	10
化感器腹支长度	30	29	29	29	30	26	28
神经环到前端的距离	100	108	105	101	98	102	103
神经核环所在体直径	32	42	33	33	32	30	30
食道长度	149	163	165	148	146	159	158
食道基部所在体直径	35	50	39	39	37	37	37
腹腺长度	63	62	55	51	46	56	55
最大体直径	48	61	58	53	46	46	50
泄殖孔所在的体直径	32	38	31	33	29	26	26
尾长	131	140	134	136	135	130	146

（续）

特征	♂1	♂2	♂3	♂4	♂5	♀1	♀2
德曼系数 c'	4.1	3.7	4.3	4.1	4.7	5.0	5.6
交接器弦长	28	26	25	26	25	—	—
交接器弧长	36	33	33	34	33	—	—
引带长度	7	9	9	9	8	—	—
引带突起长度	12	14	13	14	13	—	—
阴门所在处直径	—	—	—	—	—	41	45
阴门到体前端的长度占体长的百分比	—	—	—	—	—	51.2	49.2
德曼系数 a	26.4	21.9	23.4	24.2	23.7	27.5	26.4
德曼系数 b	8.5	8.2	8.2	8.7	7.5	8.0	8.3
德曼系数 c	9.7	9.5	10.1	9.4	8.1	9.7	9.0

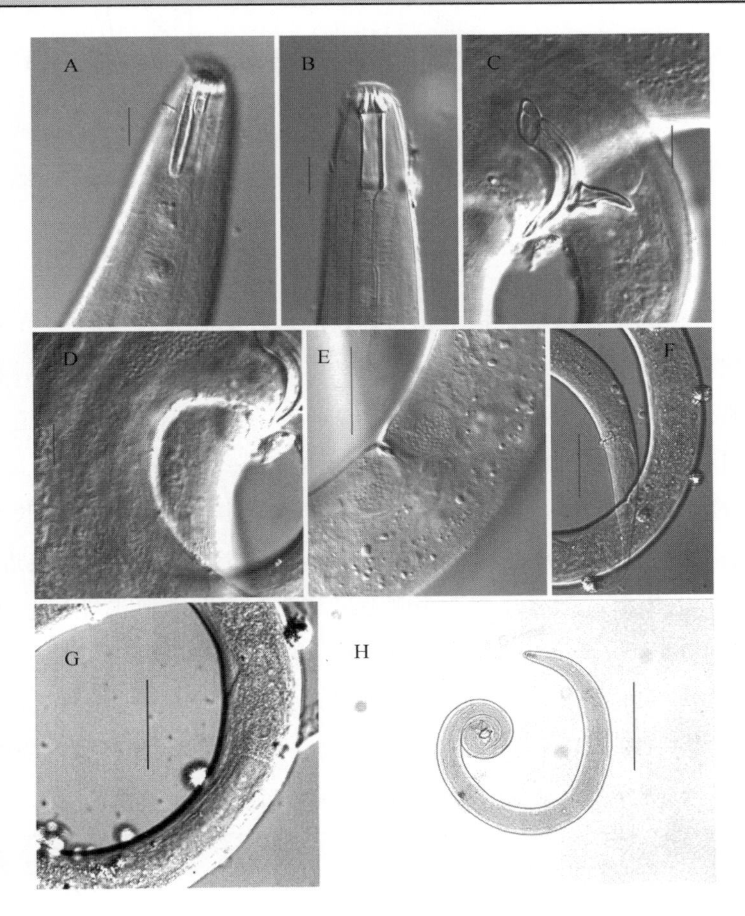

图 5－27　*Parodontophora irregularis* 显微形态结构

A. 化感器　B. 口腔　C. 交接器　D. 肛前附器　E. 阴门　F. 雄性尾部　G. 卵巢　H. 雄性体长

比例尺：A～D＝10 μm；E＝25 μm；F、G＝50 μm；H＝200 μm

（Li & Guo，2016a）

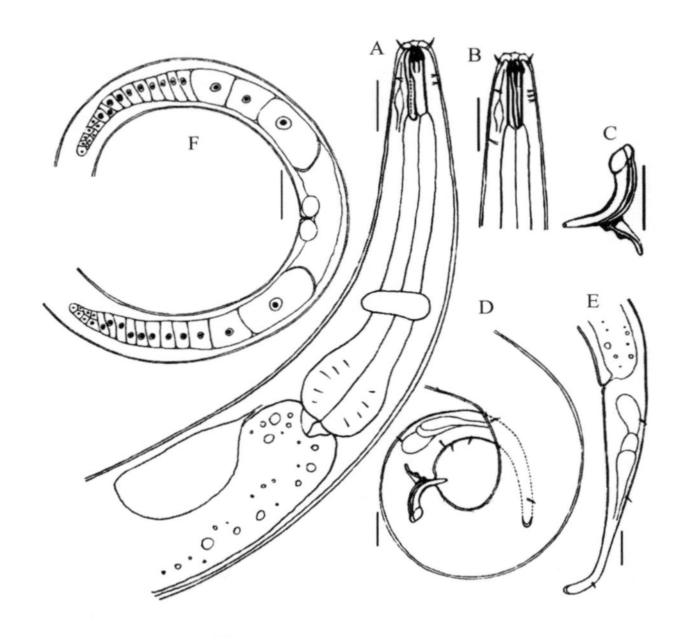

图 5 - 28 *Parodontophora irregularis* 手绘形态结构

A. 雄性前端区域 B. 雌性头部 C. 雄性生殖器官侧视图 D. 雄性尾部 E. 雌性尾部 F. 雌性生殖系统侧视图

比例尺：A～E=20 μm；F=40 μm

（Li & Guo，2016a）

形态描述：该种的主要特征包括了相对较短的头刚毛（头直径的 0.31～0.42 倍）；化感器的腹支末端延伸到了口腔基部（口腔长度的 0.93～1.07 倍）；亚头刚毛排列无规律；口腔前端的排泄孔位于头刚毛附近；Armilliths 不存在；腺肾细胞占食道长度的 32%～42%；具有大约 9 个纤维状肛前附器，向体前延伸 246～249 μm。

在化感器背支长度相对腹支的比值和化感器长度相对口腔长度的比值上，*P. irregularissp* 与 *P. paragranulifera*、*P. deltensis* 和 *P. chiliensis* 很接近。该新种可以通过排泄孔在口腔的位置（排泄孔靠近头刚毛）和亚头刚毛排列式与上述种类区分开来。

3. *Parodontophora huoshanensis* Li & Guo，2016

Parodontophora huoshanensis 的主要特征参数见表 5 - 16，光学显微镜下的形态结构见图 5 - 29，特征性结构见图 5 - 30。标本采集地点为漳州市火山岛的沙质潮间带。

表 5 - 16 *Parodontophora huoshanensis* 的主要特征参数（μm）

特征	♂1	♂2	♀1	♀2
体长	1 235	1 377	1 408	1 325
头直径	12	11	12	15
头刚毛长度	4	3	4	4
亚头刚毛长度	2	2	2	2
口腔长度	26	27	27	29
口腔直径	4	4	4	6

（续）

特征	♂1	♂2	♀1	♀2
化感器到前端的距离	3	3	3	3
化感器所在体直径	17	18	17	24
化感器背支长度	13	13	13	13
化感器腹支长度	20	21	21	24
神经环到前端的距离	98	102	95	101
神经核环所在体直径	30	28	34	43
食道长度	150	161	151	164
食道基部所在体直径	33	35	37	55
腹腺长度	80	75	91	56
最大体直径	46	44	42	72
泄殖孔所在的体直径	27	30	25	34
尾长	132	130	142	146
德曼系数 c'	4.9	4.3	5.7	4.3
交接器弦长	30	28	—	—
交接器弧长	35	34	—	—
引带长度	10	9	—	—
引带突起长度	11	13	—	—
阴门所在处直径	—	—	41	65
阴门到体前端的长度占体长的百分比	—	—	49.5	50.1
德曼系数 a	26.8	31.3	33.5	18.4
德曼系数 b	8.2	8.6	9.3	8.1
德曼系数 c	9.4	10.6	9.9	9.1

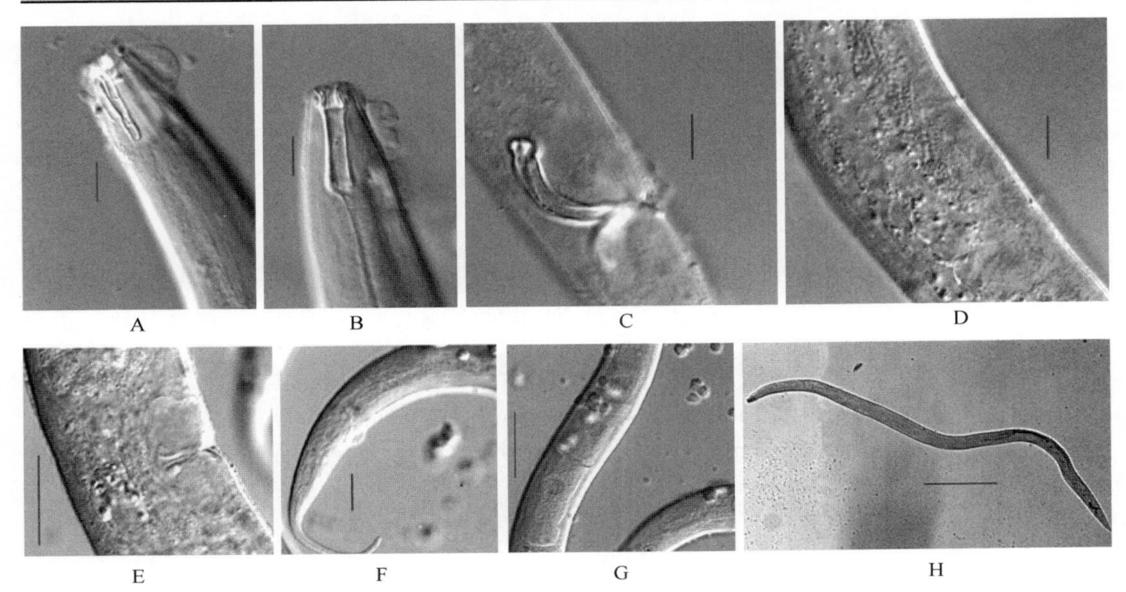

图 5-29 *Parodontophora huoshanensis* 显微形态结构

A. 化感器 B. 口腔 C. 交接器 D. 肛前附器 E. 阴门 F. 雌性尾部 G. 卵巢 H. 雄性体长

比例尺：A～D=10 μm；E 和 F=25 μm；G=50 μm；H=200 μm

（Li & Guo，2016a）

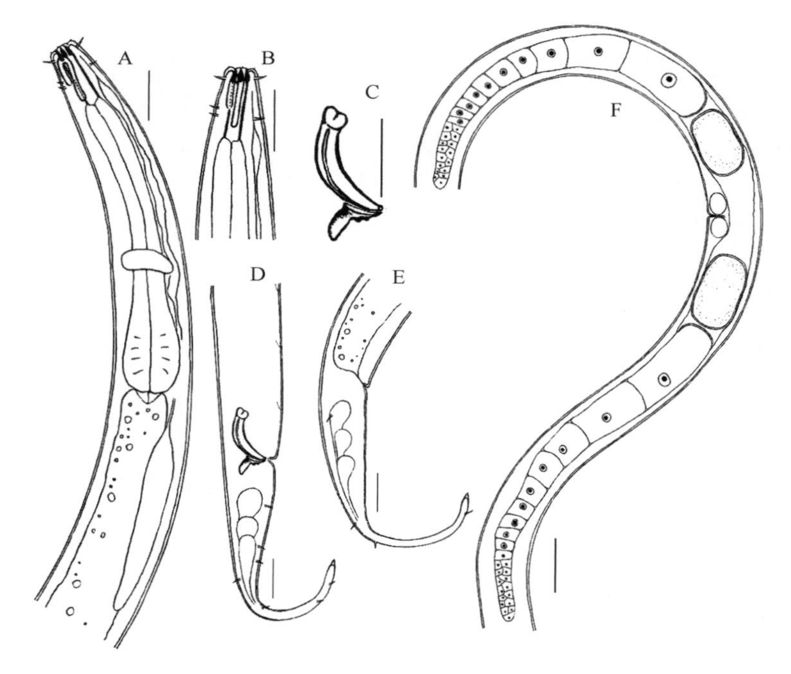

图 5-30 *Parodontophora huoshanensis* 手绘形态结构

A. 雄性前端区域 B. 雌性头部 C. 雄性生殖器官侧视图 D. 雄性尾部 E. 雌性尾部 F. 雌性生殖系统侧视图

比例尺：A～E=20 μm；F=40 μm

(Li & Guo，2016a)

形态描述：该种的主要特征包括了相对较短的头刚毛（头直径的 0.27～0.33 倍）；化感器的腹支末端距离口腔基部还有一段距离（口腔长度的 0.77～0.83 倍）；亚头刚毛排列式为 2（2D～1V）；排泄孔在口腔前端的头刚毛附近；Armilliths 不存在；腺肾细胞为食道长度的 34%～60%；具有 6 个纤维状肛前附器，向体前延伸 218～223 μm。

4. *Parodontophora microseta* Li & Guo，2016

Parodontophora microseta 的主要特征参数见表 5-17，光学显微镜下的形态结构照片见图 5-31，特征性结构绘图见图 5-32。标本采集地点为洛阳江口红树林湿地、集美凤林红树林湿地和九龙江口红树林湿地的泥质潮间带。

表 5-17 *Parodontophora microseta* 的主要特征参数（μm）

特征	♂1	♂2	♂3	♂4	♂5	♀1	♀2
体长	1 521	1 625	1 385	1 266	1 451	1 430	1 717
头直径	15	13	14	15	17	14	16
头刚毛长度	3	3	4	3	4	4	3
亚头刚毛长度	1	1	1	1	1	1	1
口腔长度	35	34	33	33	33	33	33
口腔直径	7	6	7	6	7	6	7
化感器到前端的距离	4	3	3	3	4	4	3
化感器所在体直径	30	30	27	29	30	27	37

（续）

特征	♂1	♂2	♂3	♂4	♂5	♀1	♀2
化感器背支长度	9	10	10	9	9	9	9
化感器腹支长度	60	68	64	69	55	57	61
排泄孔到前端的距离	1	1	1	1	1	1	1
排泄孔所在体直径	10	10	9	11	14	10	13
神经环到前端的距离	113	117	118	115	114	112	126
神经核环所在体直径	43	47	36	39	53	41	55
食道长度	194	200	189	183	188	183	205
食道基部所在体直径	49	62	42	40	55	47	68
腹腺长度	68	69	73	68	74	63	84
最大体直径	50	80	43	41	59	49	84
泄殖孔所在的体直径	37	42	34	30	39	31	46
尾长	201	174	168	180	181	180	218
德曼系数 c'	5.4	4.1	4.9	6.0	4.6	5.8	4.7
交接器弦长	39	40	39	38	40	—	—
交接器弧长	44	46	44	45	46	—	—
引带长度	11	10	10	11	11	—	—
引带突起长度	16	14	15	14	16	—	—
阴门所在处直径	—	—	—	—	—	48	75
阴门到体前端的长度占体长的百分比	—	—	—	—	—	49.7	50.3
德曼系数 a	30.4	20.3	32.2	30.9	24.6	29.2	20.4
德曼系数 b	7.8	8.1	7.3	6.9	7.7	7.8	8.4
德曼系数 c	7.6	9.3	8.2	7.0	8.0	7.9	7.9

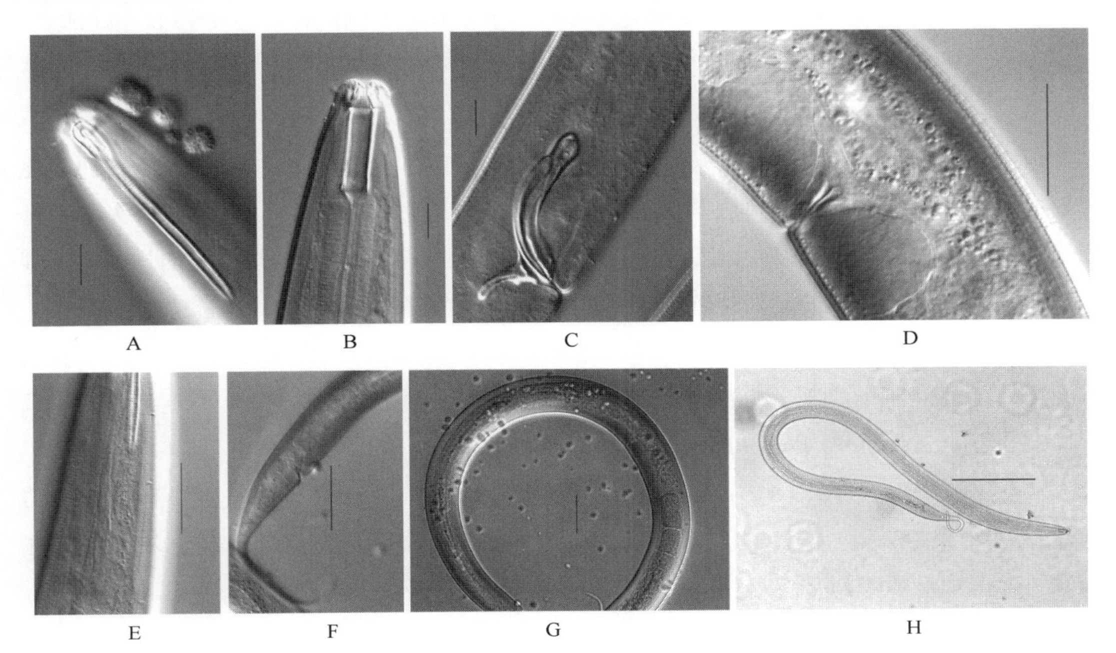

图 5-31　*Parodontophora microseta* 显微形态结构

A. 化感器　B. 口腔　C. 交接器和肛前附器　D. 阴门　E. 体刚毛　F. 雌性尾部　G. 卵巢　H. 雄性体长

比例尺：A～C=10 μm；D 和 E=25 μm；F 和 G=50 μm；H=200 μm

（Li & Guo，2016a）

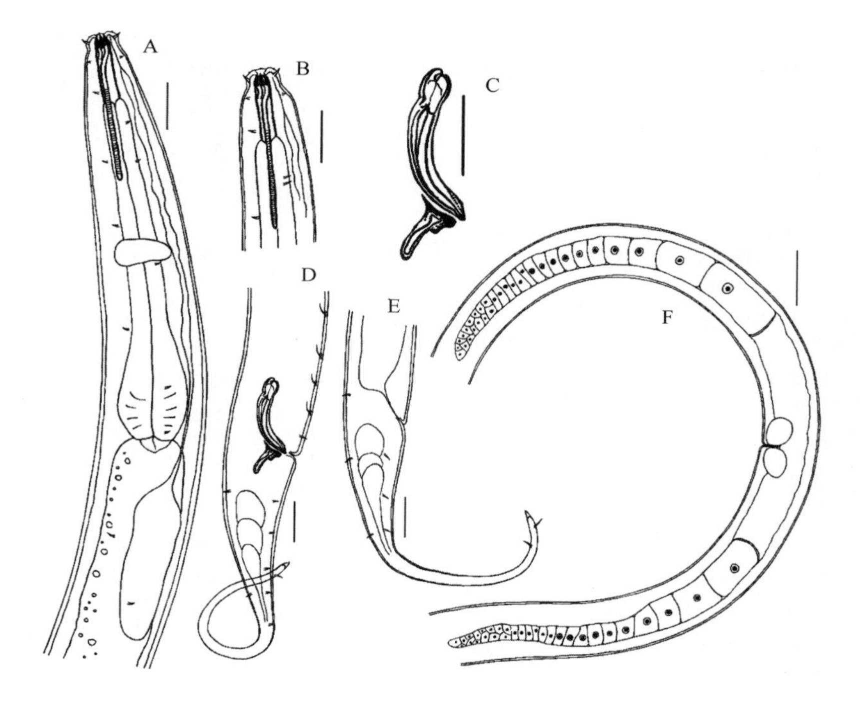

图 5-32 *Parodontophora microseta* 手绘形态结构

A. 雄性前端区域 B. 雌性头部 C. 雄性生殖器官侧视图 D. 雄性尾部 E. 雌性尾部 F. 雌性生殖系统侧视图

比例尺：A～E=20 μm；F=50 μm

（Li & Guo，2016a）

形态描述：该种的主要特征包括了相对较短的头刚毛（头直径的 0.19～0.29 倍）；化感器的腹支往后延伸超过了口腔基部很长距离（口腔长度的 1.71～2.1 倍）；亚头刚毛排列式为 2（1D～1 V）；从口腔的后端一直到尾部的圆锥形部分分布着规律纵向排列的体刚毛；排泄孔位于虫体最前端的位置；Armilliths 不存在；腺肾细胞占了食道长度的 34%～41%；存在泄殖孔前刚毛；具有 13～15 个纤维状肛前附器，向体前延伸 346～482 μm。雌性虫体前端的卵巢位于肠的右侧而后面的卵巢位于肠的左侧。

5. *Parodontophora paramicroseta* Li & Guo，2016

Parodontophora paramicroseta 的主要特征参数见表 5-18，光学显微镜下的形态结构照片见图 5-33，特征性结构见图 5-34。标本采集地点为宁德湾坞红树林和漳州漳江口红树林湿地泥质潮间带。

表 5-18 *Parodontophora paramicroseta* 的主要特征参数（μm）

特征	♂1	♂2	♀1	♀2
体长	1 723	1 054	1 586	1 315
头直径	15	14	15	14

（续）

特征	♂1	♂2	♀1	♀2
头刚毛长度	3	3	4	4
亚头刚毛长度	1	1	1	1
口腔长度	33	32	33	34
口腔直径	6	7	7	6
化感器到前端的距离	3	3	4	3
化感器所在体直径	30	26	26	28
化感器背支长度	10	10	9	9
化感器腹支长度	48	48	48	46
排泄孔到前端的距离	1	1	1	1
排泄孔所在体直径	10	10	11	10
神经环到前端的距离	117	108	116	115
神经核环所在体直径	47	36	43	41
食道长度	204	161	195	183
食道基部所在体直径	69	39	51	46
腹腺长度	68	53	70	67
最大体直径	91	44	62	66
泄殖孔所在的体直径	47	28	34	39
尾长	212	164	197	168
德曼系数 c'	4.5	5.9	5.8	4.3
交接器弦长	42	37	—	—
交接器弧长	48	44	—	—
引带长度	12	11	—	—
引带突起长度	14	15	—	—
阴门所在处直径	—	—	56	57
阴门到体前端的长度占体长的百分比	—	—	50.1	52.0
德曼系数 a	18.9	24.0	25.6	19.9
德曼系数 b	8.4	6.5	8.1	7.2
德曼系数 c	8.1	6.4	8.1	7.8

形态描述：该种的主要特征包括了相对较短的头刚毛（头直径的 0.2～0.29 倍）；化感器的腹支向后延伸超过了口腔基部一段距离（口腔长度的 1.35～1.50 倍）；亚头刚毛排列式为 2（1 D～1 V）；从口腔的后端一直到尾部的圆锥形部分分布着规律纵向排列的体刚毛；排泄孔位于虫体最前端；Armilliths 不存在；腺肾细胞占了食道长度的 33%～37%；具有 11～12 个纤维状肛前附器，向体前延伸 290～489 μm。雌性虫体前端的卵巢位于肠的右侧而后面的卵巢位于肠的左侧。

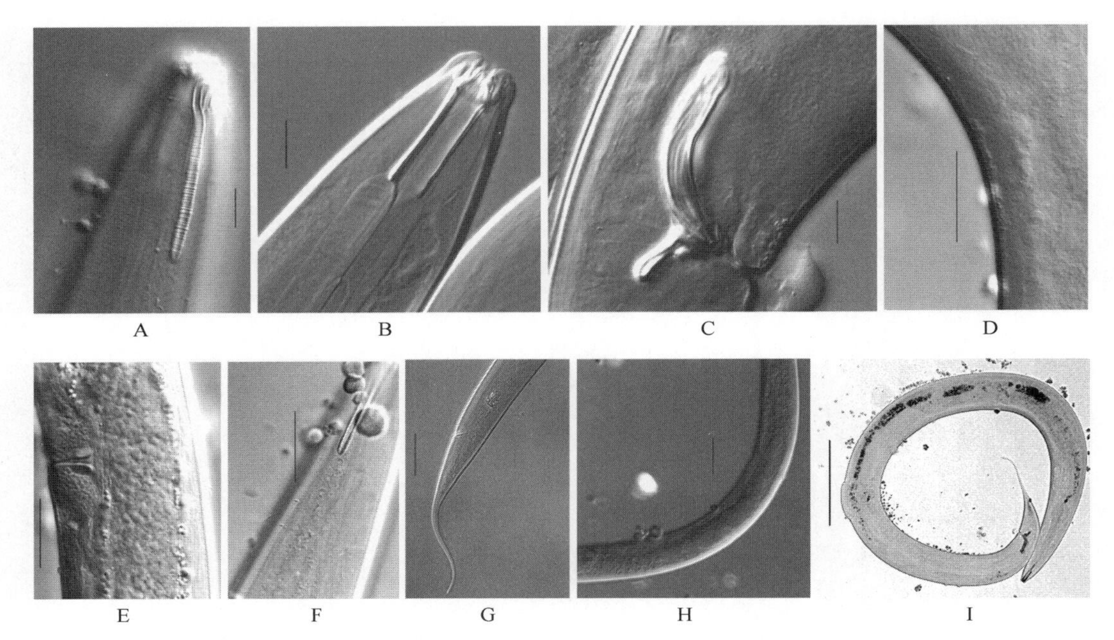

图 5-33 *Parodontophora paramicroseta* 显微形态结构

A. 化感器 B. 口腔 C. 交接器 D. 肛前附器 E. 阴门 F. 体刚毛 G. 雌性尾部 H. 卵巢 I. 雄性体长

比例尺：A～D=10 μm；E、F=25 μm；G、H=50 μm；I=200 μm

（Li & Guo，2016a）

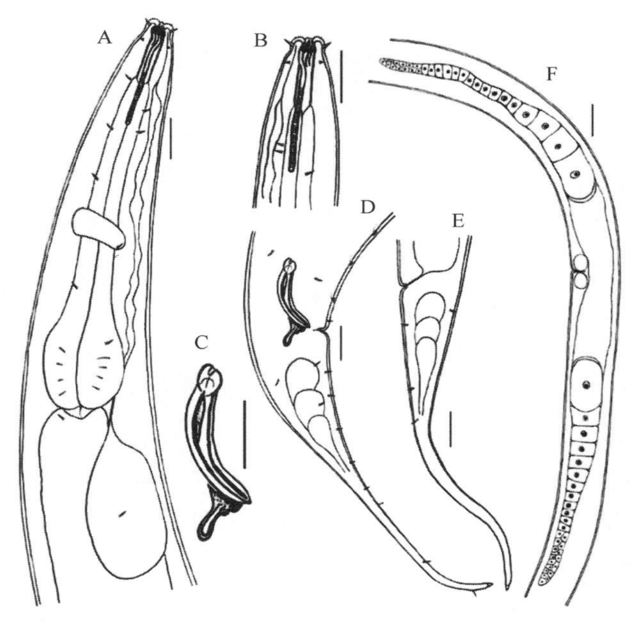

图 5-34 *Parodontophora paramicroseta* 手绘形态结构

A. 雄性前端区域 B. 雌性头部 C. 雄性生殖器官侧视图 D. 雄性尾部 E. 雌性尾部 F. 雌性生殖系统侧视图

比例尺：A～E=20 μm；F=40 μm

（Li & Guo，2016a）

6. *Parodontophora amoyensis* Zou，2000

Parodontophora amoyensis 的特征性结构绘图见图 5－35。标本采集地点为厦门大学附近沙滩。

形态描述：虫体具备 6 个头部的乳突和 4 根头部的感觉毛；颈刚毛排列式：雌性2（3D＋2V），雄性 2（2D＋2V）；D 指亚背侧，V 指亚腹侧；管状化感器的腹支长于背支而没有超过口腔的位置；圆柱形口腔的开口处为 6 个齿状的结构；食道逐渐膨大，排泄细胞的导管开口于口腔前部的腹侧体表。

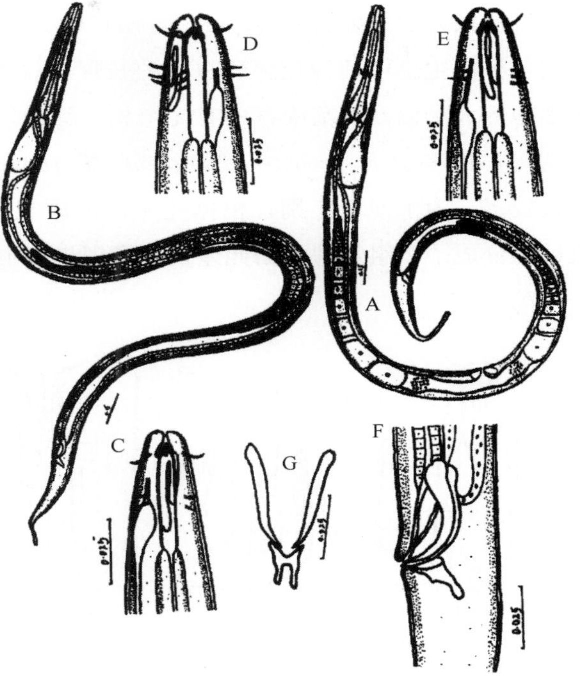

图 5－35　*Parodontophora amoyensis* 手绘形态结构（单位：mm）

A. 雌虫　B. 雄虫　C. 雄虫头部侧面观　D. 雌虫头部亚侧面观　E. 雌虫头部侧面观　F. 泄殖腔部侧面观　G. 交合刺和引带腹面观

（邹朝中，1999）

雄性体长 1.2～1.3（1.26）mm、宽 42.00 μm，4 根头感觉毛稍长于雌性；口腔底到齿状突的距离 35.19 μm。排泄细胞的长度为食道长度的 48%，其导管开口到头顶端的距离为 14.76 μm。交合刺长 87.36 μm。引带长 7.95 μm，引带突起长 15.89 μm。尾长142.80 μm，为泄殖腔处体宽的 5.1 倍。

雌性体长 1.2～1.6（1.38）mm、宽 40.00～47.60（42.90）μm。头宽 11.62 μm，约为食道末端体宽的 1/3。4 根头感觉毛距头端 4.15 μm，约为相应头宽的 0.51 倍。化感器在距头端约 4.15 μm 处，腹支长为 20.75 μm。口腔底到齿状突的距离 36.32 μm。食道长129.00～169.00（149.20）μm，神经环处食道的宽度为食道最大宽度的 40%。神经环到头端 102.96 μm。食道—肠连接的长度约为 10.79 μm。排泄细胞的长和宽分别约为 66.4 及 44.82 μm，约为食道长度的 51%，导管开口距头端 17.03 μm。尾长为肛门处体宽的5～6 倍。

7. 拟齿线虫属（*Parodontophora*）的检索

Timm 于 1963 年为 Odontophora 中拥有平行口腔壁的海洋线虫创立了拟齿线虫属（*Parodontophora*），而这个属的模式种为 *P. paragranulifera* Timm，1952。一些 20 世纪 50 年代公布的 *Pseudolella* 属的种，如 *Pseudolella cobbi* Timm，1952、*Pseudolella pacifica* Allgén，1947 和 *Pseudolella polita* Gerlach，1955，也被转移到了拟齿线虫属里。Boucher（1973）和张志南（1991）根据一些重要的形态学特征，包括化感器腹支的

长度、排泄孔的位置、亚头刚毛的排列模式和腺肾细胞的大小，分别提出了表格检索目录和二差检索表。

目前拟齿线虫属（*Parodontophora*）中共发现了31个有效种，鉴定并区分拟齿线虫属各种的主要特征为化感器腹支的长度、排泄孔的位置、亚头刚毛的排列模式和排泄细胞的大小以及肛前附器的有无结构。另外，Armilliths作为口腔中明显且容易区分的结构，存在于*P. probate*、*P. repens*、*P. timmica*和*P. aequiramus*中。拟齿线虫属内种数较多，为了便于鉴别，根据化感器的腹支是否超过口腔基部，我们把拟齿线虫有效种的分成了2组，并根据此差别做了拟齿线虫种的图画检索表。具体见图5-36和图5-37。

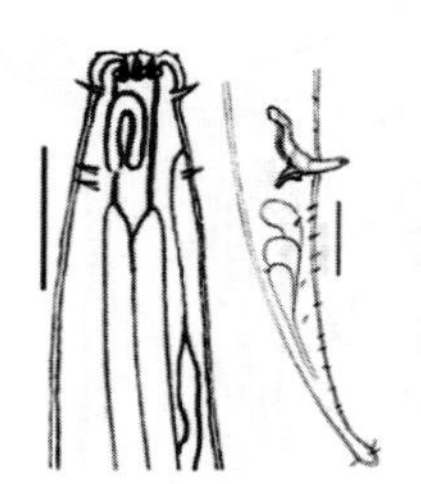

P.aequiramus.
(同Li,2016)
比例尺:头部=20 μm
尾部=40 μm

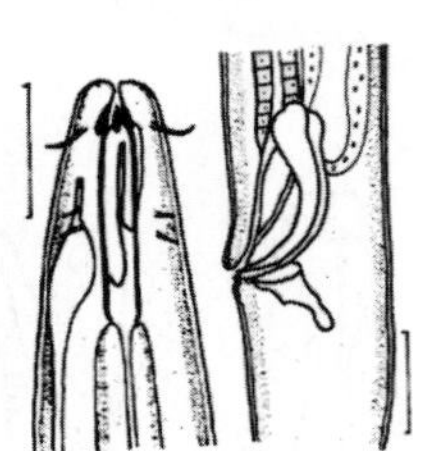

P.amoyensis
(同Zou,2000)
比例尺:头部=25 μm
尾部=25 μm

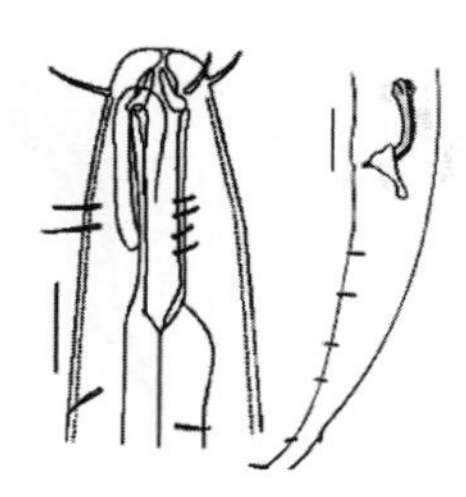

P.aurata
(同Hourston & Warwick,2010)
比例尺:头部=10 μm
尾部=20 μm

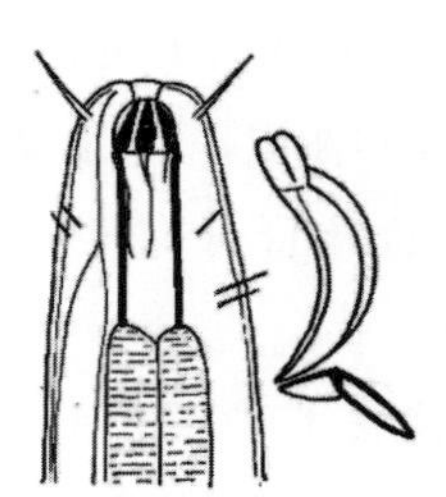

P.brevamphida
(同Timm,1952)
比例尺:缺

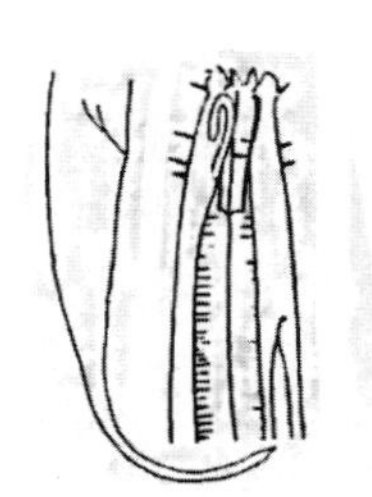

P.breviseta
(同Schuurmans & Stekhoven,1950)
比例尺：缺

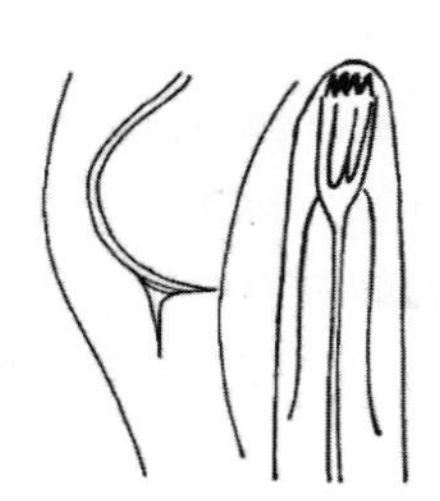

P.diegoensis
(同Allgen,1951)
比例尺:缺

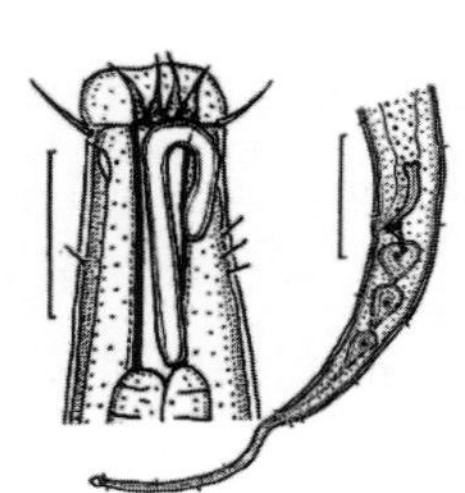

P.fluviatilis
(同Gagarin & Thanh,2008)
比例尺:头部=10 μm
尾部=30 μm

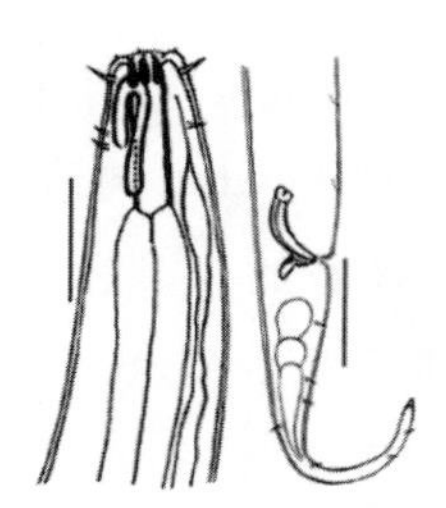

P.huoshanensis
比例尺:头部=20 μm
尾部=40 μm

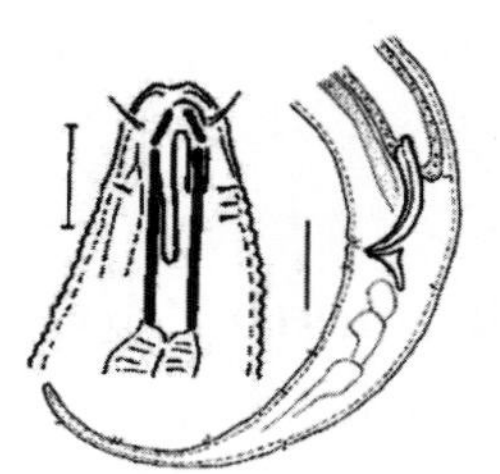

P.limnophila
(同Wu,2000)
比例尺:头部=10 μm
尾部=20 μm

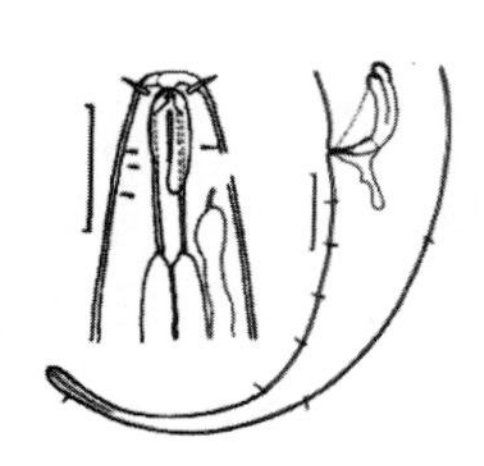

P.marina
(同Zhang,1991)
比例尺:头部=20 μm
尾部=20 μm

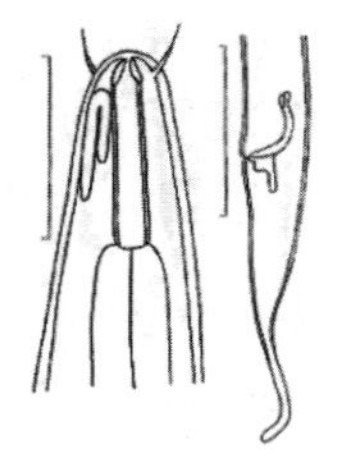

P.marisjaponici
(同Platonova,1971)
比例尺:头部=20 μm
尾部=20 μm

P.pacifica
(同Allgen,1947)
比例尺:缺

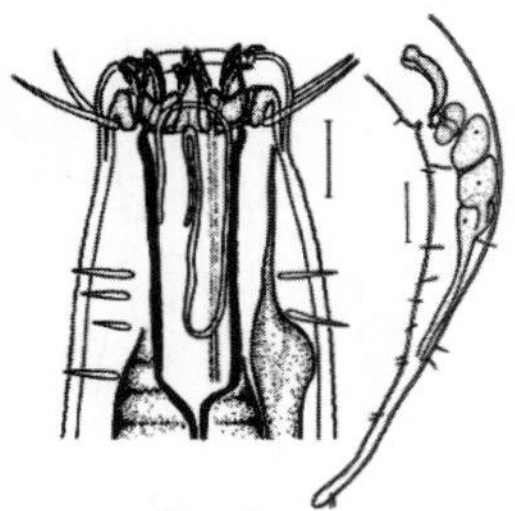

P.probata
(同Smolyanko & Belogurov,1995)
比例尺：头部=5 μm
尾部=20 μm

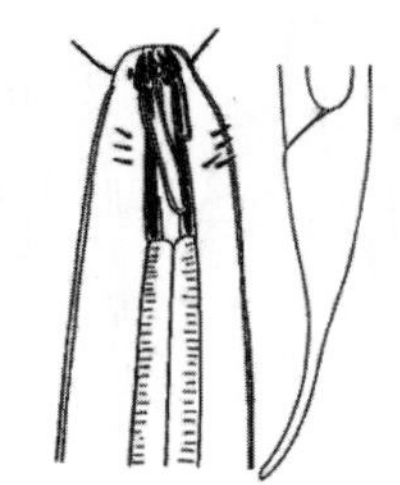

P.quadristicha
(同Schuurmans Stekhoven,1950)
比例尺：缺

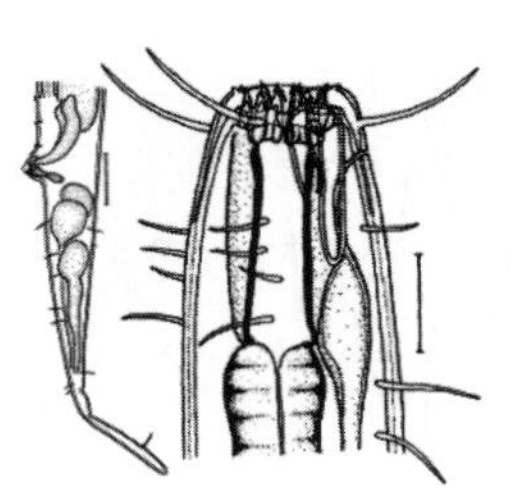

P.repens
(同Smolyanko & Belogurov,1995)
比例尺：头部=10 μm
尾部=25 μm

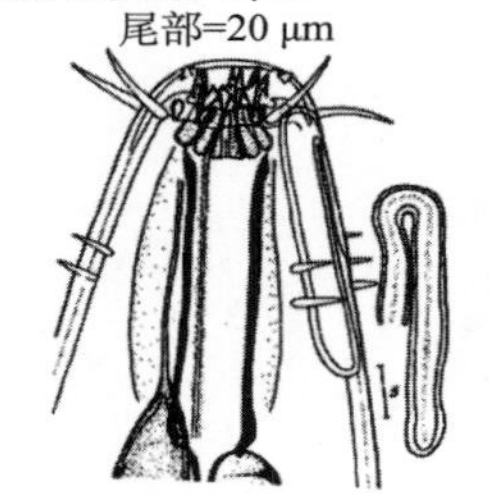

P.timmica
(同Pavluk & Belogurov,1979)
比例尺：头部=5 μm
尾部=5 μm

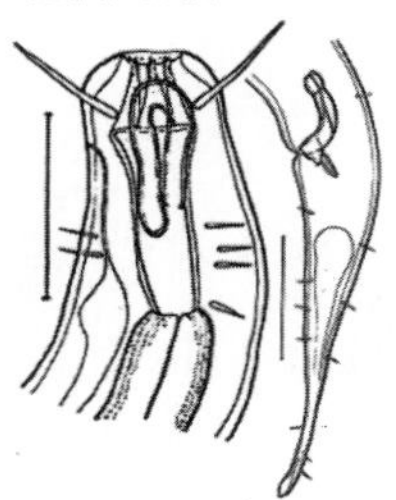

P.xenotricha
(同Boucher,1973)
比例尺：头部=20 μm
尾部=50 μm

图 5－36　拟齿线虫属（*Parodontophora*）组一的图画检索表

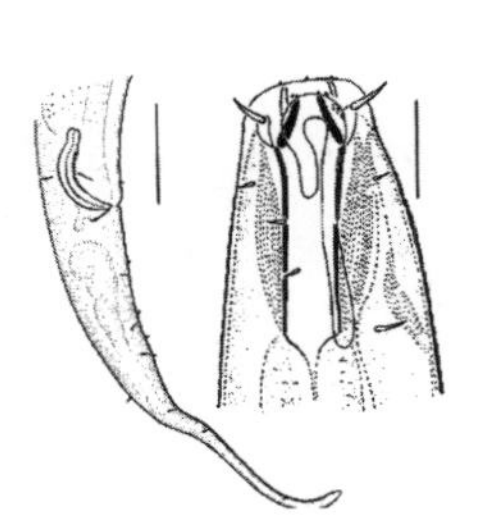

P.chiliensis
(同Murphy,1996)
比例尺：头部=10 μm
尾部=80 μm

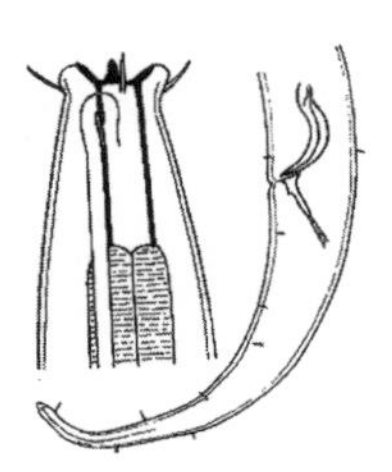

P.cobbi
(同Timm,1952)
比例尺：缺

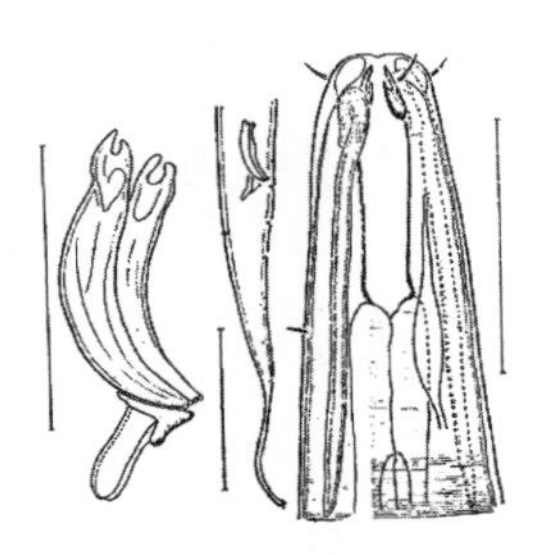

P.danka
(同Belogurov & Kartavtseva,1975)
比例尺：头部=30 μm
尾部=100 μm
交合刺=40 μm

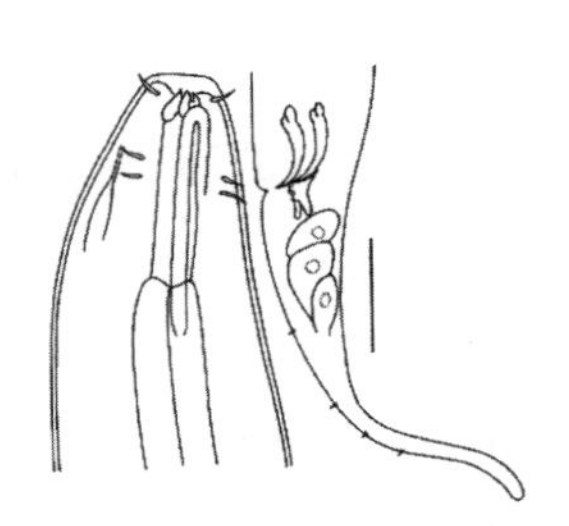

P.deltensis
(同Zhang,2005)
比例尺：头部=20 μm
尾部=50 μm

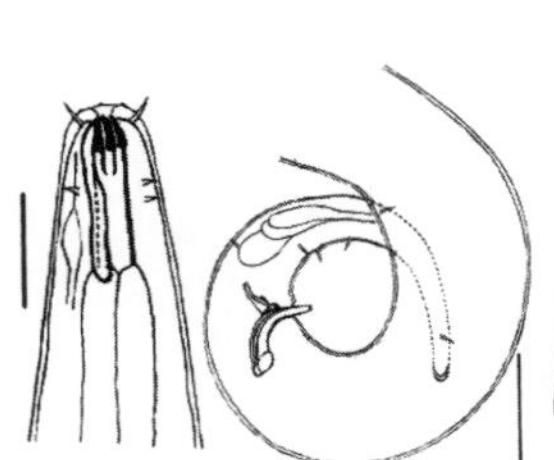

P.irrrgularis
比例尺：头部=20 μm
尾部=40 μm

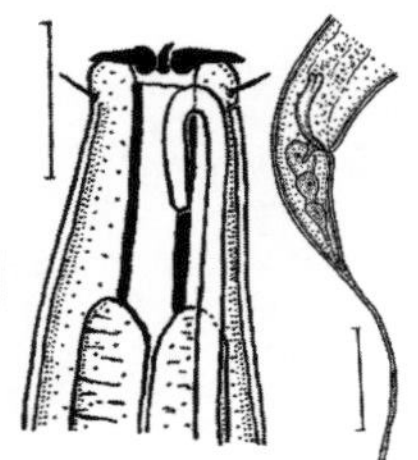

P.leptosoma
(同Gagarin & Thanh,2008)
比例尺：头部=10 μm
尾部=30 μm

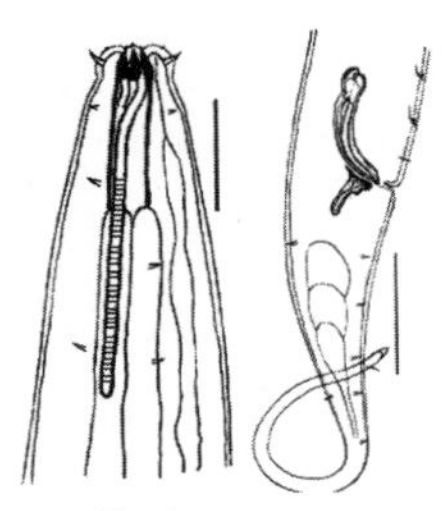

P.microseta
比例尺：头部=20 μm
尾部=40 μm

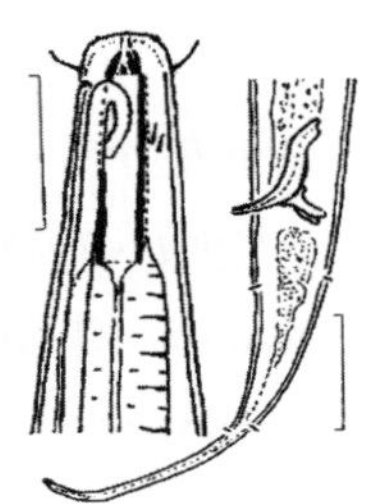

P.minor
(同Gagarin & Thanh,2006)
比例尺：头部=15 μm
尾部=25 μm

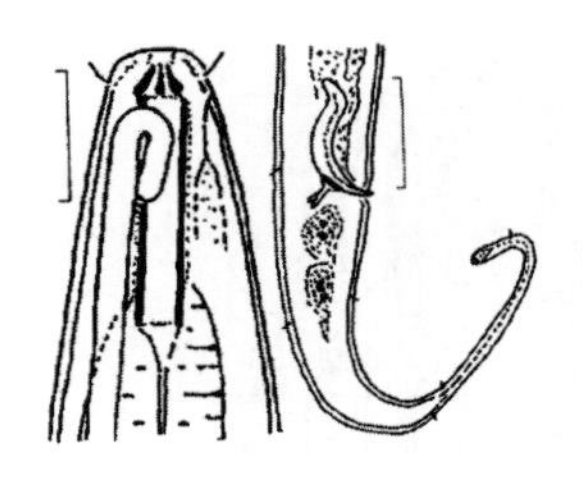

P.nothus
(同Gagarin & Thanh,2006)
比例尺：头部=15 μm
尾部=25 μm

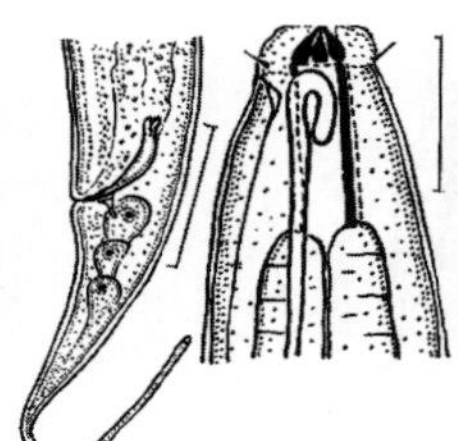

P.obesa
(同Gagarin & Thanh,2008)
比例尺：头部=20 μm
尾部=40 μm

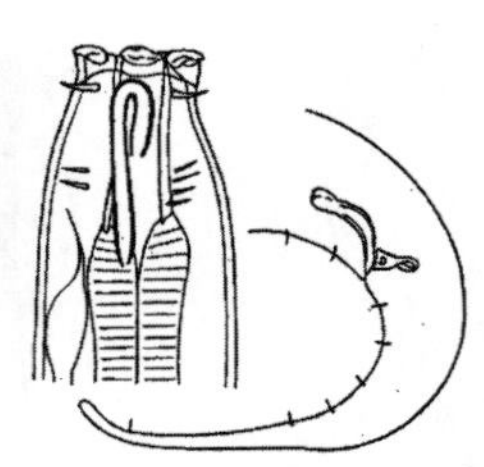

P.paragranulifera
(同Gerlach,1957)
比例尺：缺

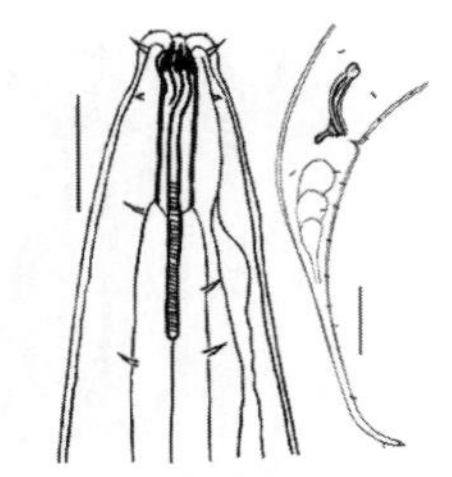

P.paramicroseta
比例尺：头部=20 μm
尾部=40 μm

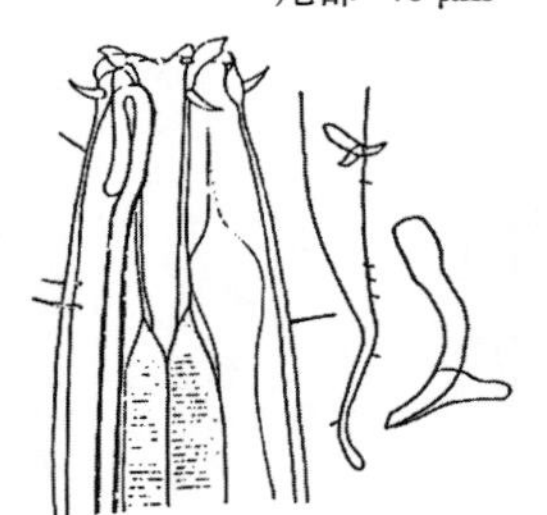

P.polita
(同Gerlach,1955)
比例尺：缺

P.wuleidaowanensis
(同Zhang,2005)
比例尺：头部=20 μm
尾部=20 μm

图 5－37　拟齿线虫属（*Parodontophora*）组二的图画检索表

以化感器的腹支没有超过口腔基部为拟齿线虫属（*Parodontophora*）组一，包括 17 种，它们是：

P. aequiramus Li & Guo，2016

P. amoyensis Zou，2000

P. aurata Hourston & Warwick，2010

P. brevamphida Timm，1952

P. breviseta Schuurmans Stekhoven，1950

P. diegoensis Allgén，1951

P. fluviatilis Gagarin & Thanh，2008

P. huoshanensis Li & Guo，2016

P. limnophila Wu，2000

P. marina Zhang，1991

P. marisjaponici Platonova，1971

P. pacifica Allgén，1947

P. probata Smolyanko & Belogurov，1995

P. quadristicha Schuurmans Stekhoven，1950

P. repens Smolyanko & Belogurov，1995

P. timmica Pavluk & Belogurov，1979

P. xenotricha Boucher，1973

以化感器的腹支超过了口腔基部为拟齿线虫属（*Parodontophora*）组二，包括 14 种，它们是：

P. chiliensis Murphy，1966

P. cobbi Timm，1952

P. danka Belogurov & Kartavtseva，1975

P. deltensis Zhang，2005

P. irregularis Li & Guo，2016

P. leptosome Gagarin & Thanh，2008

P. microseta Li & Guo，2016

P. minor Gagarin & Thanh，2006

P. nothus Gagarin & Thanh，2006

P. obesa Gagarin & Thanh，2008

P. paragranulifera Timm，1952

P. paramicroseta Li & Guo，2016

P. polita Gerlach，1955

P. wuleidaowanensis Zhang，2005

八、*Axonolaimus spinosus* Butschli，1874

Axonolaimus spinosus 的特征性结构见图 5－38。标本采集地点为厦门大学沙滩。

形态描述：*Axonolaimus spinosus* 同物异名 *Anoplostoma spinosa*。表皮光滑；开口处有似齿状的结构；化感器马蹄形，左右两支等长；虫体具 6 个头部的乳突和 4 根头刚毛；食道末端膨大但没有形成食道球，有三角形的食道—肠连接和显著的排泄细胞，排泄管的开口位于口腔下方一小段距离的腹面体表；雄性精巢两个，伸展，交合刺两根、对称、弓形，引带槽状并有明显地伸向背尾侧的引带突起，并有 13 个小的乳突状的肛前附器；雌性卵巢两个，伸展。尾圆锥—圆柱状。

雄虫虫体主要特征参数为：a＝34～40（39.31）；b＝5.12～5.79（5.64）；c＝7.00～7.74（7.53）。体长 0.8～1.1（1.0）mm，体宽 33.60 μm。头刚毛到头端距离4.49 μm，长 5.81 μm，是相应头宽的 0.7 倍。口腔长度 12.45 μm，化感器长 17.43 μm，排泄孔到头端距离 10.24 μm，食道长 152～198（170.25）μm。交合刺长 38.59 μm，引带长 5.68 μm，引带突起长 11.35 μm。尾长 148.40 μm，是泄殖腔处体宽的 5.89～6.62（6.05）倍。

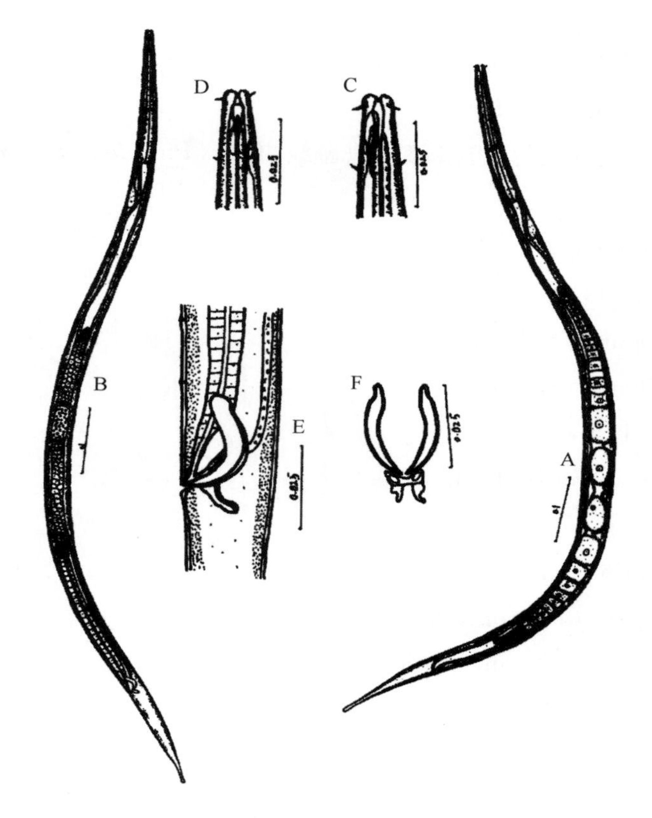

图 5-38 *Axonolaimus spinosus* 手绘形态结构（单位：mm）

A. 雌虫 B. 雄虫 C. 雄虫头部亚侧面观 D. 雌虫头部侧面观 E. 雌虫泄殖腔部侧面观 F. 交合刺和引带腹面观

（邹朝中，2000）

雄虫虫体主要特征参数为：a=29.14～31.37（30.44）；b=5.83～5.84（5.83）；c=7.98～8.87（8.45）。体长 1.0～1.1（1.1）mm。体宽 36.00～39.20（38.25）μm。距头端约 4.15 μm 处有 4 根长 4～5 μm 的头刚毛，其长度为相应头部宽度的 0.6 倍。化感器前端到头端距离4.98 μm，总长 15.17 μm。口腔总长 16.6 μm，化感器的末端超过口腔底部 4.15 μm。食道长 196.00～201.60（200.25）μm。神经环处在食道的约 2/3 处。食道—肠连接长和宽分别为 4.98 和 9.96 μm。排泄细胞导管开口到头端的距离 10.24 μm。阴门处体宽为 39.20 μm。肛门处体宽为 25.20 μm。尾长 128.80 μm，是泄殖腔处体宽的 5～6 倍。

该虫种首先由 Butschli 在 1874 年发现并予以报道，此后不同的作者报道该种在主要的特征上是相同的，但从表 5-19 可以看出它们之间的不同点。在形态学方面，Timm（1954）的报道没有提及肛前附器的情况，Warwick & Platt，1973 的报道肛前附器为 15～19个乳突，厦门的标本中只观察到 13 个乳突状的肛前附器，并且比 Timm 和 Platt 所报道的小。

表 5-19 不同作者报道的 *Axonolaimus spinosus* 的异同点比较

比较特征	Timm，1954	Warwick & Platt，1973	邹朝中，2000
分布	海底泥基质	潮间带泥质	潮间带泥基质
体长（μm）	♀1 170～1 300 ♂1 390～1 440	1 400～1 700	♀1 100 ♂800～1 100
体宽（μm）		32～53	♀39.20 ♂33.60
尾长同肛门体宽比	4.7～5.3	5.0	5～6
头感觉毛同头宽比	0.5	♀0.6 ♂0.8	♀0.6 ♂0.7
口腔长（μm）	20～26	17～19	♀16.60 ♂12.45
化感器长（μm）		13～15	♀15.17 ♂17.34
交合刺长（μm）	35	36～38	38.59
引带突长（μm）	11	13～14	11.35
德曼系数 *a*	♀24.3～27.2 ♂39.7～41.00	31～45	♀29.14～31.37 ♂34～40
德曼系数 *b*	♀5.3～5.8 ♂6.7～6.8		♀5.83 ♂5.12～5.79
德曼系数 *c*	♀9～9.5 ♂10.5～10.8		♀7.98～8.87 ♂7～7.74
阴门到体前端的长度	53～53.70	54～56	52.58～56.37

九、*Terschellingia longicaudata* de Man，1907

Terschellingia longicaudata 的特征性结构绘图见图 5-39，标本采集地点厦门大学附近沙滩。

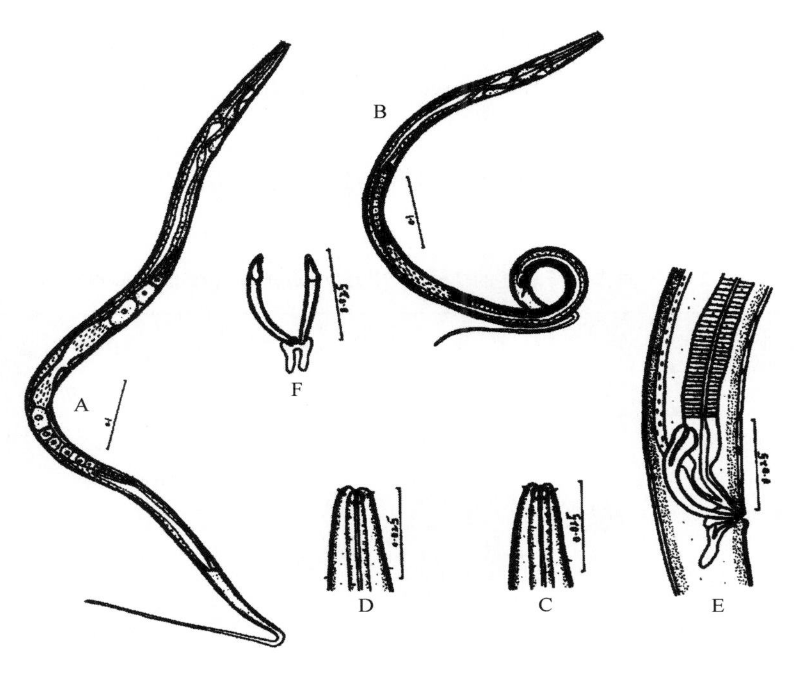

图 5-39 *Terschellingia longicaudata* 手绘形态结构（单位：mm）

A. 雄性头部 B. 雄性体前部 C. 雌性头部 D～F. 雄性交接器

（邹朝中，1999）

形态描述：6个头部的感觉乳突和4根头刚毛，圆形的化感器很接近头端，口腔极小，食道后段膨大为明显的食道球，长柱形的食道—肠连接。雄性具有单个伸展的精巢。两根对称的交合刺，头部膨大，引带简单并具有明显的伸向背尾侧的引带突起，6个粒状的肛前附器。雌性具两个反向伸展的卵巢。

雄性的主要特征参数为 a=43.26～47.23（45.44）；b=8.70～9.89（9.28）；c=3.50～5.16（4.76）。体长1.0～1.2（1.08）mm，宽22.00～25.20（23.30）μm。头刚毛长3.07 μm，到头端2.02 μm，是相应头宽的0.4倍。化感器距头端1.245 μm，直径4.98 μm，是相应体宽的1/2。食道全长114.80 μm，后1/4段膨大为食道球，神经环处的食道宽6.64 μm，食道最宽21.58 μm，是此处相应体宽的76.5%。排泄细胞的长宽分别为10.79和16.6 μm，开口于距头端75.71 μm处的体表。交合刺长39.73 μm，是泄殖腔开口处体宽的1.71倍。引带长约9.08 μm，引带突起长12.49 μm。尾长266.00 μm，是泄殖腔宽度的11.88～14.93（12.35）倍。尾部长度的75%为细长型。

雌性的主要特征参数为 a=37.80～38.03（32.00），b=9.79～10.94（10.59），c=3.54～3.51（3.53）。体长1.0～1.2（1.1）mm，宽30.00～33.61（31.00）μm。4根头刚毛长3.32 μm，到头端3.32 μm，是相应头宽的36%。化感器直径4.98 μm，到头端距离2.32 μm。神经环到头端距离75.60 μm，此处食道宽8.3 μm。食道长131.60 μm，神经环约位于它的中部。食道—肠连接处长宽分别为12.45和6.64 μm。椭球形的排泄腺细胞开口到头端距离74.88 μm。阴道开口于体的41.52%处，开口处体宽33.61 μm，肛门开口于体的71.5%处，此处体宽19.92 μm。尾长364.00 μm，是肛门部体宽的18倍。尾的80%为细长型。

不同区域报道的该种形态差异较大。世界各地几个不同作者所发现种的异同点比较见表5-20。

表5-20 不同作者所表述的 *Terschellingia longicaudata* 的异同点比较

比较特征	Timm，1954	Warwick & Platt，1973	邹朝中，2001b
分布	海底泥基质	潮间/潮下带泥质	潮间带泥基质
体长（mm）	0.64（幼虫）	1.5～1.7	♀1.0～1.2 ♂1.0～1.2
体宽（μm）		35～45	♀30～33.61 ♂22～25.20
尾长与肛门处体宽比	14.30（幼虫）	10～17	♀18 ♂11.80
头感觉毛与头宽比	0.6	0.3	0.40
化感器与相应体宽比	0.4	0.4～0.5	0.5
微细部占尾长比	0.75	0.75～0.80	0.75～0.80
交合刺长		47～48	39.73
交合刺与肛门体宽比		1.70	1.71
引带突长		20～23	12.49

（续）

比较特征	Timm，1954	Warwick & Platt，1973	邹朝中，2001b
粒状肛前附器数目（个）		13～14	6
德曼系数 a	34（幼体）	39～43	♀37.80～38.03 ♂43.26～47.23
德曼系数 b	7.4（幼体）		♀9.79～10.94 ♂8.70～9.89
德曼系数 c	3.2（幼体）		♀3.51～3.54 ♂3.50～5.16
阴门到体前端的长度		41～42	33.61～40.05

十、*Halalaimus terrestris* Gerlach，1959

Halalaimus terrestris 的特征性结构见图 5－40。标本采集地点为厦门大学附近沙滩。

图 5－40 *Halalaimus terreris* 手绘形态结构（单位：mm）

A. 雌虫 B. 雄虫 C. 雄虫头部侧面观 D. 雌虫头部亚侧面观 E. 雄虫泄殖腔部侧面观 F. 交合刺和引带腹面观

（邹朝中，1999）

形态描述：体前段收缩为纤细状，后段为具末端膨大的圆柱形。体表光滑，尾部侧边有粗的环纹；6 根头刚毛和 4 根位于化感器之前的亚头部刚毛。化感器远位于头部之后，为纵向的狭长条状。口腔很小，食道窄，末端膨大。三角形的食道—肠连接。雄性生殖系统具两个伸展的精巢，交合刺两根、对称，弓形，具发达的腹翼膜，近端具明显的颈部。引带的近端弧状弯曲，未观察到有肛前附器：雌性生殖系统具两个反向的卵巢。尾部圆锥—圆柱状。

雄性虫体的主要特征参数为 a=59.42～68.44（64.75），b=3.19～3.27（3.25），c=7.86～10.27（9.07）。体长 0.9～1.2（1.17）mm。头刚毛长 3.65 μm，到头端的距离为 1.22 μm，是相应头部宽度的 1.5 倍。颈刚毛长 4.46 μm，到头端的距离为 5.27 μm。化感器到头端的距离为 20.28 μm。食道全长 280.00～369（320.12）μm，占全长的近 25%，神经环位于食道的后段，占全长的 66%。交合刺长 22.30 μm，是泄殖孔处虫体宽的 1.83 倍，引带长 7.30 μm。泄殖腔开口于体长的 88.99%处，此处虫体宽 12.17 μm。在距离泄殖腔开口约 2.43 μm 的前端腹侧，有一根长约 4.87 μm的体刚毛。尾长 100.80～156.00（123.25）μm，是泄殖孔处虫体宽的 8.28～13.10（11.20）倍。

雌性虫体的主要特征参数 a=38.56～47.08（43.82），b=3.07～3.19（3.15），c=5.94～7.26（6.67）。体长 0.95～1.08（1.02）μm，体的最大宽度发生于体的中部阴门处，为 20.28 μm。头刚毛长 4.46 μm，到头端的距离为 1.22 μm，颈刚毛长2.43 μm。化感器长 50.28 μm，到头端的距离为 22.71 μm。食道全长 310.80 μm，神经环位于其前段，占全长的 35.22%，食道最宽为 11.35 μm，是相应体宽的 66.67%。阴门开口于体的后段，占全长的 55.43%，泄殖腔开口于体长的 86.22%处。尾长 131.60～148.40（140.25）μm，是泄殖孔处体宽的 10.60～14.49（12.59）倍。

表 5-21 比较了厦门发现的该种和 1965 年 Lorenzen 在德国发现的该种个体测量数据上的差异。

表 5-21　不同作者报道的 *H. terrestris* 的异同点比较

比较特征	Lorenzen，1965	邹朝中，1999
体长（mm）	♂0.645 ♀0.78	♂0.9～1.2 ♀0.95～1.08
德曼系数 a	♂59 ♀49	♂59.42～68.44 ♀38.56～47.08
德曼系数 b	♂3.8 ♀4.0	♂3.19～3.27 ♀3.07～3.19
德曼系数 c	♂5.4～6.3 ♀5.8	♂7.86～10.27 ♀5.94～7.26
阴门到体前端的长度	48	50.83～55.43
交合刺长度（μm）	12～13	22.30
交合刺长度与泄殖腔处体宽比		1.83
虫种来源	德国	中国厦门

十一、*Oxystomina elongate* Butschli，1874

Oxystomina elongate 的特征性结构见图 5－41。标本采集地点为厦门大学附近沙滩。

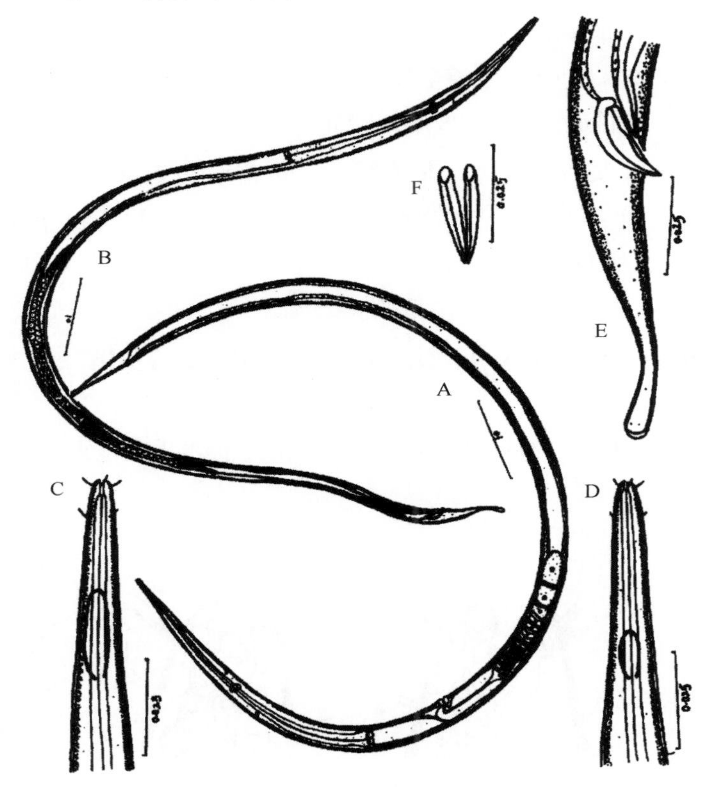

图 5－41　延长尖口线虫（*Oxystomina elongata*）手绘形态结构（单位：mm）

A. 雌虫　B. 雄虫　C. 雄虫头部侧面观　D. 雌虫头部侧面观　E. 雄虫泄殖腔部侧面观　F. 交合刺和引带腹面观

（邹朝中，1999）

形态描述：体形纤细，前部为尖状，尾部圆锥状，末端膨大。体表无环纹，但从头部开始一直到尾末端具纵线，体侧位为宽的无纵线带。6 根头刚毛和 4 根亚头刚毛，椭圆形的化感器开口。口腔微小，食道末段膨大，排泄孔开口于神经环的上方。雄性生殖系统具 2 条反向伸展的精巢。交合刺弓形，2 根对称，头端膨大并有明显的腹翼膜，未观察到肛前附器。

雄性虫体的主要特征参数为 a=51.64，b=3.98，c=18.38。体长 1.3～1.5（1.4）μm，体的最大宽度发生于体的中段，为 25.92 μm。头刚毛长 2.43 μm，到头端的距离为 1.62 μm，亚头刚毛长 2.43 μm，到头端的距离为 8.1 μm。化感器长和宽分别为 20.25 和 4.86 μm，顶端到头端的距离为 24.30 μm。食道全长 336.00 μm，神经环位于其前段，占全长的 48%。食道最宽处 18.36 μm，是相应体宽的 79.31%。排泄孔到头端的距离 134.40 μm。泄殖孔开口于体长的 94.56%处，此处体宽 15.39 μm。交合刺长 29.51 μm，是泄殖孔开口处体宽的 1.92 倍。尾长 72.80 μm，为泄殖孔处体宽的 4.73 倍。

雌性虫体的主要特征参数为 a=52.15～53.73（52.94），b=4.15～4.16（4.16），c=19.56～20.47（20.02）。体长 1.4～1.7（1.55）mm，体的最大宽度位于中段，为 28.35～32.00（28.68）μm。头部刚毛长 2.43 μm，到头端的距离为 1.61 μm。亚头部刚长 2.03 μm，到头端的距离为 8.91 μm。化感器顶端到头端的距离为 34.83 μm，其所在处长和宽分别为 10.53 和 4.86 μm。食道全长 344.4～414.4（398.56）μm，排泄孔开口到头端的距离为 314.4 μm，食道最宽处 20.25 μm，食道—肠连接的长宽均约为 7.29 μm。

阴门开口于体长的近 0.3 倍处，体宽 28.35～31.00（29.58）μm。泄殖腔开口于体长的 94.89～95.11（95.05）处，此处体宽 12.69～15.35（14.35）μm，尾长 75.60～84.00（80.25）μm，为肛门处体宽的 5.25～5.83（5.56）倍。

十二、*Sphaerolaimus balticus* Schneider，1906

Sphaerolaimus balticus 的特征性结构见图 5-42。标本采集地点为厦门钟宅湾泥质潮间带。

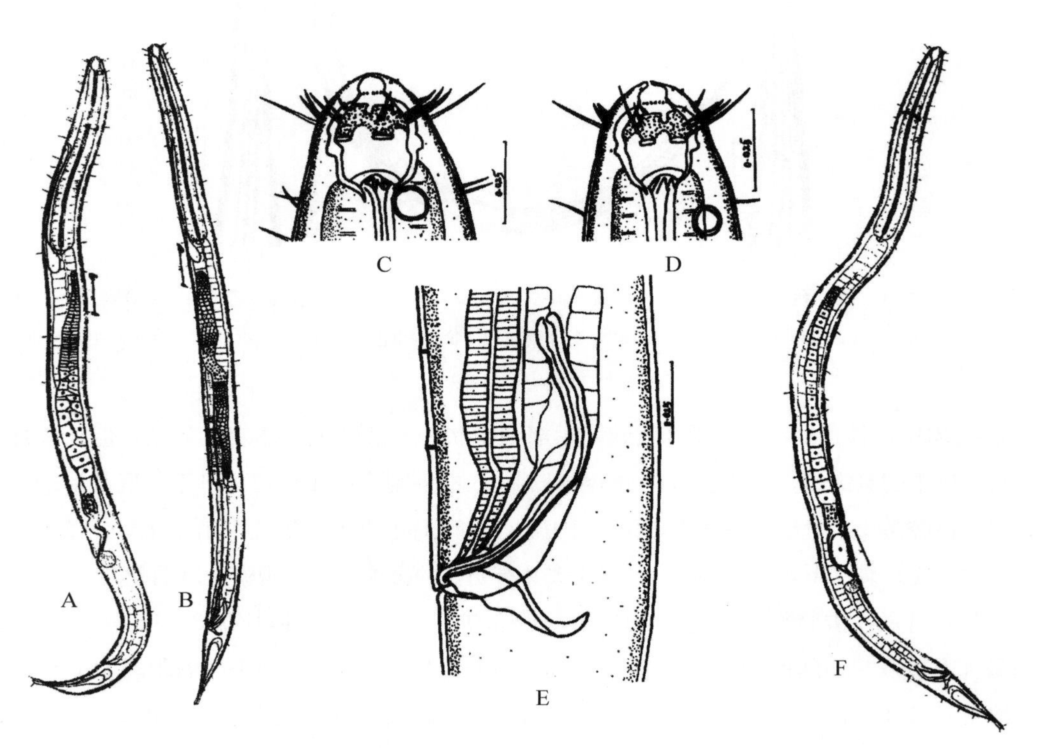

图 5-42　囊咽线虫（*Sphaerolaimus balticus*）手绘形态结构（单位：mm）

A. 雄虫　B. 雌虫　C. 雄虫头部侧面观　D. 雌虫头部亚侧面观　E. 雄虫泄殖腔部侧面观　F. 雌雄间体

（邹朝中，1999）

形态描述：虫体体表光滑并有较多的体刚毛；6个唇部的乳突和10根位于一圈的头刚毛，其中的4根较长，8丛2～3根的亚头刚毛，化感器位于头部后端；口腔桶状发达，内壁厚，中段的内壁为密、稀交替排列的刻痕带，口腔的底部、食道的起始处有3个齿状的突出和1个环；食道由前向后膨大不明显，有很厚的几丁质内壁，心形的食道—肠连接，排泄细胞的导管开口位于神经环的下方，神经环位于食道的前段；雄性2条同向伸展的精巢，交合刺对称的2条，近弓形，末端突后1/2段膨大，引带槽形，有背尾指向的引带突起，末端弯勾状翘起，7个乳突状的肛前附器；雌性单个伸展的卵巢，无后阴子宫囊；尾圆锥—圆柱状，末端膨大，2个尾腺细胞有着不同的开口。

雌雄间体出现，具备完整的雌性生殖系统，无雄性精巢、输精管的结构，但具备发育良好的交合刺（不同的标本交合刺发育情况不同），具备肛前乳突4个。其他的形态特征同上面的描述。

雄性虫体的主要特征参数为：a=24.42；b=3.21；c=8.63。体长1.64 mm，虫体的最大宽度在体中部，为67.31 μm。头刚毛到头端的距离为8.11 μm，4根长刚毛，长度为6.08 μm，6根短刚毛，长度为2.43 μm。化感器直径为8.11 μm，到头端的距离为35.68 μm。口腔深度为26.76 μm。食道全长512.40 μm，神经环的位置位于食道全长的33.88%处。食道—肠连接的长度为8.11 μm。泄殖孔位于体长的88.42%处，此处的体宽58.70 μm，交合刺长99.88 μm，为泄殖孔开口处体宽的1.87倍，引带长10.54 μm，突起长度约30.01 μm。尾长190.40 μm，为泄殖孔处体宽的3.56倍。

雌性虫体的主要特征参数为a=23.61、b=3.5和c=9.31。体长1.75 mm，体的最大宽度在体中部，为74.00 μm。4根长刚毛，长度为5.27 μm，6根短刚毛，长度为1.62 μm。化感器直径8.92 μm，到头端的距离为31.63 μm。口腔深29.20 μm。食道全长498.40 μm，神经环位于食道全长的36.52%处，食道—肠连接的长度为10 μm。阴门开口于体长的70.83%处，此处体宽62.40 μm。尾长187.60 μm，为泄殖孔处体宽的3.91倍。

十三、*Dorylaimopsis variabilis* Moens & Vincx，1997

Dorylaimopsis variabilis 的特征性结构见图5-43，标本采集地点厦门钟宅湾泥质潮间带。

形态描述：头部具有6根短的内唇刚毛、6根短的外唇刚毛和4根较长的头刚毛。口腔圆柱状，前端具3齿。化感器为接近于3圈的螺旋。体表具小刻痕，侧边分化为纵列的粗大稀疏刻痕，并且由前到后呈纵列分布，刻痕在体前部分为3纵列，而后变为2纵列，到肛前小段距离时又变为3个粗大的纵列。刻痕在从体前段向后发展的过程中，列与列之间的距离有变化。食道逐渐膨大，但无食道球形成，心形的食道—肠连接。雄性生殖系统

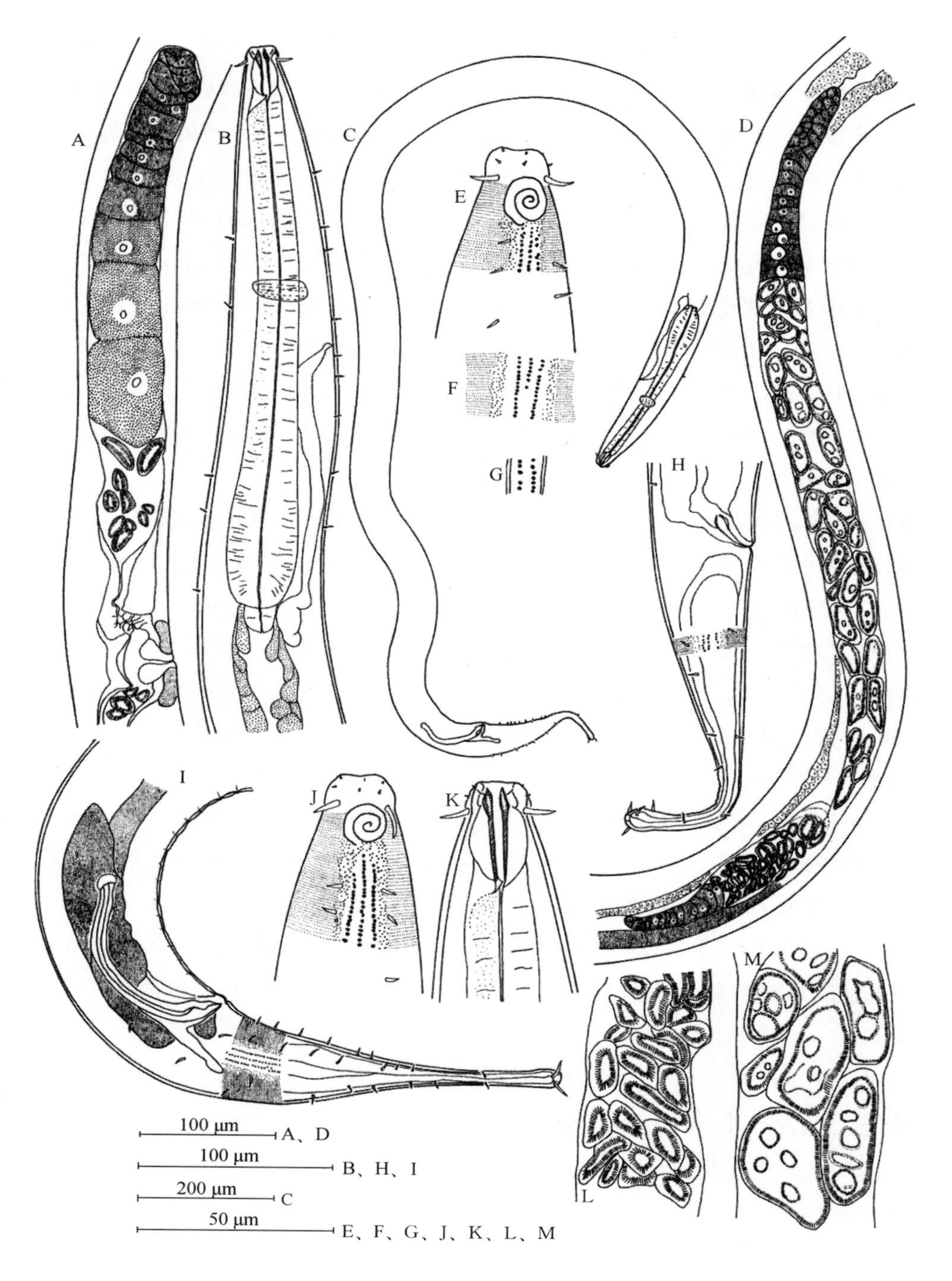

图 5-43 *Dorylaimopsis variabilis* 手绘形态结构

A. 雌性生殖系统 B. 雄性食道 C. 雄性体形 D. 雄性生殖系统 E. 雄性头部 F. 皮肤侧面（食道区域） G. 皮肤侧面（体中部） H. 雌性尾部 I. 雄性尾部 J. 雌性头部 K. 雄性口部 L. 精细胞（前侧精巢） M. 精细胞（后侧精巢）

（Moens & Vincx，1997）

精巢2个，相对、伸展，交合刺为对称的2根，弓形，具明显的背尾指向的引带突。14个肛前附器乳突状，由前向后相互之间的距离缩小。雌性生殖系统具2个伸展卵巢。尾部圆锥—圆柱形。

雄性虫体的主要特征参数为 a=40.26～47.60（45.36），b=8.50～9.80（9.38），c=12.53～14.71（13.7）。体长1.8～2.1（2.0）mm，宽44.00～53.20（46.30）μm。4根头刚毛，长5.81～6.64 μm。化感器前端到头端的距离5.81 μm，化感器最宽处的直径7.89 μm，是相应头宽的59.38%。食道长174.72～238.00（202.35）μm，神经环占食道全长的50%，食道最宽处21.60 μm。食道—肠连接的长和宽分别为8.30和8.83 μm。交合刺长70.31～79.45（76.35）μm，是泄殖孔处体宽的1.58～2.1（1.83）倍。引带长14.94～23.84（19.25）μm，引带突起长19.09～26.11（23.35）μm，是引带长度的1.28倍。泄殖孔开口于体长的92.02%处，开口处体宽29.88 μm。尾长118.56～145.60 μm，是泄殖孔处体宽的4.00～5.20（4.98）倍。

雌性虫体的主要特征参数为 a=39.41～41.00（40.10），b=8.64～9.12（8.71），c=10.00～12.20（11.41）。体长1.9～2.1（2.0）mm，宽49.80～61.60（57.13）μm。4根头刚毛长6.64 μm。化感器前端到头端的距离7.47 μm，最大直径9.13 μm，是相应体宽的0.65。食道长215.28～204.40（208.50）μm，食道最宽处35.69 μm。食道—肠连接的长和宽分别为9.96和13.28 μm。阴门开口于体长的48.81%处，该处体宽49.80 μm。泄殖孔开口于体长的92.37%处，开口处体宽37.35 μm。尾长149.76～154.00（152.25）μm，是泄殖孔处体宽的4～6（5.35）倍。

因为本种的不同个体之间在体长、体宽以及德曼常数 a、b、c 和交合刺的长度上存在着较大的差距（表5-22），可能为变异毛咽线虫。

表5-22　不同作者报道的 *D. variabilis* 在测量值上的差异（μm）

比较特征	虫种		
	D. variabilis 群体1（Muthumbi et al.，1997）	*D. variabilis* 群体2（Muthumbi et al.，1997）	*D. variabilis* 群体3（邹朝中，2001b）
分布	印度洋海底泥质	印度洋海底泥质	厦门岛潮间带泥质
体长（μm）	♂1 780～2 533 ♀1 932～2 710	♂1 119～1 271 ♀1 300～1 473	♂1 800～2 100 ♀19 000～2 130
德曼系数 a	♂27.4～35 ♀24.5～33	♂26.5～32.9 ♀22.8～35.9	♂40.26～47.60 ♀39.41～41
德曼系数 b	♂7.5～10 ♀7.5～11.5	♂7.2～7.4 ♀6.9～8.4	♂8.5～9.8 ♀8.64～9.12
德曼系数 c	♂10～15.5 ♀10.5～13.9	♂10.5～11.4 ♀10.6～12.8	♂12.53～14.71 ♀10～12.20
阴门到体前端的长度	45～49	46～48	44～53
头感觉毛/头宽	0.3～0.5	—	♂0.5 ♀0.6
口腔长度（μm）	♂22～34 ♀23～29	♂14～18 ♀14～18	♂12.45 ♀14.94
化感器到头端距离（μm）	♂8～10 ♀5～9	♂5～7 ♀6～7	♂5.81 ♀7.47
化感器直径/相应体宽	0.47～0.75	—	0.6～0.7

（续）

比较特征	虫种		
	D. variabilis 群体 1（Muthumbi et al.，1997）	*D. variabilis* 群体 2（Muthumbi et al.，1997）	*D. variabilis* 群体 3（邹朝中，2001b）
化感器直径（μm）	♂9～13 ♀9～12	♂8～9 ♀9	♂7.89 ♀9.13
食道长度（μm）	♂226～296 ♀221～323	♂156～172 ♀176～193	♂174～238 ♀215～204
排泄孔到头端距离	♂146～163 ♀137～181	♂104～126 ♀118～135	♂99.84～134 ♀95～114.80
交合刺长（μm）	105～124	73～85	70.31～79.00
引带长（μm）	23～38	15～23	18～26
肛前附器个数	17～26	12～13	14
尾长（μm）	♂148～214 ♀160～248	♂107～115 ♀115～123	♂118～145 ♀149～154
尾长/肛门体宽	♂3.2～3.29 ♀3.33～4.77	♂3.45～3.29 ♀5～3.84	♂4.0～5.20 ♀4.00～6.00

十四、*Hopperia* Vitiello，1969

1. *Hopperia sinensis* Guo et al.，2015

Hopperia sinensis 的主要特征参数见表 5－23，光学显微镜下的形态结构照片见图 5－44，特征性结构见图 5－45。标本采集地点为泉州洛阳江口红树林湿地。

表 5－23 *Hopperia sinensis* 的主要特征参数（μm）

特　征	♂1	♂2	♂3	♂4	♀1	♀2	♀3	♀4
体长	1 935	1 750	2 010	1 990	2 020	2 095	2 070	1 930
德曼系数 *a*	39	44	41	44	40	39	38	37
德曼系数 *b*	9	9	9	9	10	10	10	9
德曼系数 *c*	12	11	12	12	10	10	10	10
头直径	14	14	14	13	14	15	15	15
头刚毛长度	2.8	2.4	2.5	2.4	2.4	1.8	2.2	2.5
化感器到前端的距离	5	5	5	5	6	6	6	7
化感器直径	9	9	9	9	9	9	9	9
化感器直径占相应体直径的百分比	53	61	61	57	56	49	52	52
排泄孔到前端的距离	129	120	121	130	126	131	126	121
食道长度	207	206	215	219	200	215	208	206
食道基部所在体直径	46	38	45	44	50	50	54	49
最大体直径	49	39	50	46	51	53	56	53
阴门到体前端的长度	—	—	—	—	891	956	964	884
阴门到体前端长度占体长的百分比	—	—	—	—	44	46	47	46
交接器弧长	45	41	45	45	—	—	—	—
交接器弦长	39	36	37	35	—	—	—	—
引带突起长度	13	11	13	12	—	—	—	—
泄殖孔所在处直径	32	30	30	33	31	30	35	33
尾长	168	162	170	173	200	203	203	200
德曼系数 *c′*	5.3	5.4	5.7	5.2	6.5	6.8	5.8	6.1

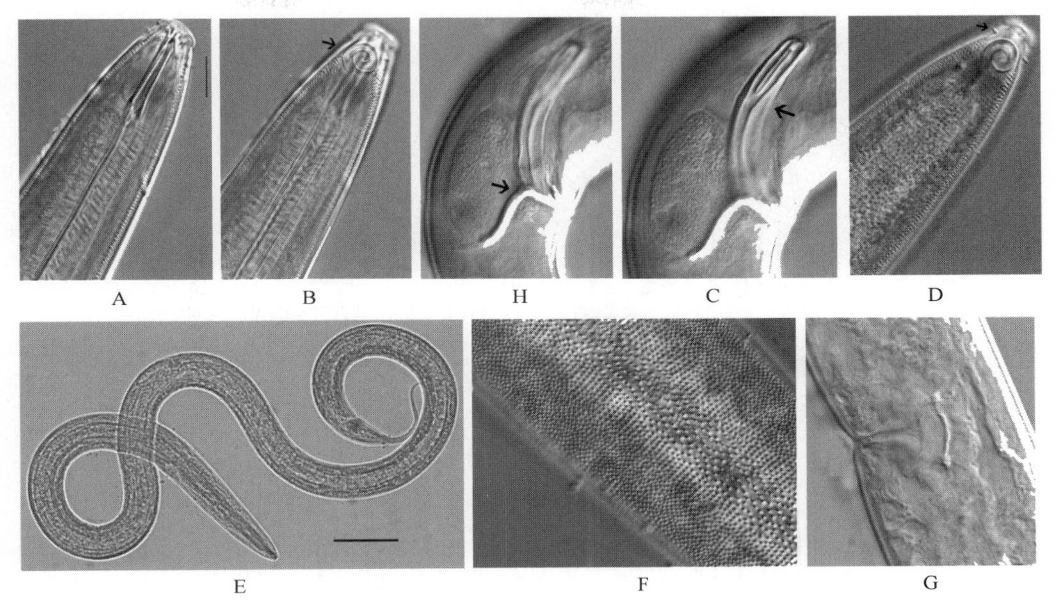

图 5-44　*Hopperia sinensis* 显微形态结构

雄性：A. 头部（口腔）　B. 头部（化感器）　C、D. 交配器官

雌性：E. 总视图　F. 体表侧面（虫体中部）　G. 虫体中部（阴道）　H. 头部（头刚毛）

比例尺：A～D、F～H=10 μm；E=100 μm

（Guo et al.，2015a）

形态描述：虫体呈柱形，向尾端逐渐变细。唇部有膨胀，外唇刚毛处虫体有缢缩从化感器到尾尖部的表皮存在细小点纹，组成横环纹。在化感器后面 3～5 行横向点纹后，出现大的不规则排列的点。这些点主要分布在咽部和尾部。虫体其他区域，侧痕扩大，排列也趋于横向。短的圆锥形的体刚毛分布于虫体侧部区域。前部有 3 种感觉器：6 个内唇乳突，6 根短的外唇刚毛，长度约为 2 μm，4 根长度为 2.4～2.8 μm 的头刚毛（是头直径的 17%～20%）。化感器为 2.25～2.5 圈，在头刚毛所在的位置，化感器为所在体直径的 53%～61%，与头部前端的距离为 5 μm。口腔前部是杯状的，后部为圆柱形，具有厚的角质，深度为 18～21 μm，被食道肌肉包裹。3 个同样大小的硬化齿插入口腔两部中间。食道是长的圆柱形，并且逐渐变粗，没有形成真正的食道球。食道—肠连接处小。神经环不清晰，且位于排泄孔的前部。腹腺细胞位于食道—肠连接处的后部。

雄性生殖系统具有两个反向排列伸展的精巢，前面的精巢在肠的左侧而后面的精巢在肠的右侧。交接器近端有头，远端比较尖锐，略弯，弧长为 41～45 μm（1.3～1.5 abd），在近端有宽的缘膜且在顶端中央有一小段显而易见的条状带子。引带突起长度为 11～16 μm。在泄殖孔前端有小的刚毛和 13～14 个肛前附器。尾部长度为 162～173（c'=4.9～5.7），圆锥—圆柱状，向尾端逐渐变细。看不见尾腺。部分尾部刚毛明显，但是尾

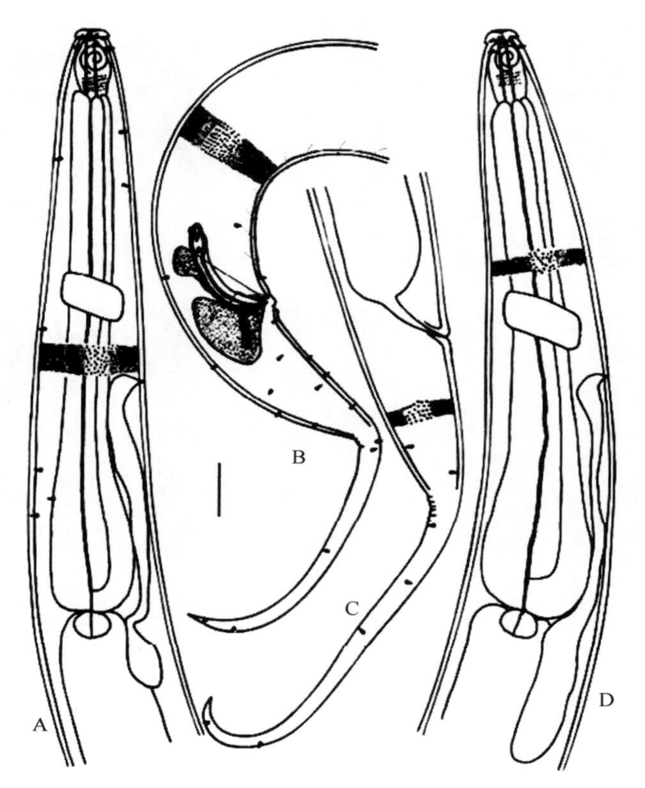

图 5-45 *Hopperia sinensis* 手绘形态结构

A. 雄性虫体前部侧视图 B. 雌性尾部区域和交配器官的侧视图

C. 雌性尾部的侧视图 D. 雌性虫体前部侧视图

比例尺：20 μm

（Guo et al.，2015a）

端没有刚毛。

雌性的形态基本与雄性相似，但是体长比雄性更长（雌性体长 1 930～2 095 μm、雄性体长 1 750～2 010 μm），尾长也比雄性尾长长（雌性尾长 200～203 μm、雄性尾长 162～173 μm）。雌性生殖系统具有 2 个反向排列伸展的卵巢，前部分卵巢位于肠的左端，后部分卵巢位于肠的右端。阴道位于虫体的 44%～47%处。

2. *Hopperia* 属的检索

Hopperia sinensis 主要特征是，长度为 2.4～2.8 μm 短的头刚毛，化感器为 2.25～2.5 圈，口腔深度为 18～21 μm，肛前附器有 13～14 个，尾端尖。*Hopperia sinensis* 与 *H. australis* 形态比较相似，拥有相同的口腔长度，化感器圈数相同，尾端都是尖的。*H. australis* 也是在红树林的泥质中发现的。*Hopperia sinensis* 与 *H. australis* 的不同之处表现在以下几点：体更长，肛前附器有 13～14 个（表 5-24），*Hopperia* 属有效种检索见图 5-46。

表 5 - 24　*Hopperia* 属不同种类雄性个体参数的比较（μm）

Species	L	*a*	*b*	*c*	HD	A%	R3	Spic	Ps	*c*′	LPA
H. americana	1 320～1 650	29.0～39.0	7.5～9.2	9.4～13.2	32.6	58.8	38.7	54.0	6	3.5	2.0
H. ancora	1 876～2 011	32.0～47.0	8.0～9.0	10.0～12.0	27.4～31.3	58.0～64.0	13.3～18.8	54.0～68.0	11～13	4.4～4.9	1.8～2.3
H. arntzi	1 094～1 421	34.2～39.5	6.9～7.6	9.1～10.7	42.6	66.0	47.4	48.7	6	4.4	2.1
H. australis	1 420～1 580	42.0～46.0	7.8～8.7	10.3～12.6	39.0	53.5	12.5	40.0	8	4.7	2.5
H. beaglense	1 547～1 868	37.8～41.3	7.7～8.6	18.9～21.8	26.3	64.0	43.5	54.8	6	2.6	2.2
H. communis	1 499～1 717	38.0～48.0	9.3～10.5	9.5～12.1	23.8*	70.0～80.0	52.6	34.0～35.0	14～16	5.1～6.2	2.2
H. dolichura	1 837～2 425	43.0～61.0	8.7～13.4	9.7～12.2	22.8*	75.0～85.0	42.9	56.0～59.0	14～16	4.8～7.6	2.1
H. dorylaimopsoides	1 450～2 234	29.0～30.8	7.4～8.6	17.4～37.2	—	50.0	30.0	40.0	8	2.0	—
H. hexadentata	2 096～2 500	32.4～33.7	6.3～7.3	9.9～11.5	25.4	54.0	12.0	101.0	12～14	3.5	2.4
H. indiana	2 072～2 785	40.7～51.6	9.0～9.5	9.5～10.3	30.7	51.5	22.6	69.0	20～21	5.7	3.1
H. massiliensis	1 970～2 000	38.0～39.0	7.6～8.6	8.5～9.1	30.0	50.2	16.7	53.0	13～16	6.6	2.3
H. mira	1 275～1 455	25.0～28.0	7.5～8.3	11.5～13.0	38.0*	80.0～85.0	60.0～70.0	60.0～62.0	14～16	2.8～3.8	1.7～2.1
H. muscatensis	1 880～2 280	31.1～43.7	8.5～9.1	12.8～14.1	27.9	71.4	58.3	87.0	+	4.0	2.0
H. patagonica	1 370～1 500	30.4～40.0	10.3～11.7	9.6～12.7	27.4	61.9	29.6	44.0	42 323	4.4	1.1
H. sinensis	1 750～2 010	39.0～44.0	9.0～10	11.0～12.0	29.5～36.8	53.0～61.0	17.0～20.0	41～45	13～14	5.2～5.7	2～2.3

注：数据来源 Guo et al. 2015a。

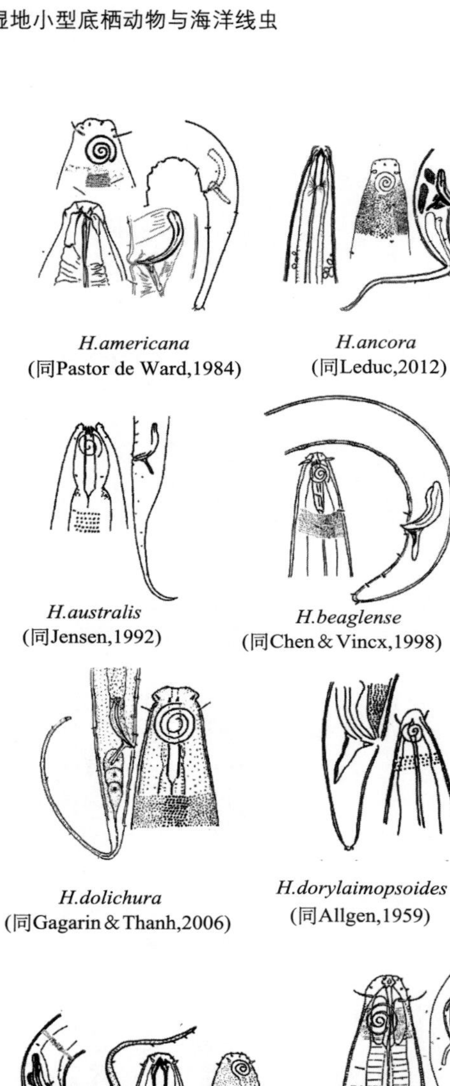

H.americana
(同Pastor de Ward,1984)

H.ancora
(同Leduc,2012)

H.arntzi
(同Chen & Vincx,1998)

H.australis
(同Jensen,1992)

H.beaglense
(同Chen & Vincx,1998)

H.communis
(同Gagarin & Thanh,2006)

H.dolichura
(同Gagarin & Thanh,2006)

H.dorylaimopsoides
(同Allgen,1959)

H.hexadentata
(同Hope & Zhang,1995)

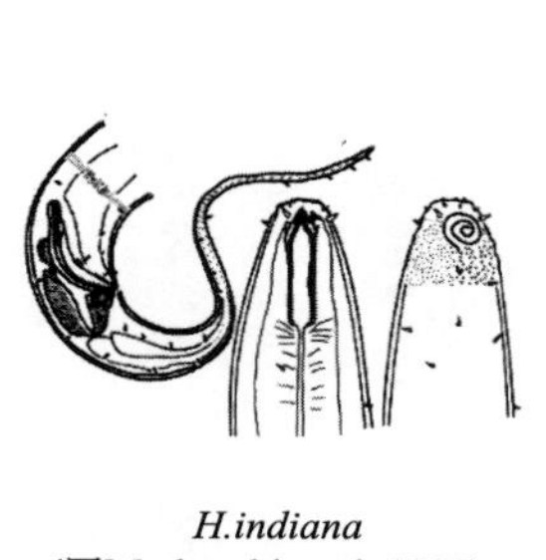

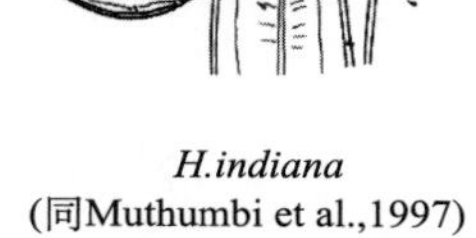

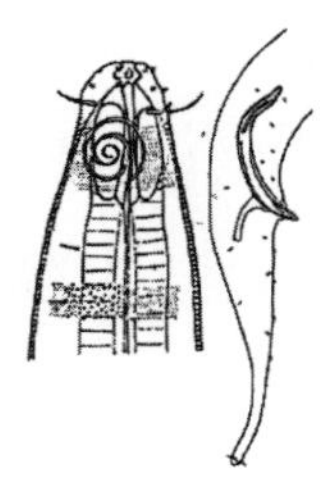

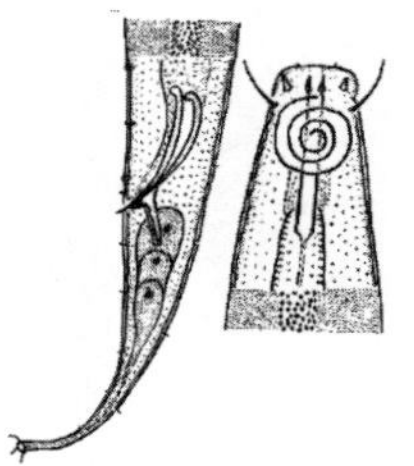

H.indiana
(同Muthumbi et al.,1997)

H.massiliensis
(同Vitiello,1969)

H.mira
(同Gagarin & Thanh,2006)

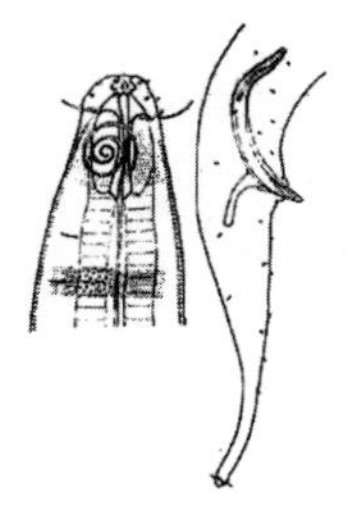

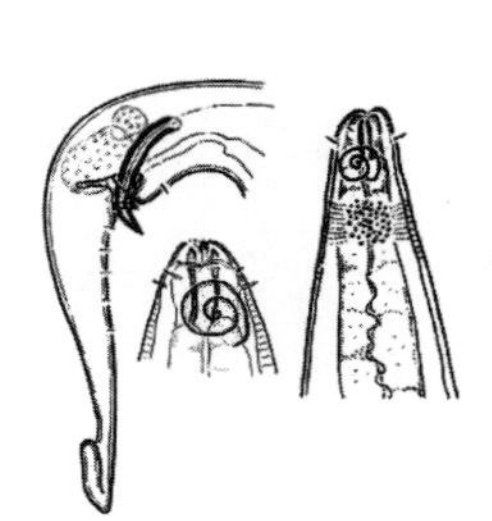

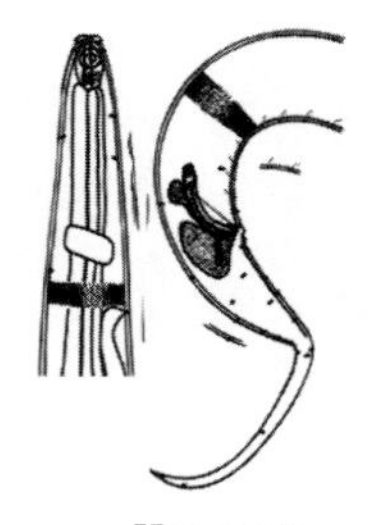

H.muscatensis
(同Warwick,1973)

H.patagonica
(同Pastor de Ward,2004)

H.sinensis
(同Guo et al.,2015)

图 5－46　*Hopperia* 有效种的图画检索

十五、*Paracomesoma xiamenense* Zou，2001

Paracomesoma xiamenense 的特征性结构见图 5 - 47。标本采集地点为泉州洛阳江口红树林湿地。

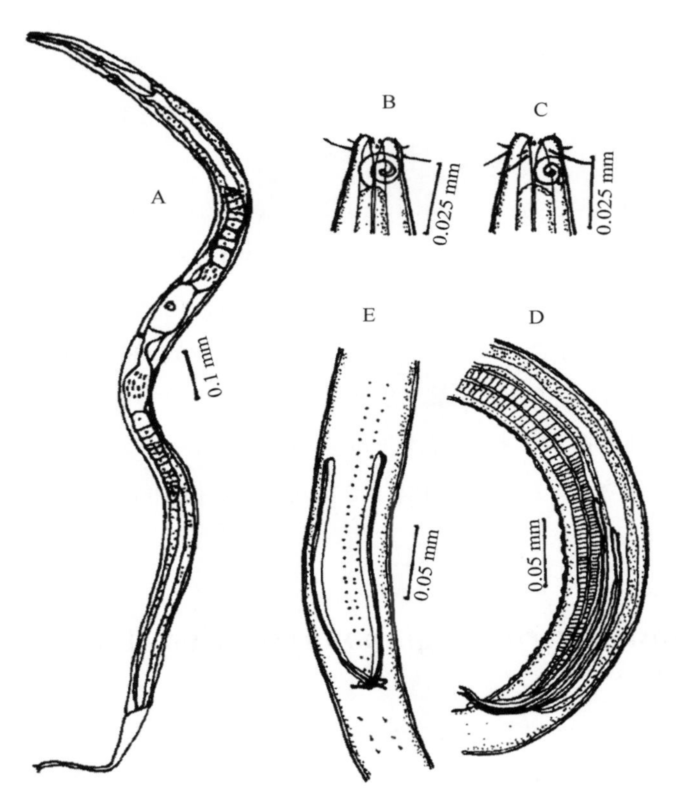

图 5 - 47　*Paracomesoma xiamenense* 手绘形态结构

A. 雌虫　B. 雌虫头部侧面观　C. 雌虫头部亚侧面观　D. 雌虫泄殖腔部侧面观　E. 交合刺和引带腹面观

（邹朝中，2001a）

形态描述：体表具无侧边分化的细小刻痕；6 根短内唇刚毛，6 根短的外唇刚毛，4 根长的头刚毛；螺旋形的化感器近 3 圈；口腔狭长并在其前端有 3 个小的齿；排泄细胞和排泄孔的开口显著；雄性 2 个伸展的精巢，交合刺细长，不等长并具腹翼膜，2 列、每列 28～30 个乳突状的肛前附器，侧面观成波浪形，肛后有 2 列、每列 3 个的柄状乳突；雌性具 2 个对称伸展的卵巢；尾圆锥-圆柱状。

雄性虫体主要特征参数为：a=37.94～45.33（40.94）；b=6.74～8.27（7.66）；c=7.60～10.07（8.92）。体长 1.7～2.0（1.87）mm、宽 46.00～50.40（48.12）μm，头宽为食道末端体宽的 0.37 倍。4 根头刚毛到头前端的距离为 4.87 μm，长 8.92 μm，是相应

头宽的0.63。化感器前端到头末端距离4.87 μm，最宽处11.34 μm，是相应体宽的0.69。食道长249.00 μm，神经环占全长60%，在神经环处食道宽14.60 μm，是相应体宽的40.91%，食道最宽处28.39 μm，是神经环处食道宽的1.94倍，是相应体宽的68.63%。食道-肠连接长和宽分别为8.11和10.54 μm。排泄腺细胞距离食道末端13.79 μm、长22.71 μm，是食道长的9.12%，宽17.03 μm，是相应体宽的38.89%，排泄腺导管的开口到头端的距离169.40 μm。较长交合刺长203.17 μm，是泄殖腔开口处体宽的5.8倍。短交合刺长188.41 μm，为泄殖腔开口处体宽的5.54倍。引带长34.05 μm。泄殖腔开口于体的87.01%，开口处体宽34.03 μm。尾长171.60～218.40 μm，是泄殖腔处体宽的6～7（6.53）倍。

雌性虫体主要特征参数为：a=35.70～42.92（40.01）；b=7.61～8.03（7.76）；c=7.95～8.98（8.44）。体长1.7～2.0（1.89）mm、宽46.84～50.00（48.21）μm。4根头感觉毛到头端距离6.48～7.29 μm，长8.92～9.73 μm。化感器到头端距离7.29 μm，最大直径8.92 μm，是相应体宽的0.57。食道长224.64～257.60（238.56）μm，神经环占全长的57.64%，食道最宽29.05 μm，是相应体宽的77.77%。阴门体宽46.84～50.00（49.20）μm，阴门到体前端的长度占体长的百分比为44.00%～47.45%。肛门开口于体的88.87%处，此处体宽25.73～39.20（35.20）μm。尾长190.32～260.40（220.35）μm，是肛门处体宽的6.64～7.40（7.05）倍。

十六、*Setosabatieria longiapophysis* Guo et al.，2015

Setosabatieria longiapophysis 的主要特征参数见表5-25，光学显微镜下的形态结构照片见图5-48，特征性结构见图5-49。标本采集地点为厦门鼓浪屿沙质潮间带。

表5-25 *Setosabatieria longiapophysis* 的主要特征参数（μm）

特征	♂1	♂2	♂3	♂4	♂5	♀1	♀2
体长	2 480	2 435	2 590	2 380	2 800	2 540	2 810
头直径	16	16	15	15	17	16	17
化感器直径	11	10	10	10	10	7.8	9.2
化感器所在体直径	16	15	15	15	17	16	18
头刚毛长度	18	19	17	18	17	16	18
神经环距离体前端的长度	169	163	164	161	164	166	175
神经环所在体直径	38	36	38	35	38	37	39
食道长	252	262	270	259	261	270	271
食道基部所在体直径	41	41	43	40	43	41	44
最大体直径	49	42	48	53	54	51	58

（续）

特征	♂1	♂2	♂3	♂4	♂5	♀1	♀2
交接器的短弧长	66	65	64	67	66	—	—
交接器的长弧长	80	80	78	77	78	—	—
引带长度	36	35	37	31	33	—	—
肛门直径	39	38	40	40	41	38	41
尾长	206	227	217	223	222	227	237
尾长/肛门部体直径	5.3	6.0	5.4	5.6	5.4	6.0	5.8
阴门距体前端的距离	—	—	—	—	—	1 270	1 370
阴门处体直径	—	—	—	—	—	49	52
阴门到体前端长度占体长的百分比	—	—	—	—	—	50	49
德曼系数 *a*	50.6	57.9	53.9	44.9	51.8	49.8	48.5
德曼系数 *b*	9.8	9.3	9.6	9.2	10.7	9.4	10.4
德曼系数 *c*	12.0	10.7	11.9	10.7	12.6	11.2	11.9

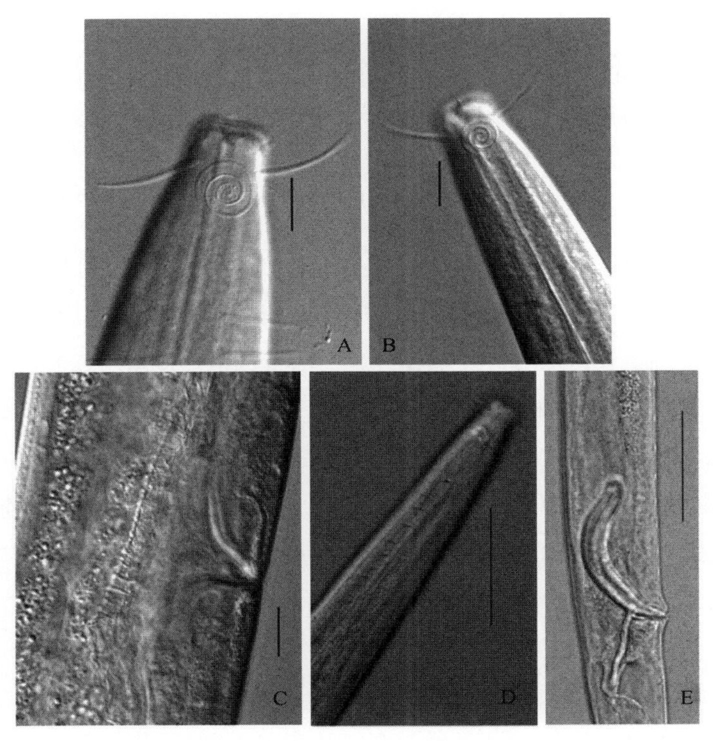

图 5－48　*Setosabatieria longiapophysis* 显微形态结构

A. 雄性头部　B. 雌性头部　C. 雌性尾部　D. 雄性尾部　E. 雄性交接器

比例尺：A～C＝10 μm；D、E＝50 μm

（Guo et al.，2015b）

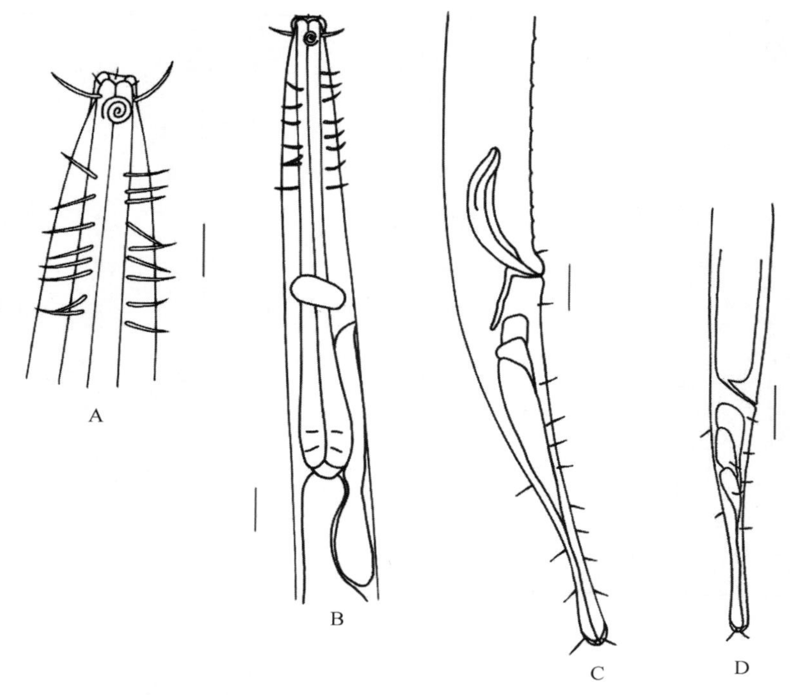

图 5-49 *Setosabatieria longiapophysis* 手绘形态结构

A. 雄性头部 B. 雌性头部 C. 雄性尾部和交配器官 D. 雌性尾部

比例尺：A=20 μm；B、C=25 μm；D=50 μm

(Guo et al. , 2015b)

形态描述：虫体圆柱形，两端逐渐变尖细，最大的体直径在 42～58 μm 的范围内。表皮具点纹，有模糊的横纹遍布全身。口腔杯状。内唇毛不明显，外唇毛呈刚毛状，长度为 2 μm。4 根头刚毛长度为 16～19 μm（为头部直径的 100%～120%）。颈刚毛与头刚毛的长度相似，每纵有 7～9 根，共有四纵列。化感器呈螺旋状，有 2.75～3 圈，直径为15～17 μm，是所在区域个体直径的 49%～69%。食道逐渐地扩大，但是没有形成真正的食道球。神经环位于食道前端的 61%～65%处。食道-肠连接处小，肌肉质，被肠组织包围。排泄孔位于神经环之后。尾呈圆锥-圆柱状，是体直径的 5.3～6.0 倍，尾部有很多尾刚毛。尾部顶端膨胀，有 3 根 12 μm 长的刚毛。尾腺和喷丝头发育良好。

雄性生殖系统具有 2 个反向排列伸展的精巢，前部精巢位于肠的左侧，后部精巢位于肠的右侧。交接器成对，等长，呈弧形，交接器近端轻微头状，具角质化的隔膜。引带有 1 对长 31～37 μm 背尾指向的突起。在泄殖腔前端有 15～16 个发育不良的乳突状肛前附器，较后的肛前附器有闭合的情况。雌性的大部分特征与雄性相似，但化感器相对于雄性来说更小。阴门在虫体的 44%～50%处。

十七、*Bathylaimus denticulatus* Chen & Guo，2014

Bathylaimus denticulatus 的主要特征参数见表 5－26，特征性结构见图 5－50。标本采集地点为厦门黄厝沙质潮间带。

表 5－26　*Bathylaimus denticulatus* 的主要特征参数（μm）

特征	♂1	♂2	♂3	♂4	♂5	♀1	♀2
体长	1 106	1 160	1 143	1 124	1 318	1 091	971
头直径	19	20	19	19	22	19	21
唇刚毛	2	2	2	2	3	3	2
头刚毛长度	13	12	13	14	14	16	14
化感器距离前端的距离	31	32	31	33	33	29	30
化感器直径	7	7	6	6	—	6	6
神经环到前端的距离	107	101	99	118	106	107	102
神经环所在的体直径	25	28	29	27	34	23	28
食道长度	212	207	195	207	219	215	196
食道所在的体直径	28	29	29	28	34	25	30
最大体直径	36	33	33	34	36	25	35
泄殖孔所在的体直径	20	22	22	25	27	18	20
尾长	76	92	97	87	100	75	65
德曼系数 c'	3.8	4.2	4.4	3.4	3.8	4.1	3.2
交接器弦长	21	19	21	20	22	—	—
交接器弧长	21	20	21	20	24	—	—
引带长度	17	21	17	18	22	—	—
阴门到体前端的距离	—	—	—	—	—	625	527
阴门所在处直径	—	—	—	—	—	25	34
阴门到体前端长度占体长的百分比	—	—	—	—	—	57.3	54.3
德曼系数 a	31.1	35.5	34.4	33.2	36.4	43.4	27.5
德曼系数 b	5.2	5.6	5.9	5.4	6	5.1	5
德曼系数 c	14.5	12.6	11.8	12.9	13.2	14.5	14.9

形态描述：虫体或多或少地呈圆柱形，表皮光滑，体长 971～1 318 μm，最大体长直径平均为 33 μm（25～36 μm）。口周围环绕着 3 片丰满、锯齿状的唇。唇刚毛长度为 2 μm，圆锥形。在 10 根头刚毛中，其中 6 根有 3 节，长度为 12～15 μm（0.60～0.75 hd）。另外 4 根不分节，长度为 4 μm。口腔相对于其他种类来说比较小，口腔被分为两部分：前半部分宽阔，呈矩形，角质化严重，并具有明显的背齿；后半部分比较小，微弱角质化，有 2 个侧背齿。化感器直径为 6～7 μm，是所在体直径的 0.27～0.31 倍，几乎呈 1 个圈（0.8～0.9 圈），位于口腔之后，距离前端的距离为 29～33 μm。食道呈圆柱形为体长的 0.17～0.20 倍。神经环位于食道的中间位置。雄性尾部拇指状，长 3.2～

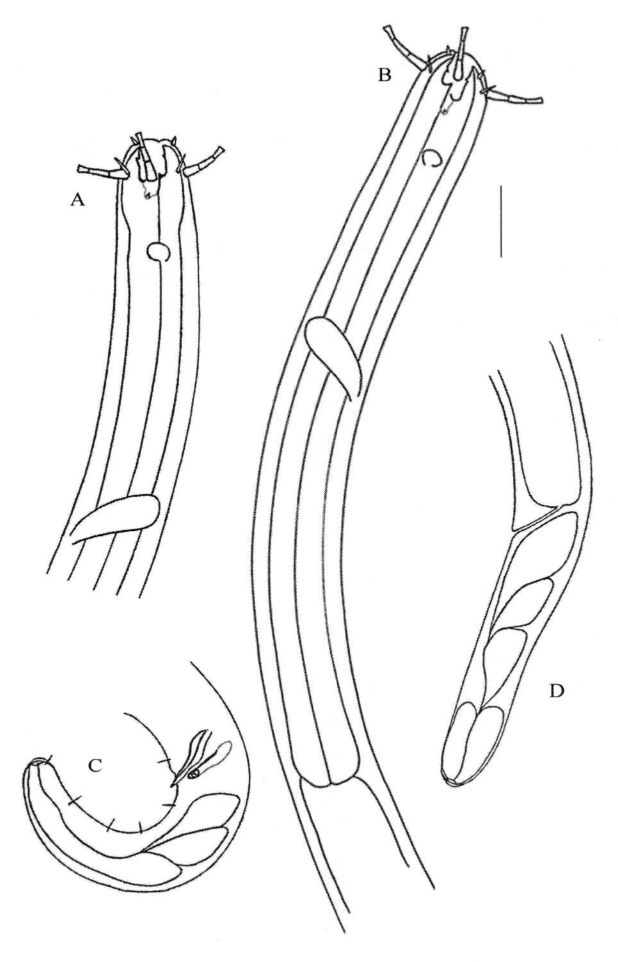

图 5 - 50　*Bathylaimus denticulatus* 手绘形态结构

A. 雄性虫体前侧　B. 雌性虫体前侧　C. 雄性尾部　D. 雌性尾部

比例尺：A～D=20 μm

（Chen & Guo，2014）

4. 4abc，有散乱的短的刚毛和 3 个尾腺。

雄性的交接器细长，略微弯曲，弧长为 20～24 μm，引带长 17～22 μm，肾脏形，前端腹侧增厚，两翼较薄。雌性的体形比雄性稍小（雌性体长 971～1 091 μm、雄性体长 1 106～1 318 μm）。卵巢成对，反向折叠。阴道在虫体的 54. 3%～57. 3%处。

十八、*Oncholaimus* Dujardin，1845

1. *Oncholaimus minor* Chen & Guo，2014

Oncholaimus minor 的主要特征参数见表 5 - 27，特征性结构见图 5 - 51。标本采集地

点为厦门黄厝沙质潮间带。

表 5-27 *Oncholaimus minor* 的主要特征参数（μm）

特征	♂1	♂2	♂3	♂4	♂5	♀1
体长	1 580	1 817	1 541	1 578	1 771	2 002
头直径	20	26	21	22	26	22
较长刚毛的长度	8	8	7	7	8	7
较短刚毛的长度	6	6	5	6	6	6
口腔长度	26	22	26	28	27	30
口腔直径	11	12	12	14	—	14
化感器到前端的距离	14	15	14	15	14	18
化感器直径	8	7	7	8	7	9
排泄孔到前端的距离	52	52	68	67	61	66
排泄孔所在的体直径	22	32	25	29	30	35
神经环到体前端的距离	166	161	145	154	159	199
神经环所在的体直径	26	35	26	30	35	44
食道长度	334	343	310	335	336	390
食道所在的体直径	26	36	26	31	35	47
最大体直径	27	38	30	34	36	49
泄殖孔所在的体直径	18	25	17	21	24	27
尾长	49	52	49	56	50	93
德曼系数 c'	2.8	2.0	2.9	2.6	2.1	3.5
交接器弧长	24	24	25	25	25	—
阴门到体前端的长度	—	—	—	—	—	1 405
阴门所在处直径	—	—	—	—	—	47
阴门到体前端长度占体长的百分比	—	—	—	—	—	70.2
德曼系数 a	59.6	47.9	51.8	46.7	49.2	41
德曼系数 b	4.7	5.3	5	4.7	5.3	5.1
德曼系数 c	32.1	35.2	31.4	28.1	35.1	21.5

形态描述：虫体长 1 541～2 002 μm；最大体直径为 27～49 μm。表皮光滑。头直径为 20～26 μm，与虫体相连。6 片唇有 6 个唇部乳突。10 根头刚毛围成一个圈，其中 6 根的长度在 7～8 μm，另外 4 根长度在 5～6 μm。筒状的深口腔有坚硬的角质壁，有左侧背齿较大，右侧背和背齿较小。化感器呈杯状，窝较浅，是所在体直径的 0.27～0.43 倍，位于距前端 14～18 μm 的距离。食道长，圆柱形，肌肉质，是体长的 0.19～0.21 倍，神经

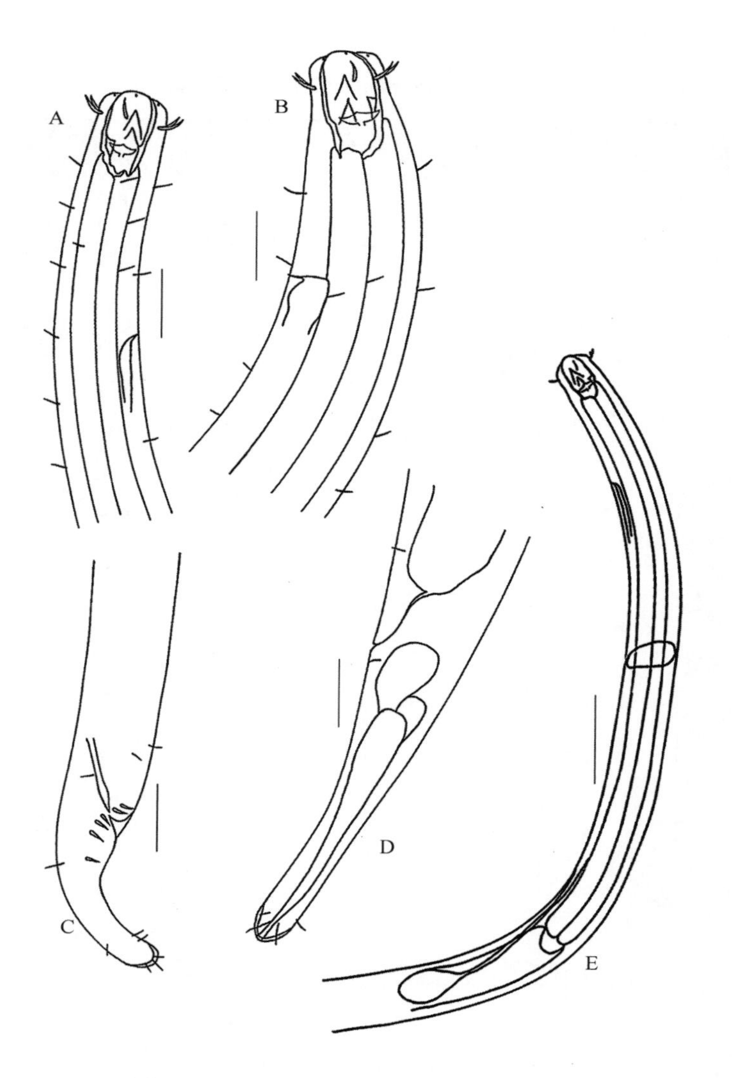

图 5-51 *Oncholaimus minor* 手绘形态结构

A. 雄性头部 B. 雌性头部 C. 雄性尾部 D. 雌性尾部 E. 雄性体前部

比例尺：A～D=20 μm；E=50 μm

（Chen & Guo，2014）

环在食道的中部。泄殖孔位于距前端 52～68 μm 的腹侧，神经环距离前端的距离为145～199 μm。食道长为 310～390 μm。性别不同，尾部形状不同。

雄性的尾部呈圆锥—圆柱状，粗短，中部有明显弯曲，尾端 3 根长刚毛，泄殖孔周围长了 12 根生殖刚毛。交接器短且直，长度为 24～25 μm（0.9～1.4 abd），末端肿胀，顶端尖。没有引带。泄殖孔的边缘有乳突出现。喷丝头位于末端，小。雌性的尾部比雄性长（雌性尾长 93 μm、雄性尾长 45～56 μm），前侧微微弯曲。阴道位于虫体的 70.2%处。雌性生殖系统位于肠的右侧。喷丝头跟雄性一样。

2. *Oncholaimus xiamenense* Chen & Guo，2014

Oncholaimus xiamenense 的主要特征参数见表 5－28，特征性结构见图 5－52。标本采集地点为厦门鼓浪屿和黄厝沙质潮间带。

表 5－28　*Oncholaimus xiamenense* 的主要特征参数（μm）

特征	♂1	♂2	♂3	♂4	♂5	♀1
体长	1 580	1 817	1 541	1 578	1 771	2 002
头直径	20	26	21	22	26	22
头刚毛长度	8	8	7	7	8	7
较短头刚毛长度	6	6	5	6	6	6
口腔长度	26	22	26	28	27	30
口腔直径	11	12	12	14	—	14
化感器距离前端的距离	14	15	14	15	14	18
化感器直径	8	7	7	8	7	9
排泄孔距离前端的距离	52	52	68	67	61	66
排泄孔所在的体直径	22	32	25	29	30	35
神经环到体前端的距离	166	161	145	154	159	199
神经环所在的体直径	26	35	26	30	35	44
食道长度	334	343	310	335	336	390
食道所在的体直径	26	36	26	31	35	47
最大体直径	27	38	30	34	36	49
泄殖孔所在的体直径	18	25	17	21	24	27
尾长	49	52	49	56	50	93
德曼系数 c'	2.8	2.0	2.9	2.6	2.1	3.5
交接器弧长	24	24	25	25	25	—
阴门到体前端的长度	—	—	—	—	—	1405
阴门所在处直径	—	—	—	—	—	47
阴门到体前端长度占体长的百分比	—	—	—	—	—	70.2
德曼系数 a	59.6	47.9	51.8	46.7	49.2	41
德曼系数 b	4.7	5.3	5	4.7	5.3	5.1
德曼系数 c	32.1	35.2	31.4	28.1	35.1	21.5

形态描述：虫体长 2 480～3 012 pm，最大体直径 34～50 μm。表皮光滑。头直径为 23～27 μm。6 片唇有 6 个小的唇部乳突，10 根等长的头刚毛围成一个圈。口腔筒状，深 27～32 μm、宽 12～15 μm，口腔壁严重角质化，有 3 个齿：左侧背齿较大，右侧背齿较小。化感器呈杯状，大小是所在体直径的 0.4 倍，位于距离体前端 18～21 μm 处。食道圆柱形，为399～432 μm，是体长的 0.14～016 倍。神经环在食道的中部，距体前端 197～220 μm。排泄孔位于距体前端 88～112 μm 的腹侧。雌雄尾部形状不同。雄性的尾部呈圆锥形，向腹侧弯曲，在从泄殖孔到尾部顶端约 3/4 处有一个明显的突起。一圈生殖刚毛出

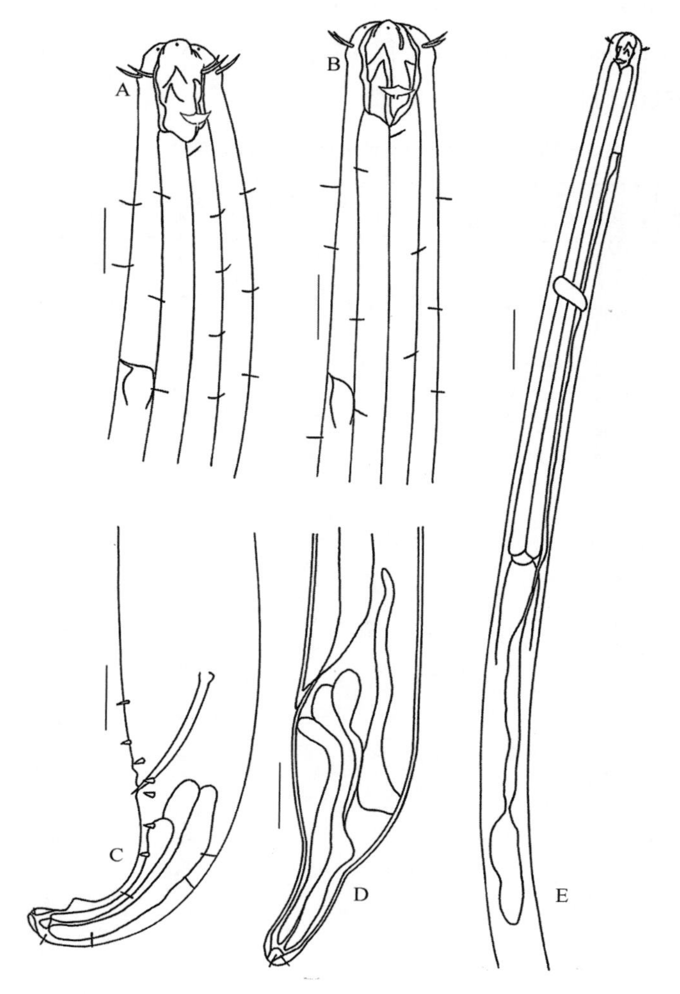

图 5-52 *Oncholaimus xiamenense* 手绘形态结构

A. 雄性头部　B. 雌性头部　C. 雄性尾部　D. 雌性尾部　E. 雄性体前部

比例尺：A～D=20 μm；E=50 μm

（Chen & Guo，2014）

现在泄殖孔两侧，6 根在泄殖孔的后端，6 根在前端。另外，还有 4 根亚背刚毛。雄性生殖系统具有 2 个反向排列伸展的精巢，前面的精巢在肠的右侧，后面的在肠的右侧。交接器略微弯曲，弧长为 44～52 m（1.42～2.0abd），远端尖锐近端头状，无引带。喷丝头明显，像帽子一样盖住尾部顶端。雌性的尾部前段粗壮，后段狭窄，两端等长。单卵巢，位于肠的右侧，阴道在虫体的 68%处。

参考文献

包云芳，柯苗琼，曹英昆，等，2010. 厦门岛沙滩浴场小型底栖动物数量研究初探［C］//国家海洋局，国家港澳台办公室．第一届海峡两岸海洋生物多样性研讨会论文集．厦门：323－330.

蔡立哲，洪华生，邹朝中，等，2000a. 台湾海峡南部海洋线虫种类组成及其取食类型［J］. 台湾海峡，19（2）：212－217.

蔡立哲，洪华生，邹朝中，等，2001. 台湾海峡中北部海洋线虫群落的种类组成及分布［J］. 台湾海峡，20（2）：228－235.

蔡立哲，李复雪，1998. 厦门潮间带泥滩和虾池小型底栖动物类群的丰度［J］. 台湾海峡，17（1）：91－95.

蔡立哲，厉红梅，邹朝中，2000b. 深圳河口福田泥滩海洋线虫的种类组成及季节变化［J］. 生物多样性，8（4）：385－390.

蔡立哲，厉红梅，邹朝中，2000c. 厦门钟宅泥滩海洋线虫群落的种类组成及其多样性［J］. 厦门大学学报（自然科学版），39（5）：669－675.

曹婧，2012. 福建漳江口红树林和盐沼湿地小型底栖动物的研究［D］. 厦门：厦门大学．

曹婧，蔡立哲，彭欣，等，2011. 漳江口红树林区小型底栖动物冬季丰度和生物量［C］//中国生态学学会红树林学组执委会．中国第五届红树林学术会议论文摘要集．温州．

曹英昆，2012. 厦门岛海滩自由生活海洋线虫多样性与分类学研究［D］. 厦门：集美大学．

曹英昆，郭玉清，2010. 虾池自由生活海洋线虫群落结构的初步研究［C］//中国动物学会，中国海洋湖沼学会．第七届世界华人虾蟹类养殖研讨会论文集．厦门：155－159.

曾从盛，郑彩红，陈渠，等，2007. 基于3S技术的福建省湿地景观格局特征分析［J］. 亚热带资源与环境学报，2（4）：24－32.

常瑜，2014. 福建省红树林湿地海洋线虫多样性及分类学的研究［D］. 厦门：集美大学．

常瑜，郭玉清，2014. 福建洛阳江口红树林小型底栖动物的研究［J］. 集美大学学报（自然科学版），19（1）：7－12.

陈海燕，周红，慕芳红，等，2009. 北黄海小型底栖生物丰度和生物量时空分布特征［J］. 中国海洋大学学报（自然科学版），39（4）：657－663.

陈昕韡，李想，曾佳丽，等，2017. 厦门同安湾下潭尾人工红树林湿地小型底栖动物群落结构［J］. 厦门大学学报（自然科学版），56（3）：351－358.

陈兴群，陈其焕，张明，1991. 厦门潮间滩涂小型底栖硅藻和叶绿素的分布［J］. 生态学报，11（4）：372－376.

陈玉珍，2015. 福建省主要岛屿沙滩海洋线虫群落多样性与分类学研究［D］. 厦门：集美大学．

丛冰清，2011. 舟山砂质潮间带小型底栖生物空间分布及季节动态［D］. 青岛：中国海洋大学．

邓可，张志南，黄勇，等，2005. 南黄海典型站位底栖动物粒径谱及其应用［J］. 中国海洋大学学报

(自然科学版), 35 (6): 1005-1010.

杜永芬, 2008. 潮间带纤毛虫原生动物和小型底栖动物生态学研究 [D]. 青岛: 中国科学院海洋研究所.

杜永芬, 徐奎栋, 类彦立, 等, 2011. 青岛湾小型底栖生物周年数量分布与沉积环境 [J]. 生态学报, 31 (2): 431-440.

范士亮, 刘海滨, 张志南, 等, 2006. 青岛太平湾砂质潮间带小型底栖生物丰度和生物量的研究 [J]. 中国海洋大学学报 (自然科学版), 36 (Z1): 98-104.

范士亮, 王宗兴, 徐宗军, 等, 2011. 南黄海冬季小型底栖生物分布特征 [J]. 海洋环境科学, 30 (2): 185-188.

方少华, 吕小梅, 张跃平, 2000. 厦门浔江湾小型底栖生物数量分布及生态意义 [J]. 台湾海峡, 19 (4): 474-477.

付姗姗, 慕芳红, 杨世超, 等, 2012. 青岛沧口潮间带小型底栖生物的时空分布研究 [J]. 中国海洋大学学报 (自然科学版), 42 (S1): 124-130.

傅素晶, 2009. 北部湾北部海域自由生活线虫群落的研究 [D]. 厦门: 厦门大学.

郭玉清, 2000. 渤海自由生活海洋线虫的群落结构和多样性研究 [D]. 青岛: 青岛海洋大学.

郭玉清, 2008. 厦门凤林红树林湿地自由生活海洋线虫群落的研究 [J]. 海洋学报 (中文版), 30 (4): 147-153.

郭玉清, 蔡立哲, 2008. 厦门东西海域海洋线虫群落种类组成及摄食类型的初步比较研究 [J]. 海洋湖沼通报 (3): 93-98.

郭玉清, 于浩, 叶兆弘, 2004. 集美龙舟池自由生活海洋线虫数量的初步研究 [J]. 集美大学学报 (自然科学版), 9 (4): 310-312.

郭玉清, 张志南, 慕芳红, 2002a. 渤海小型底栖动物生物量的初步研究 [J]. 海洋学报, 24 (6): 76-83.

郭玉清, 张志南, 慕芳红, 2002b. 渤海海洋线虫与底栖桡足类数量之比的应用研究 [J]. 海洋科学, 26 (12): 27-31.

国家林业局, 等, 2000. 中国湿地保护行动计划 [M]. 北京: 中国林业出版社.

国家环境保护总局, 国家质量监督检验检疫总局, 2002. 地表水环境质量标准: GB 3838-2002 [S]. 北京: 中国环境科学出版社.

华尔, 李佳, 董洁, 等, 2012. 砂质潮间带自由生活海洋线虫对缺氧的响应——微型受控生态系研究 [J]. 生态学报, 32 (13): 3975-3986.

华尔, 林佳宁, 冯颂, 等, 2010. 踩踏对砂质滩小型底栖动物的影响——现场扰动实验初步结果 [J]. 中国海洋大学学报 (自然科学版), 40 (10): 63-68, 78.

华尔, 张志南, 2009. 黄河口邻近海域底栖动物粒径谱研究 [J]. 中国海洋大学学报 (自然科学版), 39 (5): 971-978.

华尔, 张志南, 范士亮, 等, 2009. 利用小型底栖动物对沉积物重金属污染的评估 [J]. 中国海洋大学学报 (自然科学版), 39 (3): 429-436.

华尔, 张志南, 张艳, 2005. 长江口及邻近海域小型底栖生物丰度和生物量 [J]. 生态学报, 25 (9): 2234-2242.

黄宏靓，2002. 厦门岛东南海滩自由生活海洋线虫的种类调查［D］. 厦门：厦门大学.

黄宏靓，刘升发，2002. 厦门岛东南海滩自由生活海洋线虫一新种［J］. 台湾海峡，21（2）：177－180.

黄勇，2005. 南黄海小型底栖生物生态学和海洋线虫分类学研究［D］. 青岛：中国海洋大学.

黄勇，张志南，2007. 南黄海自由生活线虫的分类学研究［J］. 聊城大学学报（自然科学版），20（2）：14－19.

黄勇，张志南，2008. 南黄海自由生活海洋线虫的多样性研究［J］. 聊城大学学报（自然科学版），21（4）：58－62.

黄勇，张志南，刘晓收，2007. 南黄海冬季自由生活海洋线虫群落结构的研究［J］. 海洋与湖沼，38（3）：199－205.

黄宗国，1994. 中国海洋生物种类与分布［M］. 北京：海洋出版社.

黄宗国，2004. 海洋河口湿地生物多样性［M］. 北京：海洋出版社.

黄宗国，林茂，2012a. 中国海洋物种和图集：上卷 中国海洋物种多样性［M］. 北京：海洋出版社.

黄宗国，林茂，2012b. 中国海洋生物图集：第三册［M］. 北京：海洋出版社.

李佳，华尔，张志南，2012. 青岛砂质潮间带小型底栖动物分布及季节动态［J］. 应用生态学报，23（12）：3458－3466.

李想，2015. 同安湾人工红树林湿地小型底栖动物群落研究［D］. 厦门：厦门大学.

李永翔，2016. 厦门湾不同生境小型底栖动物群落和自由生活海洋线虫分类学研究［D］. 厦门：集美大学.

李裕红，2012. 全球气候变化对泉州湾河口湿地红树林生态系统的影响及对策［J］. 海峡科学（2）：10－12.

廖连招，2007. 厦门无居民海岛猴屿生态修复研究与实践［J］. 亚热带资源与环境学报，2（2）：57－61.

廖连招，黄明群，刘正华，2007. 厦门市无居民海岛植被生态保护方案与规划［J］. 台湾海峡，26（3）：430－434.

林桂兰，孙飒梅，曾良杰，等，2003. 高分辨率遥感技术在厦门海湾生态环境调查中的应用［J］. 台湾海峡，22（2）：242－247.

林岿璇，张志南，韩洁，2003. 南麂列岛海洋自然保护区潮间带小型生物初步研究［J］. 青岛海洋大学学报（自然科学版），33（2）：219－225.

林鹏，卢昌义，林光辉，等，1985. 九龙江口红树林研究——Ⅰ. 秋茄群落的生物量和生产力［J］. 厦门大学学报（自然科学版），24（4）：508－514.

林鹏，张宜辉，杨志伟，2005. 厦门海岸红树林的保护与生态恢复［J］. 厦门大学学报（自然科学版），44（Z1）：1－6.

林秀春，蔡立哲，金亮，2007. 湄洲湾灵川贝类养殖滩涂小型底栖动物数量研究［J］. 台湾海峡，26（2）：289－294.

刘海滨，2007. 青岛太平湾砂质潮间带小型底栖生物群落结构与多样性的研究［D］. 青岛：中国海洋大学.

刘海滨，张志南，范士亮，等，2007. 潮间带小型底栖生物生态学研究的某些进展［J］. 中国海洋大学学报（自然科学版），37（5）：767－774.

刘均玲，黄勃，2012. 红树林生态系统小型底栖动物研究进展［J］. 海洋科学，36（10）：118－122.

刘均玲，黄勃，梁志伟，2013. 东寨港红树林小型底栖动物的密度和生物量研究［J］. 海洋学报（中文版），35（2）：187－192.

刘瑞玉，2008. 中国海洋生物名录 [M]. 北京：科学出版社.

刘晓收，2005. 南黄海鳀鱼产卵场小型底栖动物生态学研究 [D]. 青岛：中国海洋大学.

刘晓收，许嫚，张敬怀，等，2014. 南海北部深海小型底栖动物丰度和生物量 [J]. 热带海洋学报，33 (2)：52-59.

卢昌义，林鹏，王恭礼，等，1993. 从海南岛向福建九龙江口引种红树植物技术研究 [M] //李振基. 环境与生态论丛. 厦门：厦门大学出版社：122-129.

陆健健，1996. 中国滨海湿地的分类 [J]. 环境导报 (1)：1-2.

慕芳红，张志南，郭玉清，2001. 渤海小型底栖生物的丰度和生物量 [J]. 青岛海洋大学学报（自然科学版），31 (6)：897-905.

钱国珍，倪铮，曲云龙，1992. 用海洋线虫监测潮间带有机质污染的调查研究 [J]. 海洋湖沼通报 (3)：48-55.

史本泽，2016. 不同生境中海洋线虫分类及小型底栖生物群落结构研究 [D]. 青岛：中国科学院研究生院（海洋研究所）.

史本泽，于婷婷，徐奎栋，2015. 长江口及东海夏季小型底栖动物丰度和生物量变化 [J]. 生态学报，35 (9)：3093-3103.

唐玲，张洪波，李恒翔，等，2012. 大亚湾秋季小型底栖生物初步研究 [J]. 热带海洋学报，31 (4)：104-111.

王家栋，类彦立，徐奎栋，等，2009. 中国近海秋季小型底栖动物分布及与环境因子的关系研究 [J]. 海洋科学，33 (9)：62-70.

王家栋，类彦立，徐奎栋，等，2011. 黄海冷水团及周边海域夏初小型底栖动物现存量及空间分布研究 [J]. 海洋与湖沼，42 (3)：359-366.

王家宁，2011. 青岛人为扰动砂质潮间带小型底栖生物研究 [D]. 青岛：中国海洋大学.

王睿照，张志南，2003. 海洋底栖生物粒径谱的研究 [J]. 海洋湖沼通报 (4)：61-68.

王文卿，赵萌莉，邓传远，等，2000. 福建沿岸地区红树林的种类与分布 [J]. 台湾海峡，19 (4)：534-540.

王彦国，2008. 台湾海峡及其邻近海域小型底栖动物生态学研究 [D]. 厦门：厦门大学.

吴辰，2013. 湛江高桥红树林湿地不同植物生境小型底栖动物的多样性研究 [D]. 厦门：厦门大学.

吴绍渊，慕芳红，2009. 山东南部沿海冬季小型底栖生物的初步研究 [J]. 海洋与湖沼，40 (6)：682-691.

吴秀芹，2011. 黄东海夏季小型底栖动物的群落结构与分布研究 [D]. 青岛：中国海洋大学.

伍淑婕，梁士楚，2008. 人类活动对红树林生态系统服务功能的影响 [J]. 海洋环境科学，27 (5)：537-542.

徐奎栋，2011. 海洋微型底栖生物的多样性与地理分布 [J]. 生物多样性，19 (6)：661-675.

徐重，黄勇，2014. 中国自由生活海洋线虫研究进展 [J]. 聊城大学学报（自然科学版），27 (1)：55-60.

许嫚，刘晓收，刘清河，等，2015. 夏秋季南黄海冷水团小型底栖动物类群组成与分布 [J]. 应用生态学报，26 (2)：616-624.

杨世超，慕芳红，周红，等，2009. 2006 年冬季胶州湾及邻近山东半岛南岸海域小型底栖动物丰度和生物量 [J]. 中国海洋大学学报（自然科学版），39（S1）：78－82.

于婷婷，2014. 黄东海小型底栖动物群落结构和线虫多样性及分布研究 [D]. 青岛：中国科学院研究生院（海洋研究所）.

于婷婷，徐奎栋，2013. 长江口及邻近海域秋冬季小型底栖动物类群组成与分布 [J]. 生态学报，33（15）：4556－4566.

于婷婷，徐奎栋，2015. 北黄海冬季沉积物中线虫个体干质量初探 [J]. 海洋科学，39（6）：8－14.

于子山，张志南，1994. 虾池小型底栖动物的数量研究 [J]. 青岛海洋大学学报，24（4）：519－526.

张培玉，2005. 渤海湾近岸海域底栖动物生态学与环境质量评价研究 [D]. 青岛：中国海洋大学.

张青田，王新华，房恩军，等，2009. 天津近海小型底栖动物丰度研究 [J]. 海洋通报，28（2）：57－64.

张青田，王新华，胡桂坤，2012. 底栖线虫和桡足类丰度比与环境的关系分析 [J]. 南开大学学报（自然科学版），45（5）：52－57.

张婷，2011. 厦门典型沙滩小型底栖动物生态学的研究 [D]. 青岛：中国海洋大学.

张艳，2006. 南黄海小型底栖生物群落结构与多样性的研究 [D]. 青岛：中国海洋大学.

张艳，2009. 胶州湾典型站位小型底栖生物丰度和生物量的季节变化研究 [J]. 中国农学通报，25（17）：296－301.

张玉红，2009. 台湾海峡及邻近海域小型底栖动物密度和生物量研究 [D]. 厦门：厦门大学.

张玉红，王彦国，林荣澄，等，2009. 厦门东海域和安海湾小型底栖动物的密度和生物量 [J]. 台湾海峡，28（3）：386－391.

张志南，1991. 秦皇岛砂滩海洋线虫的数量研究 [J]. 青岛海洋大学学报，21（1）：63－75.

张志南，党宏月，于子山，1993. 青岛湾有机质污染带小型底栖生物群落的研究 [J]. 青岛海洋大学学报，23（1）：83－91.

张志南，李永贵，图立红，等，1989. 黄河口水下三角洲及其邻近水域小型底栖动物的初步研究 [J]. 海洋与湖沼，20（3）：197－208.

张志南，林岿旋，周红，等，2004. 东、黄海春秋季小型底栖生物丰度和生物量研究 [J]. 生态学报，24（5）：997－1005.

张志南，钱国珍，1990. 小型底栖生物取样方法的研究 [J]. 海洋湖沼通报（4）：37－42.

张志南，周红，2003. 自由生活海洋线虫的系统分类学 [J]. 青岛海洋大学学报（自然科学版），33（6）：891－900.

张志南，周红，2004. 国际小型底栖生物研究的某些进展 [J]. 中国海洋大学学报（自然科学版），34（5）：799－806.

张志南，周红，慕芳红，2001a. 渤海线虫群落的多样性及中性模型分析 [J]. 生态学报，21（11）：1808－1814.

张志南，周红，于子山，等，2001b. 胶州湾小型底栖生物的丰度和生物量 [J]. 海洋与湖沼，32（2）：140－147.

周冬良，2004. 福建湿地资源现状及保护管理对策研究 [J]. 福建林业科技，31（4）：122－125.

周细平，2007. 同安湾人工种植红树林对底栖动物生态效应研究［D］. 厦门：厦门大学 .

卓异，2014. 泉州湾潮间带不同生境小型底栖动物群落的多样性研究［D］. 厦门：厦门大学 .

邹朝中，1999. 厦门岛附近自由生活海洋线虫种类的调查研究［D］. 厦门：厦门大学 .

邹朝中，2000. 厦门岛附近自由生活海洋线虫的研究轴线虫科（Axonolaimidae Filipjev，1918）两种轴线虫的形态描述［J］. 厦门大学学报（自然科学版），39（6）：862－868.

邹朝中，2001a. 厦门岛附近自由生活海洋线虫的研究——联体线虫科的变异毛咽线虫和异毛联体线虫新种［J］. 台湾海峡，20（1）：48－53.

邹朝中，2001b. 厦门岛附近自由生活海洋线虫的研究——微口线虫属（Genus：*Terschellingia* De Man，1888）的两种［J］. 四川动物，20（1）：3－5.

邹朝中，孙冠英，2002. 厦门岛海滩海洋线虫数量及其种类分布的初步研究［J］. 动物学杂志，37（1）：27－30.

Albuquerque E F，Paula Brandfio Pinto A，D′Alcirntara De Queiroz Perez A，et al，2007. Spatial and temporal changes in interstitial meiofauna on a sandy ocean beach of South America［J］. Brazilian Journal of Oceanography，55（2）：121－131.

Ali M A S，Krishnamurthy K，Jeyaseelan M J P，1983. Energy flow through the benthic ecosystem of the mangroves with special reference to nematodes［J］. Mahasagar，16（3）：317－325.

Alongi D M，1987. Intertidal zonation and seasonality of meiobenthos in tropical mangrove estuaries［J］. Marine Biology，95（3）：447－458.

Alongi D M，1990. Community dynamics of free－living nematodes in some tropical mangrove and sandflat habitats［J］. Bulletin of Marine Science，46（2）：358－373.

Ansari K G M T，Manokaran S，Raja S，et al，2014. Interaction of free－living marine nematodes in the artificial mangrove environment（southeast coast of India）［J］. Environmental Monitoring and Assessment，186（1）：293－305.

Appeltans W，Ahyong S T，Anderson G，et al，2012. The magnitude of global marine species diversity［J］. Current Biology，22（23）：2189－2202.

Armenteros M，Martin I，Williams J P，et al，2006. Spatial and temporal variations of meiofaunal communities from the western sector of the Gulf of Batabano，Cuba. I. Mangrove systems［J］. Estuaries and Coasts，29（1）：124－132.

Aryuthaka C，1989. Two new species of the genus *Rhynchonema*（Nematoda，Xyalidae）from Amakusa，south Japan［J］. Hydrobiologia，171（1）：3－10.

Barnes N，Bamber R N，Bennell G，et al，2011. Assessment of regional and local biodiversity in tropical and subtropical coastal habitats in the East African Marine Ecoregion［J］. Biodiversity and Conservation，20（10）：2075－2109.

Beyrem H，Boufahja F，Hedfi A，et al，2011. Laboratory study on individual and combined effects of cobalt－and zinc－spiked sediment on meiobenthic nematodes［J］. Biological Trace Element Research，144（1－3）：790－803.

Bhadury P，Austen M C，Bilton D T，et al，2006a. Development and evaluation of a DNA－barcoding approach for the rapid identification of nematodes [J]. Marine Ecology Progress Series, 320: 1-9.

Bhadury P, Austen M C, Bilton D T, et al, 2006b. Molecular detection of marine nematodes from environmental samples: Overcoming eukaryotic interference [J]. Aquatic Microbial Ecology, 44 (1): 97-103.

Blaxter M L, De Ley P, Garey J R, et al, 1998. A molecular evolutionary framework for the phylum Nematoda [J]. Nature, 392 (6671): 71-75.

Blome D, Schleier U, Von Bernem K H, 1999. Analysis of the small-scale spatial patterns of free-living marine nematodes from tidal flats in the East Frisian Wadden Sea [J]. Marine Biology, 133 (4): 717-726.

Boaden P J S, 1995. Where turbellaria-concerning knowledge and ignorance of marine turbellarian ecology [J]. Hydrobiologia, 305 (1-3): 91-99.

Bongers T, Alkemade R, Yeates G W, 1991. Interpretation of disturbance-induced maturity decrease in marine nematode assemblages by means of the maturity index [J]. Marine Ecology Progress Series, 76 (2): 135-142.

Boufahja F, Hedfi A, Amorri J, et al, 2011. An assessment of the impact of Chromium-Amended sediment on a marine nematode assemblage using microcosm bioassays [J]. Biological Trace Element Research, 142 (2): 242-255.

Bouwman L A, 1983. Systematics, ecology and feeding biology of estuarine nematodes [D]. Bouwman: Landbouwhogeschool Wageningen.

Bouwman L A, Romeijn K, Admiraal W, 1984. On the ecology of meiofauna in an organically polluted estuarine mudflat [J]. Estuarine Coastal and Shelf Science, 19 (6): 633-653.

Bresslau E, Schuurmans Stekhoven J H, 1940. Marine freilebende nematoda aus der Nordsee [M]. Bruxelles: Musée Royal d'Histoire Naturelle de Belgique.

Cai L Z, Fu S J, Yang J, et al, 2012. Distribution of meiofaunal abundance in relation to environmental factors in Beibu Gulf, South China Sea [J]. Acta Oceanologica Sinica, 31 (6): 92-103.

Chen Y Z, Guo Y Q, 2014. Three new species of free-living marine nematodes from East China Sea [J]. Zootaxa, 3841 (1): 117-126.

Chen Y Z, Guo Y Q, 2015a. Three new and two known free-living marine nematode species of the family Ironidae from the East China Sea [J]. Zootaxa, 4018 (2): 151-174.

Chen Y Z, Guo Y Q, 2015b. Two new species of *Lauratonema* (Nematoda: Lauratonematidae) from the intertidal zone of the East China Sea [J]. Journal of Natural History, 49 (29-30): 1777-1788.

Chinnadurai G, Fernando O J, 2006. Meiobenthos of Cochin mangroves (Southwest coast of India) with emphasis on free-living marine nematode assemblages [J]. Russian Journal of Nematology, 14 (2): 127-137.

Chinnadurai G, Fernando O J, 2007. Meiofauna of mangroves of the southeast coast of India with special reference to the free-living marine nematode assemblage [J]. Estuarine Coastal and Shelf Science, 72 (1-2): 329-336.

Chitwood B G, 1951. North American marine nematodes [J]. The Texas Journal of Science, 3 (4):

617 - 672.

Chitwood B G, 1960. A preliminary contribution on the marine nemas (Adenophorea) of Northern California [J]. Transactions of the American Microscopical Society, 79 (4): 347 - 384.

Clarke K R, Warwick R M, 2001. Change in marine communities: an approach to statistical analysis and interpretation [M]. Plymouth: PRIMER - E.

Cobb N A, 1920. One hundred new nemas (type - species of 100 new genera) [J]. Contributions to a Science of Nematology, IX: 217 - 343.

Coull B C, Chandler G T, 1992. Pollution and meiofauna - field, laboratory, and mesocosm studies [J]. Oceanography and Marine Biology, 30: 191 - 271.

De Coninck L A P, 1965. Systématique des nématodes [J]. Traité De Zoologie: Anatomie, Systématique, Biologie, 4 (2): 1 - 731.

De Coninck L A, Stekhoven J H S, 1933. The freeliving marine nemas of the Belgian coast II - Memoires [J]. Musee royale d'Histoire naturelle de Belgique, Bruxelles, 58: 1 - 163.

Decraemer W F, De La Rochefoucauld O, Funnell W R J, et al, 2014. Three - Dimensional vibration of the malleus and incus in the living gerbil [J]. Jaro - Journal of the Association for Research in Otolaryngology, 15 (4): 483 - 510.

Decraemer W, 1986a. Marine nematodes from Guadeloupe and other Caribbean Islands Ⅳ - Taxonomy of the Desmoscolex frontalis complex (Desmoscolecini) [J]. Bulletin du Museum National d'Histoire Naturelle Section A Zoologie Biologie et Ecologie Animales, 8 (2): 295 - 311.

Decraemer W, 1986. b Nématodes marins de Guadeloupe Ⅲ - Epsilonematidae des genres nouveaux *Metaglochinema* n. g. (Glochinematinae) et *Keratonema* n. g. (Keratonematinae n. subfam.) [J]. Bulletin du Museum National d' Histoire Naturelle Section A Zoologie Biologie et Ecologie Animales, 8 (1): 171 - 183.

Decraemer W, Gourbault N, 1986. Marine nematodes from guadeloupe and other Caribbean Islands Ⅱ - Draconematidae [J]. Zoologica Scripta, 15 (2): 107 - 118.

Decraemer W, Gourbault N, 1987. Marine nematodes from Guadeloupe and other Caribbean Islands Ⅶ - The genus *Epsilonema* (Epsilonematidae) [J]. Bulletin De L'institut Royal Des Sciences Naturelles De Belgique, Biologie, 57: 57 - 77.

Decraemer W, Gourbault N, 1989. Marine nematodes from Guadeloupe: IX. The genus *Metepsilonema* (Epsilonematidae) [J]. Bulletin De L'institut Royal Des Sciences Naturelles De Belgique, Biologie, 59: 25 - 38.

Decraemer W, Gourbault N, 1990. Nématodes marins de Guadeloupe Ⅹ - Trois espèces nouvelles de *Metepsilonema* (Epsilonematidae) du groupe callosum [J]. Bulletin du Museum National d'Histoire Naturelle Section A Zoologie Biologie et Ecologie Animales, 12 (2): 385 - 400.

Delgado J D, Riera R, Monterroso O, et al, 2009. Distribution and abundance of meiofauna in intertidal sand substrata around Iceland [J]. Aquatic Ecology, 43 (2): 221 - 233.

Dinet A, 1979. A quantitative survey of meiobenthos in the deep Norwegian Sea [J]. Ambio Special Report

(6): 75 - 77.

Dye A H, 1983a. Composition and seasonal fluctuations of meiofauna in a Southern African mangrove estuary [J]. Marine Biology, 73 (2): 165 - 170.

Dye A H, 1983b. Vertical and horizontal distribution of meiofauna in mangrove sediments in transkei, southern - africa [J]. Estuarine Coastal and Shelf Science, 16 (6): 591 - 598.

Feder H M, Paul A J, 1980. Seasonal trends in meiofaunal abundance on two beaches in Port Valdez, Alaska [J]. Syesis, 13: 27 - 36.

Fenchel T M, 1978. The ecology of micro - and meiobenthos [J]. Annual Review of Ecology and Systematics, 9: 99 - 121.

Fonseca G, Derycke S, Moens T, 2008. Integrative taxonomy in two free - living nematode species complexes [J]. Biological Journal of the Linnean Society, 94 (4): 737 - 753.

Fonseca G, Soltwedel T, 2009. Regional patterns of nematode assemblages in the Arctic deep seas [J]. Polar Biology, 32 (9): 1345 - 1357.

Gagarin V G, 2012. *Thalassomonhystera pygmaea* sp n. and *Aegialoalaimus leptosoma* sp n. (Nematoda, chromadorea) from Vietnam seashore [J]. Zoologichesky Zhurnal, 91 (10): 1155 - 1160.

Gagarin V G, 2013a. Four new species of free - living marine nematodes of the family Comesomatidae (Nematoda: Araeolaimida) from coast of Vietnam [J]. Zootaxa, 3608 (7): 547 - 560.

Gagarin V G, 2013b. Two new species of the genus *Metadesmolaimus* Schuurmans Stekhoven, 1935 (Nematoda, Monhysterida) from Goast of Vietnam [J]. International Journal of Nematology, 23 (2): 119 - 128.

Gagarin V G, 2014. *Lanzavecchia mangrovi* sp n. (Nematoda, Dorylaimida) from mangroves of Red River Estuary, Vietnam. [J]. Zootaxa, 3764 (4): 489 - 494.

Gagarin V G, Gusakov V A, 2013. Two species of Dorylaimids (Nematoda) from waterbodies of Vietnam [J]. Inland Water Biology, 6 (3): 176 - 183.

Gagarin V G, Nguyen D T, 2014. *Paracomesoma minor* sp. n. and *Microlaimus validus* sp. n. (Nematoda) from the coast of Vietnam [J]. Zootaxa, 3856 (3): 366 - 374.

Gagarin V G, Nguyen V T, Nguyen D T, et al, 2012. Two new species of the genus *Trissonchlus* (Nematoda, Enoplida, Ironidae) from the Red River Mouth in Vietnam [J]. Zoologichesky Zhurnal, 91 (2): 236 - 241.

Gagarin V G, Thanh N V, 2004. Four species of the genus *Halalaimus* de Man, 1888Nematoda: Enoplida from Mekong river delta, Vietnam [J]. International Journal of Nematology, 14 (2): 213 - 220.

Gagarin V G, Thanh N V, 2006a. Three new species of free - living nematodes (nematoda) of the family Axonolaimidae from the Mekong River Delta (Vietnam) [J]. Zoologichesky Zhurnal, 85 (6): 675 - 681.

Gagarin V G, Thanh N V, 2006b. Three new species of the genus *Hopperia* (Hematoda, Comesomatidae) from mangroves of the Mekong River Delta (Vietnam) [J]. Zoologichesky Zhurnal, 85 (1): 18 - 27.

Gagarin V G, Thanh N V, 2007. *Ingenia communis* sp. n., *Adoncholaimus longispiculatus* sp. n. and *Vis-*

cosia sedata sp. n. (Nematoda: Enoplida) from Mekong River Delta, Vietnam [J]. International Journal of Nematology, 17 (2): 205 - 212.

Gagarin V G, Thanh N V, 2008. Four new species of free - living nematodes of family Axonolaimidae (Nematoda, Araeolaimida) from man - grove of Mekong River Delta, Vietnam [J]. International Journal of Nematology, 18 (2): 133 - 143.

Gagarin V G, Thanh N V, Tu N D, 2003. Three new species of free - living nematodes from freshwater bodies of Vietnam (Nematoda: Araeolaimida) [J]. Zoosystematica Rossica, 12: 7 - 14.

Gee J M, Somerfield P J, 1997. Do mangrove diversity and leaf litter decay promote meiofaunal diversity? [J]. Journal of Experimental Marine Biology and Ecology, 218 (1): 13 - 33.

Gerlach S A, 1953a. Die biozönotische gliederung der nematodenfauna an den deutschen küsten [J]. Zeitschrift für Morphologie und Ökologie der Tiere, 41 (5 - 6): 411 - 512.

Gerlach S A, 1953b. Die nematodenbesiedlung des sandstrandes und des Küstengrundwassers an der italienischen Küste Ⅰ - Systematischer Teil [J]. Archo Zoologie Italian, 37 (1): 517 - 640.

Gerlach S A, 1953c. Freilebende marine nematoden aus dem Küstengrundwasser und aus dem Brackwasser der chilenischen Küste [J]. Acta Universitatis Lundensis, 49 (10): 1 - 37.

Gerlach S A, 1953d. *Lauratonema* nov. gen., Vertreter einer neuen familie mariner nematoden aus dem Küstengrundwasser [J]. Zoologischer Anzeiger, 151 43 - 52.

Gerlach S A, 1954. Brasilianische Meeres - nematoden Ⅰ - (Ergebnisse eines studienaufenthaltes an der Universität São Paulo) [J]. Boletim do Instituto Oceanográfico, 5 (1 - 2): 3 - 69.

Gerlach S A, 1956. Diagnosen neuer Nematoden aus der Kieler Bucht [J]. Kieler Meeresforschungen, 12: 85 - 109.

Gerlach S A, 1967. Freilebende meres - nematoden von den Sarso - Inseln (Rotes Meer) [J]. Beitrag der Arbeitsgruppe Litoralforschung. - "Meteor" Forschungsergebn (2): 19 - 43.

Gerlach S A, 1971. On the importance of marine meiofauna for benthos communities [J]. Oecologia, 6 (2): 176 - 190.

Gerlach S A, Riemann F, 1973. The Bremerhaven checklist of aquatic nematodes: a catalogue of Nematoda Adenophorea excluding the Dorylaimida [J]. Veroeffentlichungen des Instituts fuer Meeresforschung in Bremerhaven Suppl. 4, Part 1: 1 - 404.

Gerlach S A, Riemann F, 1974. The Bremerhaven checklist of aquatic nematodes: a catalogue of Nematoda Adenophorea excluding the Dorylaimida [J]. Veroeffentlichungen des Instituts fuer Meeresforschung in Bremerhaven Suppl. 4, Part 2: 405 - 736.

Gheskiere T, Hoste E, Kotwicki L, et al, 2002. The sandy beach meiofauna and free - living nematodes from De Panne (Belgium) [J]. Bulletin De L'institut Royal Des Sciences Naturelles De Belgique, Biologie, 72 (Suppl): 43 - 49.

Gheskiere T, Hoste E, Vanaverbeke J, et al, 2004. Horizontal zonation patterns and feeding structure of marine nematode assemblages on a macrotidal, ultra - dissipative sandy beach (De Panne, Belgium) [J]. Journal of Sea Research, 52 (3): 211 - 226.

Gheskiere T, Vincx M, Weslawski J M, et al, 2005. Meiofauna as descriptor of tourism - induced changes at sandy beaches [J]. Marine Environmental Research, 60 (2): 245 - 265.

Giere O, 1993. Meiobenthology - the microscopic fauna in aquatic sediments [M]. Berlin: Springer - Verlag.

Giere O, 2009. Meiobenthology: the microscopic motile fauna of aquatic sediments [M]. Berlin: Springer - Verlag.

Goldin Q, Mishra V, Ullal V, et al, 1996. Meiobenthos of mangrove mudflats from shallow region of Thane creek, central west coast of India [J]. Indian Journal of Geo - Marine Sciences, 25 (2): 137 - 141.

Gomes T, Rosa Filho J, 2009. Composition and spatio - temporal variability of meiofauna community on a sandy beach in the Amazon region (Ajuruteua, Pará, Brazil) [J]. Iheringia Série Zoologia, 99 (2): 210 - 216.

Gourbault N, 1982. Nematodes marins de Guadeloupe Ⅰ - Xyalidae nouveaux des genres *Rhynchonema* Cobb et *Prorhynchonema* nov. gen [J]. Bulletin du Museum National d'Histoire Naturelle Section A Zoologie Biologie et Ecologie Animales, 4 (1 - 2): 75 - 87.

Gourbault N, Decraemer W, 1987. Nématodes marins de Guadeloupe Ⅵ - Les genres *Bathyepsilonema* et *Leptepsilonema* (Epsilonematidae) [J]. Bulletin du Museum National d'Histoire Naturelle Section A Zoologie Biologie et Ecologie Animales, 9 (3): 605 - 631.

Gourbault N, Decraemer W, 1988. Nematodes marins de Guadeloupe Ⅷ - Le genre *Perepsilonema* (Epsilonematidae) [J]. Bulletin du Museum National d'Histoire Naturelle Section A Zoologie Biologie et Ecologie Animales (103): 535 - 551.

Gourbault N, Vincx M, 1986. Nematodes marins de Guadeloupe Ⅴ - Lauratonema spiculifer Gerlach, 1959; description du system reproducteur des Lauratonematidae [J]. Bulletin du Museum National d'Histoire Naturelle Section A Zoologie Biologie et Ecologie Animales, 84: 789 - 801.

Gray J S, Rieger R M, 1971. A quantitative study of the meiofauna of an exposed sandy beach, at Robin Hood's Bay, Yorkshire [J]. Journal of the Marine Biological Association of the United Kingdom, 51 (1): 1 - 19.

Guilini K, Bezerra T N, Eisendle - Flöckner U, et al. NeMys: World Database of Free - Living Marine Nematodes [EB/OL]. [2018/1/26]. http: //www. nemys. ugent. be.

Guo Y Q, Chang Y, Chen Y Z, et al, 2015a. Description of a marine nematode *Hopperia sinensis* sp nov (Comesomatidae) from mangrove forests of Quanzhou, China, with a pictorial key to Hopperia species [J]. Journal of Ocean University of China, 14 (6): 1111 - 1115.

Guo Y Q, Chen Y Z, Liu M D, 2016. *Metadesmolaimus zhanggi* sp nov (Nematoda: Xyalidae) from East China Sea, with a pictorial key to Metadesmolaimus species [J]. Cahiers De Biologie Marine, 57 (1): 73 - 79.

Guo Y Q, Huang D Y, Chen Y Z, et al, 2015b. Two new free - living nematode species of *Setosabatieria* (Comesomatidea) from the East China Sea and the Chukchi Sea [J]. Journal of Natural History, 49 (33 - 34): 2021 - 2033.

Gwyther J, 2003. Nematode assemblages from Avicennia marina leaf litter in a temperate mangrove forest in south - eastern Australia [J]. Marine Biology, 142 (2): 289 - 297.

Harris R P, 1972. The distribution and ecology of the interstitial meiofauna of a sandy beach at Whitsand Bay, East Cornwall [J]. Journal of the Marine Biological Association of the United Kingdom, 52 (1): 1 - 18.

Hebert P, Cywinska A, Ball S L, et al, 2003. Biological identifications through DNA barcodes [J]. Proceedings of the Royal Society B - Biological Sciences, 270 (1512): 313 - 321.

Heip C H R, Vincx M, Smol N, et al, 1982. The systematics and ecology of free - living marine nematodes [J]. Helminthological Abstracts, 51 (1): 1 - 31.

Heip C, Decraemer W, 1974. The diversity of nematode communities in the Southern North Sea [J]. Journal of the Marine Biological Association of the United Kingdom, 54 (1): 251 - 255.

Heip C, Vincx M, Vranken G, 1985. The ecology of marine nematodes [J]. Oceanography and Marine Biology, 23: 399 - 489.

Higgins R P, Thiel H, 1988. Introduction to the study of meiofauna [M]. Washington: Smithsonian Institution Press.

Hopper B E, 1961. Marine nematodes from the coast line of the Gulf of Mexico [J]. Canadian Journal of Zoology, 39 (2): 183 - 199.

Hopper B E, 1963. Marine nematodes from the coast line of the gulf of Mexico III - Additional species from gulf shores, Alabama [J]. Canadian Journal of Zoology, 41 (5): 841 - 863.

Hopper B E, Meyers S P, 1967. Population studies on benthic nematodes within a subtropical seagrass community [J]. Marine Biology, 1 (2): 85 - 96.

Horton T, Kroh A, Ahyong S, et al. World Register of Marine Species (WoRMS) [EB/OL]. [2018/1/26]. http: //www. marinespecies. org.

Hua E, Zhang Z N, 2007. Four newly recorded free - living marine Nematodes (Comesomatidae) from the east China sea [J]. Journal of Ocean University of China, 6 (1): 26 - 32.

Huang Y, 2012. One new free - living marine nematode species of genus *Cephalanticoma* from the South China Sea [J]. Acta Oceanologica Sinica, 31 (1): 95 - 97.

Huang Y, Li J, 2010. Two new free - living marine nematode species of the genus *Pseudosteineria* (Monohysterida: Xyalidae) from the Yellow Sea, China [J]. Journal of Natural History, 44 (41 - 42): 2453 - 2463.

Huang Y, Sun J, 2011. Two new free - living marine nematode species of the genus *Paramarylynnia* (Chromadorida: Cyatholaimidae) from the Yellow Sea, China [J]. Journal of the Marine Biological Association of the United Kingdom, 91 (2SI): 395 - 401.

Huang Y, Wu X Q, 2010. Two new free - living marine nematode species of the genus *Vasostoma* (Comesomatidae) from the Yellow Sea, China [J]. Cahiers De Biologie Marine, 51 (1): 19 - 27.

Huang Y, Wu X Q, 2011a. Two new free - living marine nematode species of the genus *Vasostoma* (Comesomatidae) from the China Sea [J]. Cahiers De Biologie Marine, 52 (2): 147 - 155.

Huang Y, Wu X Q, 2011b. Two new free - living marine nematode species of Xyalidae (Monhysterida) from the Yellow Sea, China [J]. Journal of Natural History, 45 (9 - 10): 567 - 577.

Huang Y, Xu K D, 2013a. A new species of free - living nematode of *Daptonema* (Monohysterida: Xyalidae) from the Yellow Sea, China [J]. Aquatic Science and Technology, 1 (1): 1 - 8.

Huang Y, Xu K D, 2013b. Two new species of the genus *Paracyatholaimus* Micoletzky (Nematoda: Cyatholaimidae) from the Yellow Sea [J]. Journal of Natural History, 47 (21 - 22): 1381 - 1392.

Huang Y, Zhang Y, 2014. Review of *Pomponema* Cobb (Nematoda: Cyatholaimidae) with description of a new species from China Sea [J]. Cahiers De Biologie Marine, 55 (2): 267 - 273.

Huang Y, Zhang Z N, 2004. A new genus and three new species of free - living marine nematodes (Nematoda: Enoplida: Enchelidiidae) from the Yellow Sea, China [J]. Cahiers De Biologie Marine, 45 (4): 343 - 354.

Huang Y, Zhang Z N, 2005a. Three new species of the genus *Belbolla* (Nematoda: Enoplida: Enchelidiidae) from the Yellow Sea, China [J]. Journal of Natural History, 39 (20): 1689 - 1703.

Huang Y, Zhang Z N, 2005b. Two new species and one new record of free - living marine nematodes from the Yellow Sea, China [J]. Cahiers De Biologie Marine, 46 (4): 365 - 378.

Huang Y, Zhang Z N, 2006a. A new genus and three new species of free - living marine nematodes from the Yellow Sea, China [J]. Journal of Natural History, 40 (1 - 2): 5 - 16.

Huang Y, Zhang Z N, 2006b. Five new records of free - living marine nematodes in the Yellow Sea [J]. Journal of Ocean University of China, 5 (1): 29 - 34.

Huang Y, Zhang Z N, 2006c. New species of free - living marine nematodes from the Yellow Sea, China [J]. Journal of the Marine Biological Association of the United Kingdom, 86 (2): 271 - 281.

Huang Y, Zhang Z N, 2006d. Two new species of free - living marine nematodes (*Trichotheristus articulatus* sp n. and *Leptolaimoides punctatus* sp n.) from the Yellow Sea, China [J]. Russian Journal of Nematology, 14 (1): 43 - 50.

Huang Y, Zhang Z N, 2007a. A new genus and new species of free - living marine nematodes from the Yellow Sea, China [J]. Journal of the Marine Biological Association of the United Kingdom, 87 (3): 717 - 722.

Huang Y, Zhang Z N, 2007b. One new species of free - living marine nematodes (Enoplida, Anticomidae, Cephalanticoma) from the Huanghai Sea [J]. Acta Oceanologica Sinica, 26 (3): 84 - 89.

Huang Y, Zhang Z N, 2009. Two new species of Enoplida (Nematoda) from the Yellow Sea, China [J]. Journal of Natural History, 43 (17 - 18): 1083 - 1092.

Huang Y, Zhang Z N, 2010a. Three new species of *Dichromadora* (Nematoda: Chromadorida: Chromadoridae) from the Yellow Sea, China [J]. Journal of Natural History, 44 (9 - 10): 545 - 558.

Huang Y, Zhang Z N, 2010b. Two new species of Xyalidae (Nematoda) from the Yellow Sea, China [J]. Journal of the Marine Biological Association of the United Kingdom, 90 (2): 391 - 397.

Hulings N C, Gray J S, 1976. Physical factors controlling abundance of meiofauna on tidal and atidal beaches [J]. Marine Biology, 34 (1): 77 - 83.

Huston M, 1979. A general Hypothesis of species diversity [J]. The American Naturalist, 113 (1): 81 - 101.

Inglis W G, 1961. Free - living nematodes from South Africa [J]. Bulletin of the British Museum (Natural History), 7: 291 - 319.

Inglis W G, 1966. Marine nematodes from Durban, South Africa [J]. Bulletin of the British Museum (Natural History), 14: 81 - 106.

Juario J V, 1975. Nematode species composition and seasonal fluctuation of a sublittoral meiofauna community in the German Bight [J]. Mecresforsch. Bremerh, 15: 283 - 337.

Keppner E J, Tarjan A C, 1989. Illustrated key to the genera of free - living marine nematodes of the order Enoplida [J]. NOAA Technical Report NMFS, 77: 1 - 26.

Krishnamurthy, K & Sultan Ali, M. A. & Jeyaseelan, M. (1984) . Structure and dynamics of the aquatic food web community with special reference to nematodes in mangrove ecosystem [C] // Proceedings of the Asian Symposium on Mangrove Environment: Research and Management. 429 - 452.

Lambshead P J D, 1986. Sub - catastrophic sewage and industrial - waste contamination as revealed by marine nematode faunal analysis [J]. Marine Ecology Progress Series, 29 (3): 247 - 260.

Lambshead P J D, Brown C J, Ferrero T J, et al, 2002. Latitudinal diversity patterns of deep - sea marine nematodes and organic fluxes: A test from the central equatorial Pacific [J]. Marine Ecology Progress Series, 236: 129 - 135.

Lambshead P J D, Tietjen J, Ferrero T, et al, 2000. Latitudinal diversity gradients in the deep sea with special reference to North Atlantic nematodes [J]. Marine Ecology Progress Series, 194: 159 - 167.

Leduc D, Gwyther J, 2008. Description of new species of *Setosabatieria* and *Desmolaimus* (Nematoda: Monhysterida) and a checklist of New Zealand free - living marine nematode species [J]. New Zealand Journal of Marine and Freshwater Research, 42 (3): 339 - 362.

Li Y X, Guo Y Q, 2016a. Free living marine nematodes of the genus *Parodontophora* (Axonolaimidae) from the East China Sea, with descriptions of five new species and a pictorial key [J]. Zootaxa, 4109 (4): 401 - 427.

Li Y X, Guo Y Q, 2016b. Two new Free - Living marine nematode species of the genus Anoplostoma (Anoplostomatidae) from the mangrove habitats of xiamen bay, East China Sea [J]. Journal of Ocean University of China, 15 (1): 11 - 18.

Lorenzen S, 1972. Die Nematodenfauna im Verklappungsgebiet für Industrieabwasser nordwestlich von Helgoland Ⅰ - Araeolaimida und Monhysterida [J]. Zoologischer Anzeiger, 187: 223 - 248.

Lorenzen S, 1974. Die Nematodenfauna der sublitoralen Region der Deutschen Bucht, insbesondere im Titan - Abwassergebiet bei Helgoland [J]. Veröffentlichungen des Instituts für Meeresforschung in Bremerhaven, 14: 305 - 327.

Lorenzen S, 1981. Entwurf eines phylogenetischen Systems der freilebenden Nematoden [J]. Veröff. Inst. Meeresforsch. Bremerh, 7 (Suppl): 1 - 449.

Lorenzen S, 1994. The phylogenetic systematics of free living nematodes [J]. The Ray Society, 162 (9): 1 - 383.

Mahmoudi E, Essid N, Beyrem H, et al, 2005. Effects of hydrocarbon contamination on a free living marine nematode community: Results from microcosm experiments [J]. Marine Pollution Bulletin, 50

(11): 1197 - 1204.

Maria T F, Paiva P, Vanreusel A, et al, 2013. The relationship between sandy beach nematodes and environmental characteristics in two Brazilian sandy beaches (Guanabara Bay, Rio de Janeiro) [J]. Anais Da Academia Brasileira De Ciencias, 85 (1): 257 - 270.

Martens P M, Schockaert E R, 1986. The importance of turbellarians in the marine meiobenthos - a review [J]. Hydrobiologia, 132: 295 - 303.

McIntyre A D, 1964. Meiobenthos of sub - littoral muds [J]. Journal of the Marine Biological Association of the United Kingdom, 44 (3): 665 - 674.

McIntyre A D, 1969. Ecology of marine meiobenthos [J]. Biological Reviews, 44 (2): 245 - 288.

McIntyre A D, Murison D J, 1973. The meiofauna of a flatfish nursery ground [J]. Journal of the Marine Biological Association of the United Kingdom, 53 (1): 93 - 118.

McIntyre R W, Laws A K, Ramachandran P R, 1969. Positive expiratory pressure plateau: improved gas exchange during mechanical ventilation [J]. Canadian Anaesthetists' Society Journal, 16 (6): 477 - 486.

McLachlan A, Winter P E D, Botha L, 1977. Vertical and horizontal distribution of sub - littoral meiofauna in Algoa Bay, South Africa [J]. Marine Biology, 40 (4): 355 - 364.

Mirto S, La Rosa T, Gambi C, et al, 2002. Nematode community response to fish - farm impact in the western Mediterranean [J]. Environmental Pollution, 116 (2): 203 - 214.

Moens T, Braeckman U, Derycke S, et al. 2013. Ecology of free - living marine nematodes [M] // A Schmidt - Rhaesa. Handbook of Zoology: Vol 2Nematoda. Berlin: De Gruyter: 109 - 152.

Moens T, Vincx M, 1997. Observations on the feeding ecology of estuarine nematodes [J]. Journal of the Marine Biological Association of the United Kingdom, 77 (1): 211 - 227.

Mokievsky V O, Tchesunov A V, Udalov A A, et al, 2011. Quantitative distribution of meiobenthos and the structure of the free - living nematode community of the mangrove intertidal zone in Nha Trang Bay (Vietnam) in the South China Sea [J]. Russian Journal of Marine Biology, 37 (4): 272 - 283.

Montagna P A, Blanchard G F, Dinet A, 1995. Effect of production and biomass of intertidal microphytobenthos on meiofaunal grazing rates [J]. Journal of Experimental Marine Biology and Ecology, 185 (2): 149 - 165.

Munro A L S, Wells J B J, McIntyre A D, 1978. Energy flow in the flora and meiofauna of sandy beaches [J]. Proceedings of the Royal Society of Edinburgh, 76: 297 - 315.

Murphy D G, Jensen H J, 1961. *Lauratonema obtusicaudatum* n. sp. (Nemata: Anoploidea), a marine nematode from the coast of Oregon [J]. Proceedings of the Helminthological Society of Washington, 28 (2): 167.

Muthumbi A W, Soetaert K, Vincx M, 1997. Deep - sea nematodes from the Indian Ocean: new and known species of the family Comesomatidae [J]. Hydrobiologia, 346: 25 - 57.

Muthumbi A W, Vincx M, 1998. Chromadoridae (Chromadorida: Nematoda) from the Indian Ocean: Description of new and known species [J]. Hydrobiologia, 364 (2): 119 - 153.

Netto S A, Gallucci F, 2003. Meiofauna and macrofauna communities in a mangrove from the Island of Santa Catarina, South Brazil [J]. Hydrobiologia, 505 (1-3): 159-170.

Nicholas W L, Elek J A, Stewart A C, et al, 1991. The nematode fauna of a temperate australian mangrove mudflat - its population - density, diversity and distribution [J]. Hydrobiologia, 209 (1): 13-27.

Nilsson P, Sundback K, Jonsson B, 1993. Effect of the brown shrimp crangon - crangon l on endobenthic macrofauna, meiofauna and meiofaunal grazing rates [J]. Netherlands Journal of Sea Research, 31 (1): 95-106.

Ólafsson E, 1995. Meiobenthos in mangrove areas in Eastern Africa with emphasis on assemblage structure of free-living marine nematodes [J]. Hydrobiologia, 312 (1): 47-57.

Ólafsson E, Carlström S, Ndaro S G M, 2000. Meiobenthos of hypersaline tropical mangrove sediment in relation to spring tide inundation [J]. Hydrobiologia, 426 (1): 57-64.

Orselli L, Vinciguerra M T, 1997. Nematodes from Italian sand dunes Ⅰ - Three new and one known species of Enoplida [J]. Nematologia Mediterranea, 25 (2): 253-260.

Pavlyuk O N, Trebukhova Y A, 2011. Intertidal meiofauna of Jeju Island, Korea [J]. Ocean Science Journal, 46 (1): 1-11.

Pinckney J L, Carman K R, Lumsden S E, et al, 2003. Microalgal - meiofaunal trophic relationships in muddy intertidal estuarine sediments [J]. Aquatic Microbial Ecology, 31 (1): 99-108.

Platonova T A, 1971. Free-living marine nematodes from the Possjet Bay of the Sea of Japan [J]. Isledovanija Fauni Morjei (8): 72-108.

Platonova T A, Mokievsky V O, 1994. Revision of the marine nematodes of the family Ironidae (Nematoda: Enoplida) [J]. Zoosystematica Rossica, 3 (1): 5-17.

Platt H M, 1977. Ecology of free-living marine nematodes from an intertidal sandflat in Strangford Lough, Northern Ireland [J]. Estuarine and Coastal Marine Science, 5 (6): 685-693.

Platt H M, 1985. The free-living marine nematode genus *Sabatieria* (Nematoda, Comesomatidae) - taxonomic revision and pictorial keys [J]. Zoological Journal of the Linnean Society, 83 (1): 27-78.

Platt H M, Lambshead P J D, 1985. Neutral model analysis of patterns of marine benthic species diversity [J]. Marine Ecology Progress Series, 24 (1-2): 75-81.

Platt H M, Warwick R M, 1983. Free - living marine nematodes. Part I. British Enoplids. Synopses of the British Fauna (New Series) No. 28 [M]. Cambridge: Cambridge University Press.

Platt H M, Warwick R M, 1988. Freeliving marine nematodes. Part II. British Chromadorids. Synopses of the British Fauna (New Series) No. 38 [M]. Avon: Great Britain at the Bath Press.

Platt H M, Warwick R M, 1980. The significance of free - living nematodes to the littoral ecosystem [M] // Price J H, Irvme D E G, Farnham W H. The shore environment: 2 Ecosystems. London: Academic Press: 727-759.

Platt T, Denman K, 1977. Organisation in the pelagic ecosystem [J]. Helgoländer Wissenschaftliche Meeresuntersuchungen, 30 (1): 575-581.

Raffaelli D G, Mason C F, 1981. Pollution monitoring with meiofauna, using the ratio of nematodes to copepods [J]. Marine Pollution Bulletin, 12 (5): 158 - 163.

Raffaelli D, 1987. The behavior of the nematode copepod ratio in organic pollution studies [J]. Marine Environmental Research, 23 (2): 135 - 152.

Reise K, Ax P, 1979. A meiofaunal "thiobios" limited to the anaerobic sulfide system of marine sand does not exist [J]. Marine Biology, 54 (3): 225 - 237.

Renaud - Mornant J, Pollock L W, 1971. A review of the systematics and ecology of marine Tardigrada [J]. Smithsonian Contrib Zool, 76: 109 - 117.

Rieger R M, 1998. 100 years of research on 'Turbellaria' [J]. Hydrobiologia, 383: 1 - 27.

Riera R, Nunez J, Del Carmen Brito M, et al, 2011. Temporal variability of a subtropical intertidal meiofaunal assemblage: Contrasting effects at the species and assemblage - level [J]. Vie Et Milieu - Life and Environment, 61 (3): 129 - 137.

Rodrigues Da Silva N R, Da Silva M C, Genevois V F, et al, 2010. Marine nematode taxonomy in the age of DNA: The present and future of molecular tools to assess their biodiversity [J]. Nematology, 12 (5): 661 - 672.

Rzeznik - Orignac J, Fichet D, Boucher G, 2003. Spatio - temporal structure of the nematode assemblages of the Brouage mudflat (Marennes Oleron, France) [J]. Estuarine Coastal and Shelf Science, 58 (1): 77 - 88.

Schratzberger M, Gee J M, Rees H L, et al, 2000. The structure and taxonomic composition of sublittoral meiofauna assemblages as an indicator of the status of marine environments [J]. Journal of the Marine Biological Association of the United Kingdom, 80 (6): 969 - 980.

Schratzberger M, Warr K, Rogers S I, 2007. Functional diversity of nematode communities in the southwestern North Sea [J]. Marine Environmental Research, 63 (4): 368 - 389.

Schulz E, 1935. Nematoden aus dem Küstengrundwasser [J]. Schriften des Naturwissenschaftlichen Vereins für Schleswig - Holstein, 20: 435 - 467.

Schuurmans Stekhoven J H, 1943. Freilebende marine nematoden des mittelmeeres Ⅳ - Freilebende marine nematoden der Fischereigrunde bei Alexandrien [J]. Zoologische Jahrbucher (Systematik), 76 (4): 323 - 378.

Schuurmans - Stekhoven J H, 1935. Nematoda: systematischer Teil, vb. Nematoda errantia [J]. Die Tierwelt Der Nord Und Ostsee. Grimpe and Wagler, 56: 1 - 173.

Semprucci F, Boi P, Manti A, et al, 2010. Benthic communities along a littoral of the Central Adriatic Sea (Italy) [J]. Helgoland Marine Research, 64 (2): 101 - 115.

Shi B Z, Xu K D, 2016. *Paroctonchus nanjiensis* gen. Nov., sp nov (Nematoda, Enoplida, Oncholaimidae) from intertidal sediments in the East China Sea [J]. Zootaxa, 4126 (1): 97 - 106.

Shirayama Y, 1984. The abundance of deep - sea meiobenthos in the western pacific in relation to environmental - factors [J]. Oceanologica Acta, 7 (1): 113 - 121.

Skantar A M, Carta L K, 2004. Molecular characterization and phylogenetic evaluation of the HSP90 gene from selected nematodes [J]. Journal of Nematology, 36 (4): 466 - 480.

Smolyanko O I, Belogurov O I, 1995. On the morphology of four species of free - living marine nematodes of the genus *Paradontophora* (Araeolaimida, Axonolaimidae) [J]. Hydrobiological Journal,, 31 (2): 94 - 108.

Soetaert K, Heip C, Vincx M, 1991. Diversity of nematode assemblages along a mediterranean deep - sea transect [J]. Marine Ecology Progress Series, 75 (2 - 3): 275 - 282.

Soetaert K, Vincx M, Wittoeck J, et al, 1995. Meiobenthic distribution and nematode community structure in five European estuaries [J]. Hydrobiologia, 311 (1 - 3): 185 - 206.

Somerfield P J, Gee J M, Aryuthaka C, 1998. Meiofaunal communities in a Malaysian mangrove forest [J]. Journal of the Marine Biological Association of the United Kingdom, 78 (3): 717 - 732.

Southern R, 1914. Nemathelmia, Kinorhyncha, and Chaetognatha [J]. Proceedings of the Royal Irish Academy, 31: 1 - 80.

Soyer J, 1971. Bionomie benthique du plateau continental de la cote catalane francaise. V. Densites et biomasses du meiobenthos [J]. Vie Et Milieu, 22 (2): 351 - 424.

Stekhoven J H S, Adam W, 1931. The free - living marine nemas of the Belgian coast [J]. Musee royale d'Histoire naturelle de Belgique, Bruxelles, 49: 1 - 58.

Tahseen Q, Mehdi S J, 2009. Taxonomy and relationships of a new and the first continental species of *Trissonchulus* Cobb, 1920 along with two species of *Ironus* (Nematoda: Ironidae) collected from coal mines [J]. Nematologia Mediterranea, 37 (2): 117 - 132.

Tchesunov A V, 1984. Materials for the revision of marine free - living nematodes of the family Lauratonematidae [J]. Proceedings of the Zoological Institute of the USSR Academy of Sciences, 126: 79 - 96.

Tchesunov A V, 1990a. Long - hairy Xyalidae (Nematoda, Chromadoria, Monhysterida) in the white sea - new species, new combinations and status of the genus *Trichotheristus* [J]. Zoologichesky Zhurnal, 69 (10): 5 - 19.

Tchesunov A V, 1990b. New taxa of marine free - living nematodes of the family Xyalidae Chitwood, 1951 (Nematoda, Chromadorida, Monhysterida) from the White Sea [M]. Academy of Sciences of the USSR: Moscow.

Teal J, Wieser W, 1966. The distribution and ecology of nematodes in a Georgia salt marsh [J]. Limnology and Oceanography, 11 (2): 217 - 222.

Thiel H, 1975. The size structure of the deep - sea benthos [J]. Internationale Revue der gesamten Hydrobiologie, 60 (5): 575 - 606.

Thilagavathi B, Das B, Saravanakumar A, et al, 2011. Benthic meiofaunal composition and community structure in the Sethukuda mangrove area and adjacent open sea, East coast of India [J]. Ocean Science Journal, 46 (2): 63 - 72.

Tietjen J H, 1969. The ecology of shallow water meiofauna in two New England estuaries [J]. Oecologia, 2 (3): 251 - 291.

Tietjen J H, 1977. Population distribution and structure of freeliving nematodes of Long Island Sound [J]. Marine Biology, 43 (2): 123 - 136.

Tietjen J H，1984. Distribution and species - diversity of deep - sea nematodes in the Venezuela basin [J]. Deep - Sea Research Part A - Oceanographic Research Papers，31 (2)：119 - 132.

Tietjen J H，Lee J J，1973. Life history and feeding habits of the marine nematode，Chromadora macrolaimoides steiner [J]. Oecologia，12 (4)：303 - 314.

Timm R W，1961. The marine nematodes of the Bay of Bengal [J]. Proceedings of the Pakistan Academy of Sciences，1 (1)：1 - 88.

Timm，W R，1954. A survey of the marine nematodes of Chesapeake Bay，Maryland [D]. Washington：The Catholic University of America.

Trebukhova Y A，Miljutin D M，Pavlyuk O N，et al，2013. Changes in deep - sea metazoan meiobenthic communities and nematode assemblages along a depth gradient (North - western Sea of Japan，Pacific) [J]. Deep - Sea Research Part Ⅱ - Topical Studies in Oceanography，86 - 87 (SI)：56 - 65.

Van Damme D，Herman R，Sharma Y，et al. 1980. Benthic studies of the Southern Bight of the North Sea and its adjacent continental estuaries：Progress report 2. Fluctuation of the meiobenthic communities in the Westerschelde estuary [R]. Gent，Belgium：State University of Gent.

Vanhove S，Vincx M，Van Gansbeke D，et al，1992. The meiobenthos of five mangrove vegetation types in Gazi Bay，Kenya [J]. Hydrobiologia，247 (1 - 3)：99 - 108.

Vanreusel A，Fonseca G，Danovaro R，et al，2010. The contribution of deep - sea macrohabitat heterogeneity to global nematode diversity [J]. Marine Ecology - An Evolutionary Perspective，31 (1SI)：6 - 20.

Venekey V，Gheller P F，Maria T F，et al，2014. The state of the art of *Xyalidae* (Nematoda，Monhysterida) with reference to the Brazilian records [J]. Marine Biodiversity，44 (3)：367 - 390.

Vitiello P，1969. *Hopperia*，nouveau genre de nematode libre marin (Comesomatidae) [J]. Téthys，1 (2)：485 - 491.

Vivier M H，1978. Conséquences d'un déversement de boue rouge d'alumine sur le méiobenthos profond (Canyon de Cassidaigne，Méditerranée) [J]. Téthys，8 (3)：249 - 262.

Wang W Q，Zhao M L，Deng C Y，et al，2001. Species and distribution of mangroves in the Fujian coastal area [J]. Marine Science Bulletin，3 (1)：74 - 82.

Ward A R，1975. Studies on the sublittoral free - living nematodes of Liverpool Bay Ⅱ - Influence of sediment composition on the distribution of marine nematodes [J]. Marine Biology，30 (3)：217 - 225.

Warwick R M，1970. The meiofauna off the coast of Northumberland Ⅰ - The structure of the nematode population [J]. Journal of the Marine Biological Association of the United Kingdom，50 (1)：129 - 146.

Warwick R M，1981. The nematode - copepod ratio and its use in pollution ecology [J]. Marine Pollution Bulletin，12 (10)：329 - 333.

Warwick R M，Platt H M，1973. New and little known marine nematodes from a Scottish sandy beach [J]. Cahiers De Biologie Marine，14 (2)：135 - 158.

Warwick R M，Platt H M，Somerfield P J，1998. Free - living marine nematodes：Part Ⅲ Monhysterids. Synopses of the British Fauna (New Series) No. 53 [M]. Dorchester：Great Britain by Henry Ling Ltd at the Dorset Press.

Warwick R M，Price R，1979. Ecological and metabolic studies on free－living nematodes from an estuarine mud－flat [J]. Estuarine and Coastal Marine Science，9 (3)：257－271.

Widbom B，1984. Determination of average individual dry weights and ash－free dry weights in different sieve fractions of marine meiofauna [J]. Marine Biology，84 (1)：101－108.

Wieser W，1953. Free－living marine nematodes I－Enoploidea. Reports of the Lund University Chile expedition 1948－49 [J]. Acta Universitatis Lundensis，49：1－155.

Wieser W，1956. Free－living marine nematodes Ⅲ－Axonolaimoidea and Monhysteroidea. Reports of the Lund University Chile Expedition 1948－49 [J]. Acta Universitatis Lundensis，52：1－115.

Wieser W，1959a. Free－living nematodes and other small invertebrates of Puget Sound beaches [J]. University of Washington. Publications in Biology，19：1－179.

Wieser W，1959b. The effect of grain size on the distribution of small invertebrates inhabiting the Beaches of Puget Sound [J]. Limnology and Oceanography，4 (2)：181－194.

Wieser W，1960. Benthic studies in Buzzards Bay II－The meiofauna [J]. Limnology and Oceanography，5 (2)：121－137.

Wieser W，Hopper B，1967. Marine nematodes of the north east coast of North America Ⅰ－Florida [J]. Bulletin of the Museum of Comparative Zoology，Harvard，135：239－344.

Wu J H，Liang Y L，1999. A comparative study of benthic nematodes in two Chinese lakes with contrasting sources of primary production [J]. Hydrobiologia，411：31－37.

Wynberg R P，Branch G M，1994. Disturbance associated with bait－collection for sandprawns (callianassa－kraussi) and mudprawns (upogebia－africana)－long－term effects on the biota of intertidal sandflats [J]. Journal of Marine Research，52 (3)：523－558.

Xuan Q N，Vanreusel A，Thanh N V，et al，2007. Biodiversity of meiofauna in the intertidal Khe Nhan mudflat，Can Gio mangrove forest，Vietnam with special emphasis on free living nematodes [J]. Ocean Science Journal，42 (3)：135－152.

Yeates G W，1967. Studies on nematodes from dune sands Ⅲ－Oncholaimidae，Ironidae，Alaimidae，and Mononchidae [J]. New Zealand Journal of Science，10 (1)：299－321.

Yu T T，Huang Y，Xu K D，2014. Two new nematode species，*Linhystera breviapophysis* and *L. Longiapophysis* (Xyalidae，Nematoda)，from the East China Sea [J]. Journal of the Marine Biological Association of the United Kingdom，94 (3)：515－520.

Zhang Y，Zhang Z N，2006. Two new species of the genus *Elzalia* (Nematoda：Monhysterida：Xyalidae) from the Yellow Sea，China [J]. Journal of the Marine Biological Association of the United Kingdom，86 (5)：1047－1056.

Zhang Z N，1983. Three new species of free－living marine nematodes from a sublittoral station in Firemore Bay，Scotland [J]. Cahiers De Biologie Marine，24 (2)：219－229.

Zhang Z N，1990. A new species of the genus *Thalassironus* de Man，1889 (Nematoda，Adenophora，Ironidae) from the Bohai Sea，China [J]. Journal of Ocean University of Qingdao，20 (3)：103－108.

Zhang Z N，1991. Two new species o marine nematodes from the Bohai Sea，China [J]. Journal of Ocean University of Qingdao，21（2）：49－60.

Zhang Z N，1992. Two new species of the genus *Dorylaimopsis* ditlevsen，1918（Nematoda：Adenophora，Comesomatidae）from the Bohai Sea，China [J]. Chinese Journal of Oceanology and Limnology，10（1）：31－39.

Zhang Z N，2005. Three new species of free－living marine nematodes from the Bohai Sea and Yellow Sea，China [J]. Journal of Natural History，39（23）：2109－2123.

Zhang Z N，Ge X R，2005. A new quasi－continuum constitutive model for crack growth in an isotropic solid [J]. European Journal of Mechanics A－Solids，24（2）：243－252.

Zhang Z N，Zhou H，2012. *Enoplus taipingensis*，a new species of marine nematode from the rocky intertidal seaweeds in the Taiping Bay，Qingdao [J]. Acta Oceanologica Sinica，31（2）：102－108.

Zhou H，2001. Effects of leaf litter addition on meiofaunal colonization of azoic sediments in a subtropical mangrove in Hong Kong [J]. Journal of Experimental Marine Biology and Ecology，256（1）：99－121.

Zhou H，Zhang Z N，2003. New records of freeliving marine nematodes from Hong Kong，China [J]. Journal of Ocean University of Qingdao，2（2）：177－184.

作者简介

郭玉清 女，教授，博士，1965年4月生，山西太原人，现为集美大学水产学院副院长，分管教学工作。1997年9月至2000年6月师从我国海洋线虫分类研究的创始人张志南教授攻读博士学位。期间获英国环境部达尔文奖学金，在英国普利茅斯海洋研究所留学半年，师从英国著名海洋线虫专家R. M. Warwick。2003年10月至2004年10月，获国家留学基金管理委员会资助，在法国自然历史博物馆留学一年，师从法国著名海洋线虫专家Guy Boucher。2000年博士毕业以来，主要从事海洋底栖生物学和海洋生态学的教学与科研工作，主持和参与国家自然科学基金面上项目、原国家海洋局、福建省自然科学基金、福建省青年创新基金、厦门市海洋与渔业局等各级各类科研课题近20项，参编著作3部，在国内外学术期刊发表论文50余篇，其中第一作者或通讯作者的SCI和EI论文20篇。